U0354876

内 容 简 介

本书的内容包括求解光滑非线性无约束和有约束最优化问题的基本方法与基本性质以及方法的数值试验结果.

本书在选材上, 注重最优化方法的基础性与实用性; 在内容的处理上, 注重由浅入深、循序渐进; 在叙述上，力求清晰、准确、简明易懂. 为了帮助读者理解和巩固所学的内容, 在第二章至第九章各章之后配置了丰富的习题和上机习题, 并在书末附有大部分习题的答案和提示.

本书可作为高等院校计算科学专业以及相关专业本科生的教材或教学参考书, 也可供从事科学与工程计算的科技人员参考.

作 者 简 介

高　立　北京大学数学科学学院教授、博士生导师. 1988 年在 Technical University of Denmark 获博士学位, 主要研究方向为最优化方法及其应用. 主讲过的课程主要有“数学试验”“数值代数”“最优化方法”“运筹学”“数值代数 II”“最优化理论与算法”等. 出版了教材《数值线性代数》(合编).

北京大学数学教学系列丛书

数值最优化方法

高　立　编著

图书在版编目(CIP)数据

数值最优化方法/高立编著. —北京: 北京大学出版社, 2014. 8

(北京大学数学教学系列丛书)

ISBN 978-7-301-24645-0

Ⅰ. ①数… Ⅱ. ①高… Ⅲ. ①最优化算法-高等学校-教材 Ⅳ. O242.23

中国版本图书馆 CIP 数据核字（2014）第 182244 号

书　　名：数值最优化方法

著作责任者：高　立　编著

责 任 编 辑：曾琬婷

标 准 书 号：ISBN 978-7-301-24645-0/O·0995

出 版 发 行：北京大学出版社

地　　址：北京市海淀区成府路 205 号　100871

网　　址：http://www.pup.cn　新浪微博：@北京大学出版社

电 子 信 箱：zpup@pup.cn

电　　话：邮购部 62752015　发行部 62750672　编辑部 62754819　出版部 62754962

印　刷　者：三河市北燕印装有限公司

经　销　者：新华书店

890 毫米×1240 毫米　A5　9.375 印张　260 千字

2014 年 8 月第 1 版　2024 年 8 月第 8 次印刷

定　　价：36.00 元

序　言

自 1995 年以来, 在姜伯驹院士的主持下, 北京大学数学科学学院根据国际数学发展的要求和北京大学数学教育的实际, 创造性地贯彻教育部"加强基础, 淡化专业, 因材施教, 分流培养"的办学方针, 全面发挥我院学科门类齐全和师资力量雄厚的综合优势, 在培养模式的转变、教学计划的修订、教学内容与方法的革新, 以及教材建设等方面进行了全方位、大力度的改革, 取得了显著的成效. 2001 年, 北京大学数学科学学院的这项改革成果荣获全国教学成果特等奖, 在国内外产生很大反响.

在本科教育改革方面, 我们按照加强基础、淡化专业的要求, 对教学各主要环节进行了调整, 使数学科学学院的全体学生在数学分析、高等代数、几何学、计算机等主干基础课程上, 接受学时充分、强度足够的严格训练; 在对学生分流培养阶段, 我们在课程内容上坚决贯彻"少而精"的原则, 大力压缩后续课程中多年逐步形成的过窄、过深和过繁的教学内容, 为新的培养方向、实践性教学环节, 以及为培养学生的创新能力所进行的基础科研训练争取到了必要的学时和空间. 这样既使学生打下宽广、坚实的基础, 又充分照顾到每个人的不同特长、爱好和发展取向. 与上述改革相适应, 积极而慎重地进行教学计划的修订, 适当压缩常微、复变、偏微、实变、微分几何、抽象代数、泛函分析等后续课程的周学时, 并增加了数学模型和计算机的相关课程, 使学生有更大的选课余地.

在研究生教育中, 在注重专题课程的同时, 我们制定了 30

多门研究生普选基础课程 (其中数学系 18 门), 重点拓宽学生的专业基础和加强学生对数学整体发展及最新进展的了解.

教材建设是教学成果的一个重要体现. 与修订的教学计划相配合, 我们进行了有组织的教材建设. 计划自 1999 年起用 8 年的时间修订、编写和出版 40 余种教材. 这就是将陆续呈现在大家面前的"北京大学数学教学系列丛书". 这套丛书凝聚了我们近十年在人才培养方面的思考, 记录了我们教学实践的足迹, 体现了我们教学改革的成果, 反映了我们对新世纪人才培养的理念, 代表了我们新时期的数学教学水平.

经过 20 世纪的空前发展, 数学的基本理论更加深入和完善, 而计算机技术的发展使得数学的应用更加直接和广泛, 而且活跃于生产第一线, 促进着技术和经济的发展, 所有这些都正在改变着人们对数学的传统认识. 同时也促使数学研究的方式发生巨大变化. 作为整个科学技术基础的数学, 正突破传统的范围而向人类一切知识领域渗透. 作为一种文化, 数学科学已成为推动人类文明进化、知识创新的重要因素, 将更深刻地改变着客观现实的面貌和人们对世界的认识. 数学素质已成为今天培养高层次创新人才的重要基础. 数学的理论和应用的巨大发展必然引起数学教育的深刻变革. 我们现在的改革还是初步的. 教学改革无禁区, 但要十分稳重和积极; 人才培养无止境, 既要遵循基本规律, 更要不断创新. 我们现在推出这套丛书, 目的是向大家学习. 让我们大家携起手来, 为提高中国数学教育水平和建设世界一流数学强国而共同努力.

张继平

2002 年 5 月 18 日

于北京大学蓝旗营

前　言

随着计算机技术的发展, 最优化方法在科学、工程、经济、工业、商业等领域的重要性日益凸显, 所以为大学本科生开设最优化方法的课程是很重要的.

作者多年来在北京大学为本科生开设 "最优化方法" 课程, 本教材是在该课程所用讲义的基础上编写的. 本教材初稿自 2008 年起由作者在每年讲授的课程上使用, 授课对象是北京大学数学科学学院各届计算科学专业 (该专业名称据 1998 年教育部颁布的普通高等学校专业目录而定. 1998 年前, 该专业称为计算数学专业) 和其他相关专业的学生. 在此期间, 根据教材的使用情况和学生的反馈意见, 作者对本教材进行了反复的修改.

考虑到一门课程的授课时间和授课对象等因素, 本教材的编写主要注意了以下几个方面:

1. 在基本理论和基本方法的选材上, 我们主要选择了针对光滑非线性最优化问题的基本概念、基本方法以及这些方法的基本性质等内容;

2. 考虑到计算科学专业的特点以及最优化方法既需要理论分析又需要进行数值计算的特点, 我们运用本教材中的重要方法, 对一些著名的优化检验问题进行了数值计算, 给出了数值结果, 以便大家更好地理解各种方法及其数值表现;

3. 在方法的讲述方式上, 我们尝试着尽可能清楚地阐述方法构造的思想及意义, 以帮助读者更好地理解方法, 掌握方法;

4. 考虑到最优化方法是一门应用广泛的学科, 我们适当地加入了几个应用问题的最优化模型, 以期让学生了解最优化方法实用性的重要.

本教材的教学时间以 48—54 学时为宜. 教材中的内容适宜学生自己学习或者课堂讲授. 本教材自第二章起在每章后都附有后记, 介绍该章方法的渊源以及更多相关的方法, 期望为学生进一步的学习提供指南. 为了使学生更好地理解和巩固所学的知识, 教材自第二章起每章后都附有习题, 并在教材的最后附有习题答案或提示. 为了使学生从数值计算的角度更好地理解各种方法, 培养用最优化方法解决问题的能力, 本教材在需要编制程序的章后设有上机题目. 如果不要求学生自己编制程序, 可以让学生调用 Matlab 工具箱中的程序, 解决这些问题.

编写这部教材的过程不仅仅是一个让我静心梳理和学习知识的过程, 在这个过程中, 我得到过许多人真诚的帮助, 这些帮助使我获益匪浅, 我希望在这里向他们表达我深深的谢意.

首先我要特别地向林霖同学表示感谢, 感谢他在我决定撰写本教材之时, 所给予我的鼓励和从绘图到计算等多方面切实的帮助. 正是由于这些帮助. 使我得以顺利地完成本教材的撰写.

感谢梁鑫同学, 他编写了教材中算法的 Matlab 程序, 并对数值试验中的算例进行了计算. 我的研究生顾晓娟、陈显全和王闻蔚仔细地阅读了全部书稿, 并提出了许多宝贵的意见和建议. 樊家琛绘制了教材中部分示意图，徐智韬耐心细致地检查了习题与提示. 在 2008 年至 2014 年使用本教材初稿授课期间, 我得到过很多同学的帮助, 他们与我讨论问题, 提出自己的看法与建议, 尤其是黄晨笛、魏烨翔和梅松同学，他们逐字逐句地阅读书稿并提出修改意见. 在这里我向大家表示我真诚的谢意.

感谢我的同事徐树方教授和马尽文教授对书稿提出的宝贵意见. 特别地，我要感谢中国科学院数学与系统科学研究院的戴彧虹研究员，他在百忙之中抽出时间阅读了全部书稿, 给出了非常宝贵的建议. 我还要感谢本教材的责任编辑曾琬婷, 她对每次排版的稿件, 都认真、细致地提出了许多修改意见, 为本教材的顺利出版做了大量耐心的工作. 最后感谢北京大学出版社为出版本教材给予的大力支持.

迄今为止, 国内外已经出版了许多最优化方法的教材和专著. 在本教材的编写过程中, 我们参考了许多优秀的教材和专著, 我们已将他们列在本教材的参考文献中. 借此机会我要向这些著作的作者表示诚挚的感谢.

由于作者的水平有限, 本教材的错漏与不足在所难免, 欢迎读者给予批评指正.

高　立

2014 年 4 月于燕园

目　录

第一章　引　　论

自古以来, 凡事追求尽善尽美是人类的天性, 因而为解决产生于科学、工程、数学、经济和商业等领域的实际问题时, 人们欲从众多可行方案中选择最优的或近似最优的解决方案, 便是自然而然的事了. 幸运的是, 在科学技术与计算机高速发展的今天, 人们的这种愿望, 至少可以在某种程度上得以满足. 虽然我们所能找到的方案不能尽善尽美, 但是我们所进行的有目的、有针对性的选择至少比盲目的选择要好得多. 这就是最优化技术能在现代科学技术领域乃至所有可以提炼数学信息的领域有着那么广泛的应用, 占有那么重要的地位的原因.

1. 最优化问题

最优化问题可以分为无约束最优化问题与约束最优化问题两大类型.

无约束最优化问题是求一个函数的极值问题, 即

$$\min f(x), \tag{1.1}$$

其中 $x \in \mathbb{R}^n$ 称为**决策变量**, $f(x) \in \mathbb{R}$ 称为**目标函数**. 问题 (1.1) 的解称为**最优解**, 记为 x^*, 该点的函数值 $f(x^*)$ 称为**最优值**. 例如, 问题 $\min f(x)=(x-1)^2$, $x \in \mathbb{R}$ 是无约束最优化问题, 其最优解为 $x^* = 1$.

如果极值问题受到某些条件的限制, 该极值问题就成为**约束最优化问题**

$$\min\ f(x), \tag{1.2a}$$

$$\text{s.t.}\ \ c_i(x) = 0,\ i \in \mathcal{E}, \tag{1.2b}$$

$$c_i(x) \geqslant 0,\ i \in \mathcal{I}, \tag{1.2c}$$

其中 s.t. 是 "subject to" 的缩写, 意为 "满足于", $x \in \mathbb{R}^n$, $f(x) \in \mathbb{R}$ 称为目标函数, $c_i(x) \in \mathbb{R}$ $(i \in \mathcal{E} \cup \mathcal{I})$ 称为**约束函数**, $c_i(x) = 0$ 和 $c_i(x) \geqslant 0$ 分别称为**等式约束**和**不等式约束**, $\mathcal{E} = \{1, \cdots, m_e\}$ 和 $\mathcal{I} = \{m_e + 1, \cdots, m\}$ 分别是等式约束指标集合和不等式约束指标集合, m, m_e 为正整数, $m_e \leqslant m$, (1.2b) 式和 (1.2c) 式统称为**约束条件**(简称为**约束**). 例如, 问题 $\min f(x) = (x-1)^2$, s.t. $x \geqslant 2$, $x \in \mathbb{R}$ 是约束最优化问题, 其最优解为 $x^* = 2$.

问题 (1.1) 和问题 (1.2) 是最优化问题的一般形式, 其他形式的最优化问题均可以变换成此种形式. 例如，极大化问题 $\max f(x)$ 等价于极小化问题 $\min -f(x)$, 约束 $c_i(x) \leqslant 0$ 可以化为约束 $-c_i(x) \geqslant 0$.

2. 最优化问题的分类

最优化问题的分类是多样的. 根据变量的取值是否连续, 最优化问题可分为：

- 连续最优化问题;
- 离散最优化问题.

根据连续最优化问题中函数是否连续可微, 连续最优化问题又可分为：

- 光滑最优化问题：问题 (1.2) 中所有函数, 包括目标函数与约束函数均连续可微;
- 非光滑最优化问题：问题 (1.2) 中只要有一个函数不是连续可微的, 该问题即为非光滑最优化问题.

约束最优化问题 (1.2) 又分为目标函数和约束函数均为线性函数的线性规划问题和目标函数或约束函数中至少有一个是非线性函数的非线性规划问题.

3. 最优化方法的主要内容

最优化方法是指用科学计算的方法来求解问题 (1.1) 或问题 (1.2) 的方法. 一般来说, 求解实际问题的主要过程可以分为三步: 建模 —

求解 — 检验. 建模是将我们要解决的实际问题抽象为如问题 (1.1) 或问题 (1.2) 的数学模型的过程; 求解是根据所建问题的特点, 建立最优化方法, 寻找问题的最优解或近似最优解的过程, 这其中包括设计计算方法、编制程序、上机运算、得到近似结果. 一般来说, 通过计算得到的解是近似解, 而非问题的精确解. 与精确解相比, 近似解是有误差的. 如果得到的近似解不太符合实际情况或需求, 就需要调整问题, 修改模型, 重新进行计算, 这就是检验的目的与过程. 本书的内容, 主要集中在讨论如何构造求解问题 (1.1) 或问题 (1.2) 的计算方法, 讨论这些方法的性质和数值表现等方面. 另外, 在例题与作业中, 我们会有少量建模的问题.

随着科学与技术的发展, 现代的最优化问题具有如下的特点：维数高、规模大、问题复杂、具有非线性性等. 这些问题要求我们在构造算法的时候, 需要考虑下面两个问题：

- 有效性. 一个好的算法要尽可能地使用尽量少的计算机时间和尽量少的计算机空间.
- 精确性. 计算问题本身的属性和计算机的舍入差都会对计算解的精确性产生影响. 欲考虑计算解的精确性问题, 就要对问题进行敏度分析, 建立数值稳定的算法.

当然, 这些要求可能是相互矛盾的. 比如说, 一个较快速的方法在计算的过程中可能需要使用较多的计算机空间. 因此使用者需要根据自己的需求去选择算法, 或者针对问题的特殊性, 自行设计算法. 这就要求我们对于各种算法的特点及基本的数学理论有透彻的理解.

4. 最优化问题实例

下面举二个最优化方法应用于医学与经济领域的例子.

例 1.1 (肺功能的测定)　在医学上, 患者肺功能的好坏是通过测定患者的血氧分压 PO_2 来确定的. 以前测量 PO_2 的方式是使用插管术, 这种方式既容易引起感染, 又使得病人不舒服. 后来人们发明了血氧仪. 该仪器通过检测人体末梢组织, 如手指或耳垂等部位, 根据不同波长的红光和红外光的吸光度变化率, 推算出组织的动脉血氧饱和度 SO_2. 我们只要建立起 SO_2 与 PO_2 的关系, 就可以根据测得的 SO_2 计算 PO_2. 1979 年, Severinghaus[71] 给出一组患者的 PO_2 和 SO_2 数据, 见表 1.1, 其中 t_i 表示患者的 PO_2, 单位为百分数 (%); y_i 表示患者的 SO_2, 单位为托 (torr).

表 1.1 一组患者的 PO_2 和 SO_2 数据

t_i/%	y_i/torr	t_i/%	y_i/torr	t_i/%	y_i/torr
4	2.56	36	68. 63	75	95.10
6	4.37	38	71. 96	80	95.84
8	6.68	40	74. 69	85	96.42
10	9.58	42	77. 29	90	96.88
12	12.96	44	79. 55	95	97.25
14	16.89	46	81. 71	100	97.49
16	21.40	48	83. 52	110	97.86
18	26.76	50	85. 08	120	98.21
20	32.132	52	86. 59	130	98.44
22	37.60	54	87. 70	140	98.62
24	43.14	56	88. 93	150	98.77
26	48.27	58	89. 89	175	99.03
28	53.16	60	90. 85	200	99.20
30	57.54	65	92. 73	225	99.32
32	61.69	70	94. 06	250	99.41
34	65.16				

1984 年, Du Toit 和 Gonin[23] 给出这样的模型:

$$\tilde{f}(x;t) = C_5 C_1^{C_2^{1-C_3^{tC_4}}}, \tag{1.3}$$

其中 $C_i = \dfrac{1}{1+\mathrm{e}^{x_i}}$ $(i=1,2,3)$, $C_4 = 1+\mathrm{e}^{x_4}$, $C_5 = x_5$. 在这个模型中, t 表示 PO_2, $\tilde{f}$ 表示 SO_2. 如果我们能够根据测定的数据, 确定 x_i $(i=1,\cdots,5)$ 的值, 就可以根据 (1.3) 式, 求出反函数 $t(\tilde{f})$.

建立最优化问题

$$\min f(x)=\sum_{i=1}^{46}[y_i-\tilde{f}(x;t_i)]^2,$$

其中 t_i, y_i $(i=1,\cdots,46)$ 由表 1.1 给出. 该最优化问题的意义是: 确定 x, 使 $\tilde{f}(x;t)$ 在点 t_i 处与 y_i $(i=1,\cdots,46)$ 的差的平方和最小. 这是最优化问题中的最小二乘问题. 在第五章中, 我们会讨论求解这类问题的最优化方法. □

效用是经济学领域中常用的概念之一. 在维多利亚女王时代, 经济学家曾简单地把效用看做个人快乐的数学测度. 后来, 经济学家将效用发展为描述消费者偏好的理论. 在消费过程中, 消费者在购买力的约束下, 希望尽量满足自己的愿望与需要, 由此消费者产生的对一种商品 (或者商品组合) 的偏爱喜好, 就是消费偏好. 描述消费偏好的函数称为效用函数, 它可以衡量消费者从既定商品组合的消费中获得满足的程度. 下面我们考虑一个消费理论模型.

例 1.2 (效用极大问题) 假定一个消费群体在一定时间内消耗 n 种日用品. 设 n 种日用品的用量为 $x=(x_1,\cdots,x_n)^{\mathrm{T}}$, 单价为 $c=(c_1,\cdots,c_n)^{\mathrm{T}}$, 其中 $x_i\geqslant 0$ 和 $c_i\geqslant 0$ 分别为第 i 种日用品的数量和单位价格, x 的效用函数为 $u(x)$. 假定该消费群体可花费在这些日用品上的收入为 b, 则这个消费群体获得最大效用的最优化问题为

$$\begin{aligned}&\max u(x),\\&\text{s.t. } c^{\mathrm{T}}x\leqslant b,\\&\qquad x\geqslant 0.\end{aligned}$$

□

效用函数的取法是多种多样的. 比如著名的 Cobb Douglas 效用函数为

$$u(x)=x_1^{a_1}\cdots x_n^{a_n},$$

其中 $a_i>0$, $i=1,\cdots,n$. 图 1.1 给出了 $n=2$ 时的 Cobb-Douglas 效用函数的等高线, 其中等高线是指 $u(x)=c$ 在 c 取不同值时得到的曲线. 在经济学中, 这些等高线被称为无差异曲线. 图 1.1(a) 为 $a_1=a_2=1/2$

时的无差异曲线, 图 1.1(b) 为 $a_1 = 1/5, a_2 = 4/5$ 时的无差异曲线. 曲线上的任一点 $(x_1, x_2)^{\mathrm{T}}$ 是消费者的一个消费目标. 无差异曲线表明消费者认为曲线上的任意消费目标对于他们的消费偏好是没有差别的. a_1, a_2 的取值不同, 导致了无差异曲线的不同, 从而说明了消费者消费观念的不同.

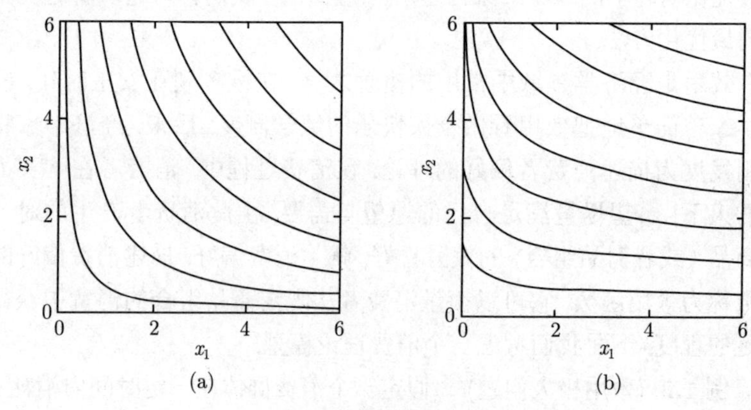

图 1.1　Cobb-Douglas 无差异曲线

在竞争和非竞争市场环境中, 厂商往往追求利润的最大化, 其中包括对既定产量实现成本最小化问题.

例 1.3 (成本最小问题)　假定有 n 种原材料, 原材料的单价为 $c = (c_1, \cdots, c_n)^{\mathrm{T}}$. 我们的目标是决定这些原材料的使用数量 $x = (x_1, x_2, \cdots, x_n)^{\mathrm{T}}$, 在生产函数 $h(x)$ 满足最低生产量 b 的前提下, 使生产成本最小. 其最优化问题为

$$\begin{aligned} &\min c^{\mathrm{T}} x, \\ &\text{s.t. } h(x) \geqslant b, \\ &\quad\; x \geqslant 0. \end{aligned} \qquad \square$$

在第六章中, 我们将对具体的生产函数, 讨论如何求解成本最小问题.

本书中，我们仅对非线性光滑最优化问题，讨论求解无约束最优化问题和约束最优化问题的基本算法及基本理论. 我们将在第二章中，针对无约束最优化问题，讨论最优化方法的基本概念与算法结构；在第三章至第五章中，讨论求解无约束最优化问题的算法；在第六章至第九章中，讨论约束最优化问题的最优性条件以及求解非线性规划问题的基本算法.

第二章　无约束最优化方法的基本结构

在这一章中, 我们将考虑无约束最优化问题 (1.1) 的基本性质、基本概念以及求解这类问题算法的特性.

在以下章节中, 若无特殊说明, 我们总假定目标函数 $f(x)$ 的一阶导数存在, 当算法要求 $f(x)$ 的二阶导数时二阶导数存在, 并记

$$g(x)=\nabla f(x)=\begin{bmatrix}\dfrac{\partial f(x)}{\partial x_1} & \dfrac{\partial f(x)}{\partial x_2} & \cdots & \dfrac{\partial f(x)}{\partial x_n}\end{bmatrix}^{\mathrm{T}},$$

$$G(x)=\nabla^2 f(x)=\begin{bmatrix}\dfrac{\partial^2 f(x)}{\partial x_1^2} & \dfrac{\partial^2 f(x)}{\partial x_1\partial x_2} & \cdots & \dfrac{\partial^2 f(x)}{\partial x_1\partial x_n}\\ \dfrac{\partial^2 f(x)}{\partial x_2\partial x_1} & \dfrac{\partial^2 f(x)}{\partial x_2^2} & \cdots & \dfrac{\partial^2 f(x)}{\partial x_2\partial x_n}\\ \vdots & \vdots & & \vdots\\ \dfrac{\partial^2 f(x)}{\partial x_n\partial x_1} & \dfrac{\partial^2 f(x)}{\partial x_n\partial x_2} & \cdots & \dfrac{\partial^2 f(x)}{\partial x_n^2}\end{bmatrix},$$

其中 $g(x)$ 与 $G(x)$ 为 $f(x)$ 在点 x 处的梯度向量与 Hesse 矩阵. 通常, 我们还会使用如下记号:

$$f^*=f(x^*),\quad g^*=g(x^*),\quad G^*=G(x^*).$$

§2.1　最优性条件

1. 最优解的类型

无约束最优化问题 (1.1) 的最优解分为全局最优解与局部最优解, 其定义如下:

全局最优解: 若对任意 $x\in\mathbb{R}^n$, $f(x)\geqslant f(x^*)$, 则称 x^* 为问题 (1.1) 的全局最优解; 若对任意 $x\in\mathbb{R}^n$ 且 $x\neq x^*$, 有 $f(x)>f(x^*)$, 则称 x^*

为问题 (1.1) 的严格全局最优解.

局部最优解: 对 $x^* \in \mathbb{R}^n$, 若存在 $\varepsilon > 0$, 使对任意 $x \in \mathbb{R}^n$, 当 $\|x - x^*\| < \varepsilon$ 时, 有 $f(x) \geqslant f(x^*)$, 则称 x^* 为问题 (1.1) 的局部最优解; 若对任意 $x \in \mathbb{R}^n$, 当 $\|x - x^*\| < \varepsilon$ 且 $x \neq x^*$ 时, 有 $f(x) > f(x^*)$, 则称 x^* 为问题 (1.1) 的严格局部最优解.

当我们要解决的极值问题是极小值问题时, 最优解 x^* 亦称为 $f(x)$ 的极小点, x^* 点处的最优值 $f(x^*)$ 称为极小值. x^* 可表示为

$$x^* = \arg\min f(x),$$

其中 arg 为 "argument"(自变量) 的缩写.

图 2.1 给出了一个一维问题的局部与全局极值点, 其中 A 为严格局部极大值点, B 为局部极小值点, C 为严格全局极大值点, D 为严格全局极小值点. 本书中所介绍的算法都是求局部解的算法.

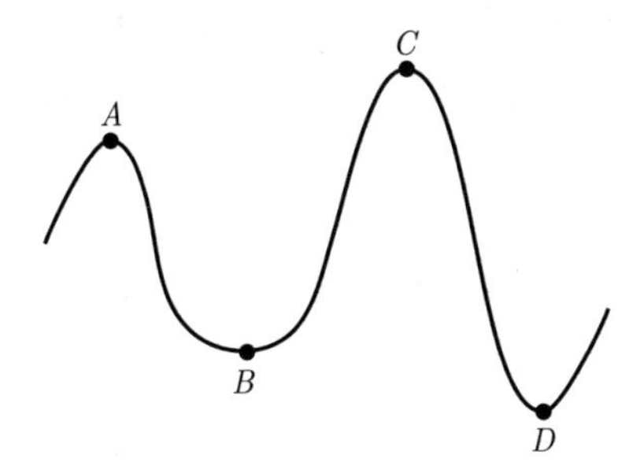

图 2.1 极小值点与极大值点

2. 最优性条件

下面的定理给出了 x^* 是问题 (1.1) 的局部最优解的充分和必要条件.

定理 2.1 (一阶必要条件) 设 $f(x) \in C^1$, x^* 为 $f(x)$ 的一个局部极小点, 则

$$g(x^*) = 0.$$

证明 假定 $g(x^*) \neq 0$, 则存在 $d \in \mathbb{R}^n$, 使 $d^{\mathrm{T}} g(x^*) < 0$, 例如 $d = -g(x^*)$. 由 $g(x)$ 的连续性知, 存在 $\delta > 0$, 使

$$d^{\mathrm{T}} g(x^* + \alpha d) < 0, \quad \alpha \in (0, \delta].$$

由中值定理知, 对任给的 $\alpha_1 \in (0, \delta]$, 存在 $\alpha \in (0, \alpha_1)$, 使

$$f(x^* + \alpha_1 d) = f(x^*) + \alpha_1 d^{\mathrm{T}} g(x^* + \alpha d),$$

因而 $f(x^* + \alpha_1 d) < f(x^*)$, 即 x^* 不是 $f(x)$ 的局部极小点. 由此推出矛盾. □

定理 2.2 (二阶必要条件) 设 $f(x) \in C^2$, x^* 是 $f(x)$ 的一个局部极小点, 则 $G(x^*)$ 半正定.

证明 用反证法. 假定在 x^* 处, 存在 $d \in \mathbb{R}^n$, 使 $d^{\mathrm{T}} G(x^*) d < 0$. 由 $G(x)$ 的连续性知, 存在 $\delta > 0$, 使

$$d^{\mathrm{T}} G(x^* + \alpha d) d < 0, \quad \alpha \in (0, \delta].$$

由 $f(x)$ 在 x^* 处的 Taylor 展式及定理 2.1 知, 对任给 $\alpha_1 \in (0, \delta]$, 存在 $\alpha \in (0, \alpha_1)$, 使

$$f(x^* + \alpha_1 d) = f(x^*) + \frac{1}{2} \alpha_1^2 d^{\mathrm{T}} G(x^* + \alpha d) d,$$

因而

$$f(x^* + \alpha_1 d) < f(x^*).$$

这与 x^* 是 $f(x)$ 的局部极小点矛盾. □

满足二阶必要条件的一个例子是问题 $\min f(x) = x^4$, $x \in \mathbb{R}$, 它的最优解为 $x^* = 0$. 在该点有 $g(x^*) = 0, G(x^*) = 0$. 但是问题 $\min f(x) = x^3$, $x \in \mathbb{R}$ 在点 $x = 0$ 处亦有 $g(x) = 0$, $G(x) = 0$, 而 $x = 0$ 不是该问题的最优解. 这说明, 在 $g(x) = 0$ 的点, Hesse 矩阵半正定不是最优解的充分条件.

定理 2.3 (二阶充分条件) 设 $f(x) \in C^2$, 在点 x^* 有 $g(x^*) = 0$, 则当 $G(x^*)$ 正定时, x^* 是 $f(x)$ 的严格局部极小点.

证明 对任意单位向量 $d \in \mathbb{R}^n$, $f(x)$ 在 x^* 的 Taylor 展式为

$$f(x^* + \alpha d) = f(x^*) + \frac{1}{2}\alpha^2 d^{\mathrm{T}} G(x^*) d + o(\alpha^2).$$

由 $G(x^*)$ 的正定性知, 正定二次函数 $d^{\mathrm{T}} G(x^*) d$ 在有界闭集 $\{d \mid \|d\| = 1\}$ 上有正最小值, 即存在 $\gamma > 0$, 对任意单位向量 $d \in \mathbb{R}^n$, 有

$$d^{\mathrm{T}} G(x^*) d \geqslant \gamma,$$

因而

$$f(x^* + \alpha d) \geqslant f(x^*) + \frac{1}{2}\gamma\alpha^2 + o(\alpha^2).$$

由此知, 存在 $\varepsilon > 0$, 当 $\alpha \in (0, \varepsilon)$ 时, 有

$$f(x^* + \alpha d) > f(x^*),$$

即 x^* 是 $f(x)$ 的严格局部极小点. □

根据前面讨论的最优性条件, 我们可以判断下面例子中满足 $g(x) = 0$ 的点是否是极小点.

例 2.1 考虑问题

$$\min f(x) = \frac{3}{2}x_1^2 + \frac{3}{2}x_1 x_2 + x_2^2 - x_1 - 2x_2.$$

在点 $x = \left(-\frac{4}{15}, \frac{6}{5}\right)^{\mathrm{T}}$ 处, $g(x) = (0, 0)^{\mathrm{T}}$, Hesse 矩阵 $\begin{bmatrix} 3 & 3/2 \\ 3/2 & 2 \end{bmatrix}$ 正定, 故该点是问题的最优解. □

用方向导数的概念可以给出等价的最优性条件. 为此, 我们先考虑方向导数的概念.

一阶方向导数: 对任意 $d \in \mathbb{R}^n \setminus \{0\}$, 若极限

$$\lim_{\alpha \to 0^+} \frac{f(x + \alpha d) - f(x)}{\alpha \|d\|}$$

存在, 则称该极限值为函数 $f(x)$ 在点 x 处沿方向 d 的方向导数, 记

为 $\dfrac{\partial f(x)}{\partial d}$ 或 $\mathrm{D}(f(x);d)$, 即

$$\frac{\partial f(x)}{\partial d}=\lim_{\alpha\to 0^+}\frac{f(x+\alpha d)-f(x)}{\alpha\|d\|}.$$

从定义可知, 一阶方向导数是 $f(x)$ 在点 x 处沿方向 d 的函数值的变化率. 利用一阶方向导数, 我们可以定义二阶方向导数, 这里不再赘述. 下面的定理说明了如何计算一、二阶方向导数.

定理 2.4 (一、二阶方向导数的计算) *若 $f(x)\in C^1$, 则它在点 x 处沿方向 $d\neq 0$ 的一阶方向导数可表示为*

$$\frac{\partial f(x)}{\partial d}=\frac{1}{\|d\|}g(x)^{\mathrm{T}}d;$$

若 $f(x)\in C^2$, 则它在点 x 处沿方向 $d\neq 0$ 的二阶方向导数可表示为

$$\frac{\partial^2 f(x)}{\partial d^2}=\frac{1}{\|d\|^2}d^{\mathrm{T}}G(x)d.$$

该定理的证明可由导数的定义得到, 这里省略. 由方向导数的概念, 我们可以得到下面的最优性条件.

定理 2.5 (一阶必要条件) *设 $f(x)\in C^1$, x^* 为 $f(x)$ 的一个局部极小点, 则 $f(x)$ 在点 x^* 处沿任意方向的一阶方向导数为零.*

定理 2.6 (二阶充分条件) *设 $f(x)\in C^2$, $f(x)$ 在点 x^* 处沿任意方向的一阶方向导数为零, 则当 $f(x)$ 在点 x^* 处沿任意方向的二阶方向导数为正时, x^* 是 $f(x)$ 的严格局部极小点.*

§2.2 方法的特性

1. 图形、等高线

欲求函数的极小值, 我们需要了解函数的特性. 通过函数的图形, 我们可以对函数的特性获得直观的了解. 对二维问题, 从函数的等高线上, 我们可以清楚地看出函数的变化. 所谓的**等高线**, 就是函数在

其上恒取常数值的曲线, 即 $f(x) = c\ (x \in \mathbb{R}^2)$. c 取不同的值, 我们在 Ox_1x_2 平面上可以得到一族曲线.

例 2.2 考虑 Rosenbrock 函数

$$f(x) = 100(x_2 - x_1^2)^2 + (1 - x_1)^2.$$

这是优化领域中一个非常著名的检验函数, 其极小点为 $x^* = (1,1)^{\mathrm{T}}$.

图 2.2 给出了该函数的三维图形及等高线的图形, 其中黑点表示函数的极小点, 等高线图中的颜色越浅表示函数值越小. 该函数等高线的形状犹如一个香蕉, 所以我们也称该函数为香蕉函数. □

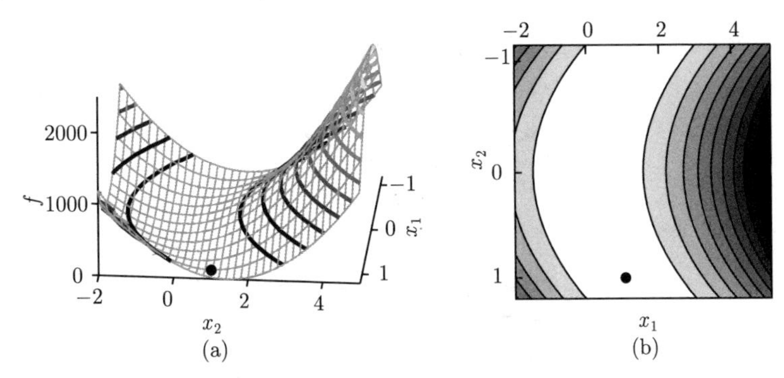

图 2.2 Rosenbrock 函数 (a) 及其等高线 (b)

2. 稳定点及其种类

满足 $g(x) = 0$ 的点称为**稳定点**. 由最优性条件可知, 函数的极小点一定是稳定点, 反之则不一定. 那么稳定点有几种类型呢? 我们知道极小点和极大点均为稳定点. 以有极大点和有极小点的二维函数 $f(x_1, x_2)$ 为例, 它们的共同之处在于函数在极小值与极大值处的切平面平行于 Ox_1x_2 平面. 既非极小点又非极大点的稳定点为鞍点. 这几种情形的二维函数的图形与等高线见图 2.3.

3. 方法的基本结构

求解最优化问题的基本方法是迭代算法. 迭代算法是指采用逐步逼近的计算方法来逼近问题的精确解的方法. 故在本书下面的章节中,

我们将不加区别地使用"方法"和"算法"二词. 最优化方法有两种基本结构, 分为线搜索方法与信赖域方法两种类型. 这里我们先讨论线搜索方法的结构, 信赖域方法的结构将在本章 §2.5 给出.

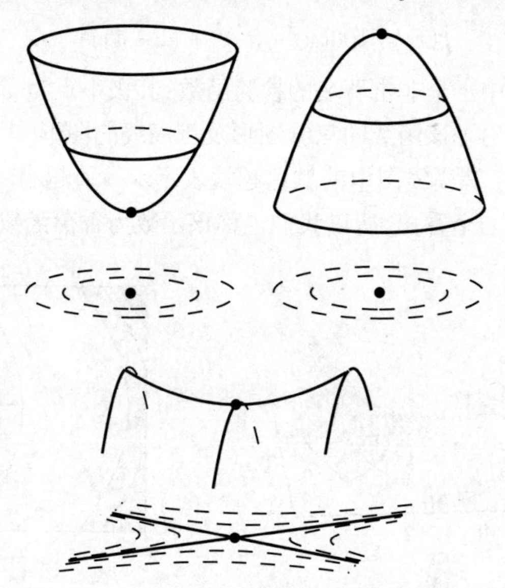

图 2.3　有极小点、极大点和鞍点的函数图形及其等高线

下面我们以极大化问题为例, 讨论迭代算法的基本结构. 解决极大化问题的基本步骤很像我们上山时的情形. 首先, 我们需要选择一个出发点; 然后, 向着山顶的方向一段路一段路地前进, 其中在行进中的每一个转折点, 我们要选择一个上山的方向, 并根据山势, 在所选方向上决定前进的距离, 去到下一个地点. 这样依次进行, 直至我们认为已经到达山顶. 最优化方法就是用这样的思想建立迭代算法去解决问题的.

对极小化问题, 在一个算法中, 我们先选定一个初始迭代点 $x_0 \in \mathbb{R}^n$, 在该迭代点处, 确定一个使函数值下降的方向, 再确定在这个方向上的步长, 从而求得下一个迭代点, 以此类推, 产生一个迭代点列 $\{x_k\}$, $\{x_k\}$ 或其子列应收敛于问题的最优解. 当给定的某种终止准则满足时,

或者表明 x_k 已满足我们要求的近似最优解的精度, 或者表明算法已无力进一步改善迭代点, 迭代结束.

设 x_k 是经 k 步迭代后得到的迭代点, d_k 是在 x_k 点使 $f(x)$ 下降的方向, $\alpha_k > 0$ 是沿 d_k 的步长, 第 $k+1$ 个迭代点便是

$$x_{k+1} = x_k + \alpha_k d_k, \tag{2.1}$$

它满足 $f(x_{k+1}) < f(x_k)$.

满足什么条件的方向是在 x_k 点使 $f(x)$ 下降的方向呢? 对任意 $d \in \mathbb{R}^n$ 且 $d \neq 0$, 若存在 $\bar{\alpha}_k$, 使

$$f(x_k + \alpha d) < f(x_k), \quad \forall \alpha \in (0, \bar{\alpha}_k),$$

则 d 为 $f(x)$ 在 x_k 点的下降方向. 根据 $f(x_k + \alpha d)$ 在 x_k 点的 Taylor 展式

$$f(x_k + \alpha d) = f(x_k) + \alpha g_k^{\mathrm{T}} d + O(\|\alpha d\|^2)$$

知, 下降方向 d 为满足

$$g_k^{\mathrm{T}} d < 0 \tag{2.2}$$

的方向.

下面给出无约束最优化算法的基本结构.

算法 2.1 (无约束最优化算法的基本结构)

步 1 给定初始点 $x_0 \in \mathbb{R}^n$, $k := 0$;

步 2 若在 x_k 点终止准则满足, 则输出有关信息, 停止迭代;

步 3 确定 $f(x)$ 在 x_k 点的下降方向 d_k;

步 4 确定步长 α_k, 使 $f(x_k + \alpha_k d_k)$ 较之 $f(x_k)$ 有某种意义的下降;

步 5 令 $x_{k+1} := x_k + \alpha_k d_k$, $k := k+1$, 转步 2.

构成一个最优化方法的基本要素有二：其一是下降的方向; 其二是步长. 也就是说, 不同的方法可得到不同的下降方向和步长, 由此构

成不同的解无约束最优化问题的方法. 我们称所有具有算法 2.1 结构的最优化方法为**线搜索(型)方法**.

在最优化方法中, 下降的方向与步长的选取顺序不同, 导致产生不同类型的方法. 线搜索方法是在 x_k 点求得下降方向 d_k, 再沿 d_k 确定步长 α_k; 信赖域方法是先限定步长的范围, 再同时确定下降方向 d_k 和步长 α_k. 本书所涉及的方法以线搜索方法为主.

在本书的章节中, 一般地, 在不易引起混淆处, x_k 表示的是迭代算法中第 k 次迭代的迭代点, 它是一个 n 维向量, 而非向量中的元素; 在容易引起混淆处, 第 k 次迭代点表示为 $x^{(k)}$, $x^{(k)}$ 的第 i 个分量表示为 $x_i^{(k)}$, 亦即

$$x^{(k)} = (x_1^{(k)}, x_2^{(k)}, \cdots, x_n^{(k)})^{\mathrm{T}}.$$

另外, 如本章开始时一样, 我们也用如下记号:

$$f_k = f(x_k), \quad g_k = g(x_k), \quad G_k = G(x_k).$$

4. 终止准则

算法的另一个重要问题是迭代的终止准则. 因为局部极小点 x^* 是稳定点, 我们可用

$$\|g(x_k)\| \leqslant \varepsilon \tag{2.3}$$

作为终止准则. 这样对于使用者来说, 就存在着一个选择 ε 的问题. ε 的大小决定所得迭代点 x_k 近似 x^* 的精度. 准则 (2.3) 有一定的局限性. 例如, 对于在极小点邻域内比较陡峭的函数, 即使该邻域中的点已相当接近极小点, 但其梯度值可能仍然较大, 从而使迭代难以停止.

其他终止准则有

$$\|x_k - x_{k+1}\| \leqslant \varepsilon, \tag{2.4}$$

或者

$$f_k - f_{k+1} \leqslant \varepsilon. \tag{2.5}$$

准则 (2.4) 或准则 (2.5) 满足只能说明算法这时所进行的迭代对迭代点或迭代点处目标函数值的改善已经很小, 并不能保证 $\|x_k - x^*\|$ 或 $f_k - f^*$ 一定足够小.

5. 收敛性与收敛速度

对一个算法而言, 其收敛性当然是首要问题, 在此基础上, 算法收敛速度的快慢也是评判一个算法优劣的重要标准.

若一个算法产生的点列 $\{x_k\}$ 在某种范数 $\|\cdot\|$ 意义下满足

$$\lim_{k\to\infty}\|x_k - x^*\| = 0,$$

我们称这个算法是**收敛**的. 进一步, 如果从任意初始点出发, $\{x_k\}$ 都能收敛到 x^*, 那么称这样的算法具有**全局收敛性**; 而称仅当初始点与 x^* 充分接近时 $\{x_k\}$ 才收敛到 x^* 的算法具有**局部收敛性**.

收敛算法的收敛速度分为以下几种情形:

线性收敛: 若

$$\lim_{k\to\infty}\frac{\|x_{k+1} - x^*\|}{\|x_k - x^*\|} = a, \tag{2.6}$$

当 $0 < a < 1$ 时, 迭代点列 $\{x_k\}$ 的收敛速度是线性的, 这时称算法是线性收敛的.

超线性收敛: 在 (2.6) 式中, 当 $a = 0$ 时, 迭代点列 $\{x_k\}$ 的收敛速度是超线性的, 这时称算法是超线性收敛的.

二阶收敛: 若

$$\lim_{k\to\infty}\frac{\|x_{k+1} - x^*\|}{\|x_k - x^*\|^2} = a,$$

其中 a 为任意常数, 迭代点列 $\{x_k\}$ 的收敛速度是二阶的, 这时称算法是二阶收敛的.

一般来说, 具有超线性收敛速度和二阶收敛速度的算法是较快的. 在我们建立一个算法的时候, 当然希望这个算法具有较快的收敛速度.

例 2.3 (线性收敛与二阶收敛速度的比较) 假定当前迭代点 x_k 满足 $\|x_k - x^*\| \leqslant 0.003$, 当 k 足够大时, 分别有

$$\frac{\|x_{k+1} - x^*\|}{\|x_k - x^*\|} \approx \frac{1}{2} \quad 和 \quad \frac{\|x_{k+1} - x^*\|}{\|x_k - x^*\|^2} \approx \frac{1}{2}.$$

问: 若要达到 $\|x_k - x^*\| \leqslant 10^{-9}$ 的精度, 分别采用具有线性收敛速度与二阶收敛速度的算法, 各需多少次迭代?

解　由定义知, 具有线性收敛速度的算法需要 22 次迭代, 而具有二阶收敛速度的算法只需 2 次迭代即达到要求的精度. □

上面我们给出了收敛和收敛速度的概念. 然而, 我们必须认识到, 一个方法在收敛性和收敛速度上的理论结果, 并不能保证这个方法有好的实际运算结果. 考虑到舍入误差会对计算过程产生影响, 我们应该在理论分析的基础上, 对方法进行数值实验.

6. 二次终止性

在非线性目标函数中, 正定二次函数具有相当好的性质. 这类函数简单、光滑、具有唯一极小点. 另外, 在极小点附近, 一般函数可以用正定二次函数很好地近似. 因此能否有效地求得正定二次函数的极小点, 是检验一个算法好坏的标准之一. 对于一个算法, 如果它对任意正定二次函数, 从任意初始点出发, 可以经有限步迭代求得极小点, 我们就说该算法具有**二次终止性**. 在下面的章节中, 我们会讨论具体方法的二次终止性.

在本章 §2.3, §2.4 中, 我们将首先考虑在线搜索方法中步长是如何选取的; 从第三章起, 我们将讨论不同方法中下降方向的选取问题.

§2.3　线搜索准则

在当前迭代点 x_k , 假定我们已得下降方向 d_k , 求步长 α_k 的问题为**一维搜索**或**线搜索**问题, 它包括两个内容:

- 满足什么样的准则, 步长可以接受?
- 有了合适的准则, 满足该准则的步长该如何求?

对如何确定 α_k 的接受准则这个问题, 有两个最简单、直观的方法. 下面我们首先讨论这两个方法, 找出它们的不足, 在此基础上再做进一步的讨论.

1. 精确线搜索准则

在迭代点 x_k, 当迭代方向 d_k 已知时, 一个自然的想法是使 $f(x)$

沿 d_k 关于步长 α 取极小值, 即

$$\min_{\alpha} f(x_k + \alpha d_k). \tag{2.7}$$

这就是所谓的**精确线搜索**.

设问题 (2.7) 的解为 α_k, 则 $x_{k+1} = x_k + \alpha_k d_k$. 由精确线搜索得到

$$g_{k+1}^{\mathrm{T}} d_k = 0.$$

这一点对一些无约束最优化方法的有限终止起着关键作用. 然而, 做精确线搜索需要求几乎精确的步长因子, 当 n 非常大或 $f(x)$ 非常复杂时, 精确线搜索的计算量是相当大的, 这使得我们不得不考虑是否有进行精确线搜索的必要. 实际上, 当迭代点离最优解尚远时, 是没有必要做高精度线搜索的. 另外, 对一般问题而言, 实现精确线搜索是很困难的.

2. 非精确线搜索准则

正是因为精确线搜索存在的这些问题, 我们产生了做非精确线搜索的想法. 对于步长的选取准则, 我们会自然地产生第二个简单的想法, 即取 α_k, 使

$$f(x_k + \alpha_k d_k) < f(x_k). \tag{2.8}$$

这个准则是否合适呢? 下面我们来看一个问题的迭代, 它每步的迭代方向为下降方向, 步长满足准则 (2.8).

例 2.4 (步长满足准则 (2.8) 的例子(见文献 [21])) 求解问题

$$\min f(x) = x^2.$$

解 显然 $x^* = 0$, $f(x^*) = 0$. 初始点选为 $x_1 = 2$. 我们用两种方法选取方向及步长, 其方法与结果见表 2.1. □

对于这两种方法, d_k 都是从 x_k 出发的下降方向, $\{f(x_k)\}$ 单调递减, 然而两种方法产生的 $\{x_k\}$ 均不能收敛到 x^*.

这是一个非常简单的最优化问题, 应该极容易地求得最优解. 那么究竟是什么原因, 使得方法产生的迭代序列 $\{x_k\}$ 不能收敛到最优解呢?

表 2.1　两种方法的迭代序列

	方法 I	方法 II
迭代点 x_k	$(-1)^{k+1}\left(1+\dfrac{1}{k}\right)$	$1+\dfrac{1}{k}$
方向 d_k	$(-1)^k$	-1
步长 α_k	$2+\dfrac{2k+1}{k(k+1)}$	$\dfrac{1}{k(k+1)}$
聚点	$-1,1$	1

我们知道决定一个方法的主要因素有二：一是下降方向; 二是步长. 在这两个方法中, 下降方向没什么问题. 下面我们来看步长.

图 2.4 画出了方法 I 和方法 II 所产生的 $\{f(x_k)\}$. 从该图可以看出, 当 k 足够大时, 对于方法 I, 目标函数在第 k 步迭代的下降量 $f_k - f_{k+1}$ 相对于步长 α_k 来说太小; 而对于方法 II, 目标函数在第 k 步迭代的下降量与步长 α_k 均非常小. 这些现象给我们以启示: $\{x_k\}$ 未收敛到最优解应该是由这两个原因造成的. 那么究竟什么样的步长合适呢?

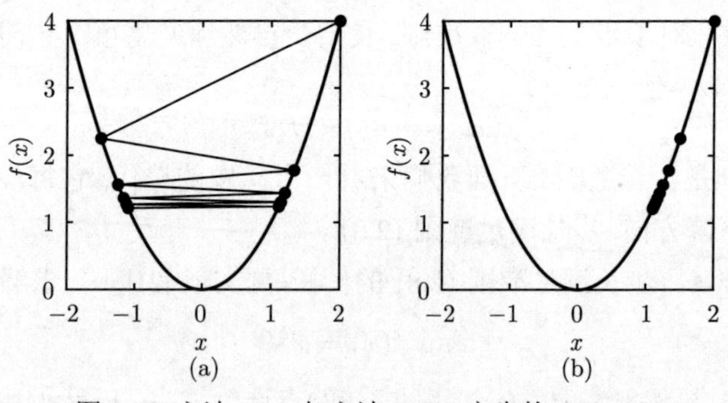

图 2.4　方法 I(a) 与方法 II(b) 产生的 $\{f(x_k)\}$

下面我们就一般的线搜索函数 $f(x_k+\alpha d_k)$ 来讨论这个问题. 对图 2.5 所示的线搜索函数 $f(x_k+\alpha d_k)$, 满足准则 (2.8) 的 α 是图中所示的区间 $(0,\beta_1)$, (β_2,β_3) 中的所有点. 显然, 方法 I 所选的步长 α 太接近于区间 (β_2,β_3) 的右端点 β_3, 而方法 II 的步长 α 太接近于区间 $(0,\beta_1)$ 的左端点 0. 这样我们对线搜索所要求的准则应能去掉区间 $(0,\beta_1)$ 中接近左端点的值和区间 (β_2,β_3) 中接近右端点的值. 下面我们给出一些常用的准则. 这些准则建立在 $f(x_k+\alpha d_k)$ 在零点处的斜率 $g_k^{\mathrm{T}}d_k$ 为负值的前提上, 否则, 说明 d_k 不是下降方向, 不应被采用.

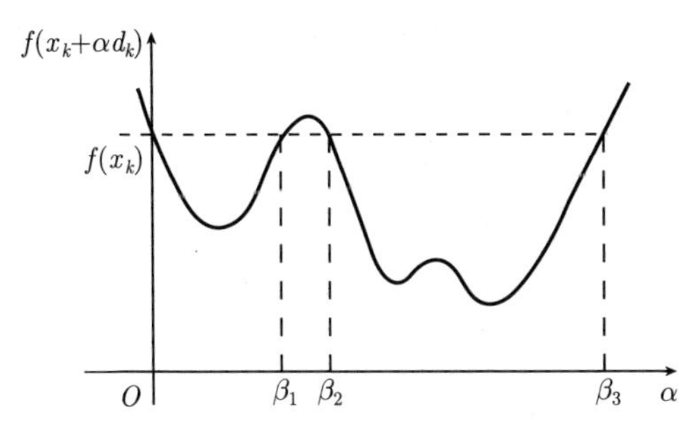

图 2.5 满足准则 (2.8) 的点构成的区间

Armijo 准则:

$$f(x_k+\alpha d_k)\leqslant f(x_k)+\rho g_k^{\mathrm{T}}d_k\alpha,\quad \rho\in(0,1). \tag{2.9}$$

一般地, 可取 ρ 为 10^{-3} 或更小的值. 不等式 (2.9) 的右边是一个关于 α 的线性函数, 由于 d_k 是下降方向, 满足 $g_k^{\mathrm{T}}d_k<0$, 该函数是关于 α 的减函数. 只要 α 不取得太小, 这个不等式可以保证新迭代点 $x_k+\alpha d_k$ 的函数值较之点 x_k 的函数值有一定量的下降. 满足该条件的点为图 2.6 所示区间 $(0,\beta_4]$, $[\beta_5,\beta_6]$ 中的点.

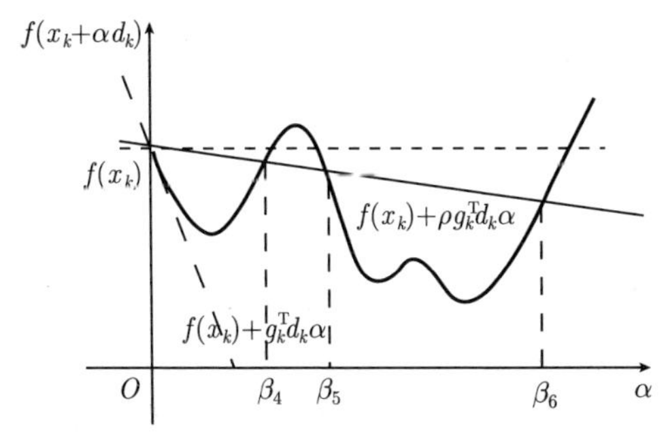

图 2.6 满足 Armijo 准则的点构成的区间

Armijo 准则可以避免 α 取得太大而接近于图 2.5 中区间 (β_2, β_3) 右端点的值.

有几种方法可以避免 α 取得太小而接近于图 2.5 中区间 $(0, \beta_1)$ 左端点的值, 它们分别与 (2.9) 式结合, 构成如下准则:

Goldstein 准则:

$$f(x_k + \alpha d_k) \leqslant f(x_k) + \rho g_k^{\mathrm{T}} d_k \alpha, \tag{2.10}$$

$$f(x_k + \alpha d_k) \geqslant f(x_k) + (1-\rho) g_k^{\mathrm{T}} d_k \alpha, \tag{2.11}$$

其中 $\rho \in (0, 1/2)$. 满足 Goldstein 准则的点是图 2.7 所示 $[\beta_7, \beta_4], [\beta_5, \beta_6]$ 区间中的点.

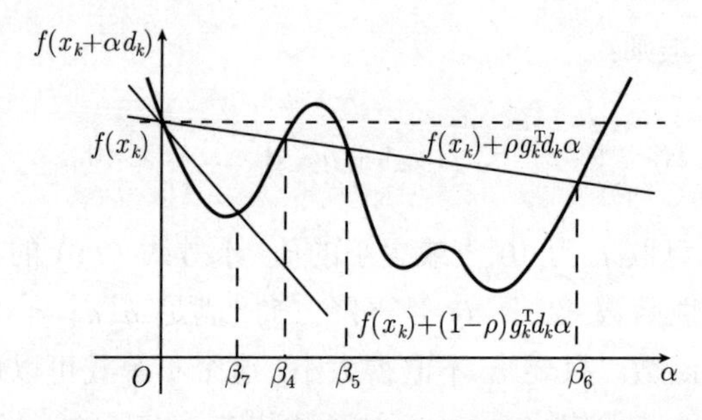

图 2.7　满足 Goldstein 准则的点构成的区间

Wolfe 准则:

$$f(x_k + \alpha d_k) \leqslant f(x_k) + \rho g_k^{\mathrm{T}} d_k \alpha, \tag{2.12}$$

$$g(x_k + \alpha d_k)^{\mathrm{T}} d_k \geqslant \sigma g_k^{\mathrm{T}} d_k, \tag{2.13}$$

其中的 σ 和 ρ 满足 $1 > \sigma > \rho > 0$. 满足 Wolfe 准则的点为图 2.8 所示区间 $[\beta_7, \beta_4]$, $[\beta_8, \beta_9]$, $[\beta_{10}, \beta_6]$ 中的点.

准则 (2.13) 是要求 $f(x_k+\alpha d_k)$ 在点 α 的斜率不能小于 $f(x_k+\alpha d_k)$ 在零点斜率 $g_k^{\mathrm{T}} d_k$ 的 σ 倍.

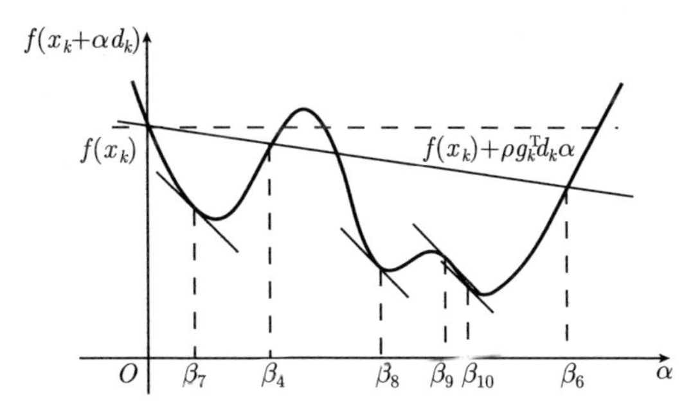

图 2.8 满足 Wolfe 准则的点构成的区间

在准则 (2.13) 中, 即使 σ 取为 0, 亦无法保证满足准则的点接近精确线搜索的结果. 但若采用下面的强 Wolfe 准则, σ 取得越小, 满足准则的 α 越接近精确线搜索的结果.

强 Wolfe 准则:

$$f(x_k+\alpha d_k) \leqslant f(x_k)+\rho g_k^{\mathrm{T}} d_k \alpha, \tag{2.14}$$

$$|g(x_k+\alpha d_k)^{\mathrm{T}} d_k| \leqslant -\sigma g_k^{\mathrm{T}} d_k, \tag{2.15}$$

其中 $1>\sigma>\rho>0$. 实际应用中, 控制 α 不要太小的准则可以不用, 因为在线搜索时, 只要给定 α_k 一个下界即可.

3. 非精确线性搜索的可行性

对于上面提出的非精确线搜索准则, 有两个问题需要考虑:

- 满足非精确线搜索准则的 α_k 存在吗?
- 采用非精确线搜索准则的方法的收敛性可以保证吗?

下面的两个定理回答了这两个问题.

定理 2.7 (非精确线搜索步长 α_k 的存在性) 设 $f(x_k+\alpha d_k)$ 在 $\alpha>0$ 时有下界, 且 $g_k^{\mathrm{T}} d_k<0$, 则必存在 α_k, 使得点 $x_k+\alpha_k d_k$ 满足 Wolfe 准则或 Goldstein 准则.

定理证明留为作业.

定理 2.8 (非精确线搜索方法的收敛性)　设在水平集 $\{x|f(x)\leqslant f(x_0)\}$ 上, $f(x)$ 有下界, $g(x)$ 一致连续, 算法 2.1 中的方向 d_k 与 $-g_k$ 之间的夹角 θ_k 一致有界, 即对某一 $\mu>0$, 有

$$0\leqslant\theta_k\leqslant\frac{\pi}{2}-\mu,\quad\forall k.$$

若 Wolfe 准则对任给 k 都成立, 则或者存在 N, 使 $g_N=0$, 或者 $g_k\to 0$, $k\to\infty$.

证明　假定对所有 k, $g_k\neq 0$. 下面用反证法证明 $g_k\to 0$, $k\to\infty$.

设对 $x_{k+1}=x_k+\alpha_k d_k$, Wolfe 准则满足, 由 (2.12) 式有

$$f(x_k)-f(x_{k+1})\geqslant-\rho g_k^{\mathrm{T}}s_k,$$

其中 $s_k=x_{k+1}-x_k=\alpha_k d_k$, 故

$$\begin{aligned}\frac{1}{\rho}[f(x_k)-f(x_{k+1})]&\geqslant-g_k^{\mathrm{T}}s_k=\|g_k\|\|s_k\|\cos\theta_k\\&\geqslant\|g_k\|\|s_k\|\sin\mu\geqslant 0.\end{aligned}\tag{2.16}$$

由 $\{f(x_k)\}$ 单调下降且有下界知

$$f(x_k)-f(x_{k+1})\to 0,\quad k\to\infty.$$

若 $g(x)$ 一致连续而 $g_k\nrightarrow 0$, 则存在子列 $\{g_k\}_{\mathcal{K}}$ 及 $\varepsilon>0$, 使

$$\|g_k\|\geqslant\varepsilon,\quad k\in\mathcal{K}.$$

由 (2.16) 式知 $\|s_k\|\to 0$, $k\in\mathcal{K}$, $k\to\infty$.

由 $g(x)$ 的一致连续性有

$$g_{k+1}^{\mathrm{T}}s_k=g_k^{\mathrm{T}}s_k+o(\|s_k\|).\tag{2.17}$$

当 $\|s_k\|\to 0$ 时, 得

$$g_{k+1}^{\mathrm{T}}s_k/(g_k^{\mathrm{T}}s_k)\to 1,\quad k\in\mathcal{K},k\to\infty,$$

此式与准则 (2.13) 矛盾, 故定理结论成立. □

对 Goldstien 准则、强 Wolfe 准则, 定理 2.8 的结论依旧成立. 若在算法 2.1 中采用精确线搜索, 也有同样的结论.

§2.4 线搜索求步长

本节我们考虑线搜索的第二个问题, 即如何求满足线搜索准则的步长. 这里我们主要介绍两类迭代方法：0.618 方法与插值法.

1. 0.618 方法

黄金比例 0.618 已经被广泛用于从艺术到自然科学的众多领域. 这里我们用 0.618 方法求近似地满足精确线搜索准则的步长. 该方法分为两步：首先我们需要确定一个初始区间, 使其包含

$$\varphi(\alpha)=f(x_k+\alpha d_k),\quad \alpha>0$$

的极小点; 然后在这个区间上求出近似满足精确线搜索准则的点. 这个方法是建立在单峰函数的基础上的.

定义 2.9 称 $\varphi(\alpha)$ 是区间 $[a,b]$ 上的**单峰函数**, 若存在 $\alpha^*\in[a,b]$, 使 $f(x)$ 在 $[a,\alpha^*]$ 上单调下降, 在 $[\alpha^*,b]$ 上单调上升.

由定义知单峰函数是具有 "高 — 低 — 高" 形状的函数. 0.618 方法是针对单峰函数建立起来的. 然而, 在众多问题中, 我们所面对的函数不可能都是单峰函数, 所以实际上我们也用这种方法处理一般一维函数的极小问题.

我们用 "进退法" 求初始区间 $[a,b]$, 要求在该区间中, 目标函数 $\varphi(\alpha)$ 呈 "高 — 低 — 高" 的形状. 该方法的基本思想是：先选定初始点 $\alpha_0>0$ 和一个初始步长 $\gamma_0>0$, 从 α_0 起以 γ_0 为步长向前搜索一步, 得 $\alpha_0+\gamma_0$. 若这一点的目标函数值较 α_0 处的目标函数值减小了, 则加大 γ_0, 继续向前搜索, 直至新一点的目标函数值较前一点的目标函数值增大了; 否则从 α_0 起以 $-\gamma_0$ 为初始步长向相反方向搜索, 其余过程同上. 无论是向前搜索还是向后搜索, 最后可得 $a\leqslant c\leqslant b$, 使

$$\varphi(c)\leqslant\varphi(b),\quad \varphi(c)\leqslant\varphi(a).$$

进退法的具体迭代步骤如下：

算法 2.2 (进退法求初始搜索区间)

步 1 给定 $\alpha_0 \in [0,\infty)$, $\gamma_0 > 0$, $t > 1$, $i := 0$.

步 2 计算 $\alpha_{i+1} = \alpha_i + \gamma_i$. 若 $\alpha_{i+1} \leqslant 0$, 则令 $\alpha_{i+1} := 0$, 转步 4; 若 $\varphi(\alpha_{i+1}) \geqslant \varphi(\alpha_i)$, 则转步 4.

步 3 令 $\gamma_{i+1} = t\gamma_i$, $\alpha := \alpha_i$, $\alpha_i := \alpha_{i+1}$, $i := i+1$, 转步 2.

步 4 若 $i = 0$, 令 $\gamma_i := -\gamma_i$, $\alpha := \alpha_{i+1}$, 转步 2; 否则

$$a = \min\{\alpha, \alpha_{i+1}\},$$
$$b = \max\{\alpha, \alpha_{i+1}\},$$

输出 a, b, 迭代停止.

得到初始区间 $[a,b]$ 后, 我们就要考虑如何在此区间上求近似满足精确线搜索准则的步长了.

0.618 方法的基本思想是：将初始区间 $[a,b]$ 按 0.618 的比例不断缩小, 使 $\varphi(\alpha)$ 的极小点 α^* 始终包含在缩小后的区间中; 重复这个过程, 直至区间长度足够小, 区间中的点均接近极小点为止. 具体做法如下：

设 $\varphi(\alpha)$ 是区间 $[a,b]$ 上的单峰函数. 令 $[a,b]=[a_0,b_0]$. 若在 $[a_0,b_0]$ 中只选一点, 使 $[a_0,b_0]$ 分为两个区间, 将无法确定保留哪个区间. 我们在 $[a_0,b_0]$ 中选两个点 α_0^l, α_0^r, 见图 2.9, 使缩小的区间是对称的, 即

$$\alpha_0^r - a_0 = b_0 - \alpha_0^l = \tau(b_0 - a_0), \quad \tau > \frac{1}{2},$$

则

$$\alpha_0^l = a_0 + (1-\tau)(b_0 - a_0),$$
$$\alpha_0^r = a_0 + \tau(b_0 - a_0).$$

第一步迭代得到的区间这样选择：

若 $\varphi(\alpha_0^l) < \varphi(\alpha_0^r)$, 则 $\alpha^* \in [a_0, \alpha_0^r]$, 取 $[a_1,b_1] = [a_0, \alpha_0^r]$;

若 $\varphi(\alpha_0^l) \geqslant \varphi(\alpha_0^r)$, 则 $\alpha^* \in [\alpha_0^l, b_0]$, 取 $[a_1, b_1] = [\alpha_0^l, b_0]$.

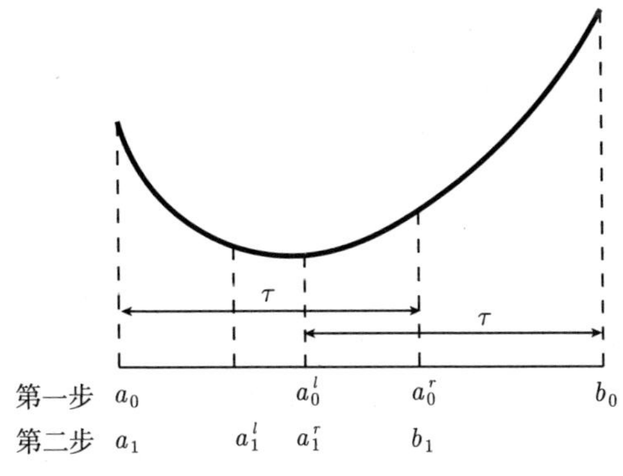

图 2.9 0.618 方法的一步迭代

在第二步迭代中, 我们用相同的比例缩小区间 $[a_1, b_1]$. 假定我们所选的区间 $[a_1, b_1]$ 是 $[a_0, \alpha_0^r]$, 见图 2.9, 则在这个区间中, $\varphi(\alpha_0^l)$ 的值已计算出. 若 α_0^l 是这次迭代中的 α_1^r , $\varphi(\alpha_1^r)$ 无须再计算, 这步迭代只需计算 $\varphi(\alpha_1^l)$ 的值. 这样应有

$$\alpha_1^r - a_1 = \tau(b_1 - a_1). \tag{2.18}$$

假定 $b_0 - a_0 = 1$, 则 $b_1 - a_1 = \tau$, $\alpha_1^r - a_1 = 1 - \tau$. 由 (2.18) 式有

$$1 - \tau = \tau^2.$$

解此方程, 去掉负根, 得

$$\tau = \frac{\sqrt{5} - 1}{2} \approx 0.61803.$$

算法 2.3 (0.618 方法求一维函数 $\varphi(\alpha)$ 的近似极小点)

步 1 给定 $a_0 > 0, b_0 > 0$, $i := 0$, $\varepsilon > 0$, $\tau := 0.618$.

步 2 若 $b_i - a_i < \varepsilon$, 则 $\alpha^* := \dfrac{b_i + a_i}{2}$, 输出 α^*, 停止线搜索.

步 3 计算

$$\alpha_i^l := a_i + (1 - \tau)(b_i - a_i),$$
$$\alpha_i^r := a_i + \tau(b_i - a_i).$$

步 4　若 $\varphi(\alpha_i^l) < \varphi(\alpha_i^r)$, 则 $a_{i+1} := a_i, b_{i+1} := \alpha_i^r$; 否则 $a_{i+1} := \alpha_i^l$, $b_{i+1} := b_i$, $i := i+1$, 转步 2.

从区间 $[a_0, b_0]$ 开始迭代, 经 m 次迭代后, 区间长度为 $\tau^m(b_0 - a_0)$.

2. 多项式插值法

下面要讲的插值方法, 可以用于求近似满足精确线搜索准则或满足非精确线搜索准则的步长. 这里, 我们仅以准则 (2.10) 为例, 讨论如何用插值方法求满足非精确线搜索准则的步长 α_k.

多项式函数的极小点是容易求得的, 所以我们可用已有的函数信息, 构造近似 $\varphi(\alpha)$ 的多项式函数, 求出该多项式函数的极小点并检验它是否满足非精确线搜索准则. 若不满足, 则根据新的函数信息去构造新的多项式函数. 如此反复, 一般能够求得满足非精确线搜索准则的步长.

用插值法构造 $\varphi(\alpha)$ 的近似多项式函数的提法如下：已知 $\varphi(\alpha)$ 在 $m+1$ 个不同点 $\alpha_0, \alpha_1, \cdots, \alpha_m (\alpha_i > 0, i = 0, \cdots, m)$ 处的函数值为 $\varphi(\alpha_i)$, $i=0, \cdots, m$, 我们欲求 $\varphi(\alpha)$ 在 $[0, \infty)$ 上的近似多项式 $p(\alpha)$, 使

$$p(\alpha_i) = \varphi(\alpha_i), \quad i = 0, \cdots, m, \tag{2.19}$$

这里 $\alpha_0, \cdots, \alpha_m$ 称为**插值节点**, 满足条件 (2.19) 的多项式 $p(\alpha)$ 称为 $\varphi(\alpha)$ 的**插值多项式**, $\varphi(\alpha)$ 称为**被插函数**, (2.19) 式称为**插值条件**.

满足条件 (2.19) 的插值方法的几何意义就是找一条通过平面上 $m+1$ 个点 $\{(\alpha_i, \varphi(\alpha_i))\}_{i=0}^m$ 的代数曲线. 当 $m+1$ 个插值节点互不相同时, 满足条件 (2.19) 的次数不超过 m 的多项式 $p(\alpha)$ 存在唯一. 根据不同的插值条件, 例如 (2.19) 的插值条件, 或利用导数信息的插值条件, 我们可以得到不同的插值多项式. 下面要考虑的两个插值方法, 均利用了插值点的函数及其一阶导数的插值信息. 关于多项式插值的详细内容, 见文献 [82].

1) 两点二次插值法求步长

设在 $0, \alpha_0$ $(\alpha_0 > 0)$ 两点已知

$$\varphi(0) = f(x_k), \quad \varphi'(0) = g_k^{\mathrm{T}} d_k, \quad \varphi(\alpha_0) = f(x_k + \alpha_0 d_k).$$

假定在点 α_0 处准则 (2.10) 不满足. 构造二次插值多项式

$$p(\alpha) = a\alpha^2 + b\alpha + c,$$

满足插值条件

$$p(0) = \varphi(0), \quad p'(0) = \varphi'(0), \quad p(\alpha_0) = \varphi(\alpha_0),$$

则

$$p(\alpha) = \frac{\varphi(\alpha_0) - \varphi(0) - \varphi'(0)\alpha_0}{\alpha_0^2}\alpha^2 + \varphi'(0)\alpha + \varphi(0).$$

$p(\alpha)$ 的稳定点为

$$\alpha_1 = \frac{-\varphi'(0)\alpha_0^2}{2[\varphi(\alpha_0) - \varphi(0) - \varphi'(0)\alpha_0]}.$$

该方法因为有两个插值点, 构造的是二次多项式而被称为**两点二次插值法**. 关于该方法, 我们需要注意如下几点:

- 在点 α_0 处, 准则 (2.10) 不满足, 则有

$$\varphi(\alpha_0) > \varphi(0) + \rho\varphi'(0)\alpha_0 > \varphi(0) + \varphi'(0)\alpha_0,$$

从而得到

$$p''(\alpha_1) = \frac{2}{\alpha_0^2}[\varphi(\alpha_0) - \varphi(0) - \varphi'(0)\alpha_0] > 0,$$

即 α_1 是 $p(\alpha)$ 的极小点.

- 由上面的讨论知 $\alpha_1 > 0$.

- 在这个方法中, 我们只考虑了条件 (2.10), 因为在线搜索过程中我们可以为 α 设置一个下界, 以此控制步长不要取得太小.

- 求满足准则 (2.10) 的步长的过程是一个子迭代的过程. 若在点 α_1 准则 (2.10) 不满足, 可以根据实际情况, 利用新的信息继续构造新的插值多项式. 一般来说, 几步迭代即可求得满足准则 (2.10) 的步

长. 否则的话, 说明 $p(\alpha)$ 不能很好地近似 $\varphi(\alpha)$, 应该采用三次插值方法求步长.

图 2.10 给出的是对函数 $\varphi(\alpha)=-\sin\alpha$ 在 0, π 两点进行二次插值近似的例子.

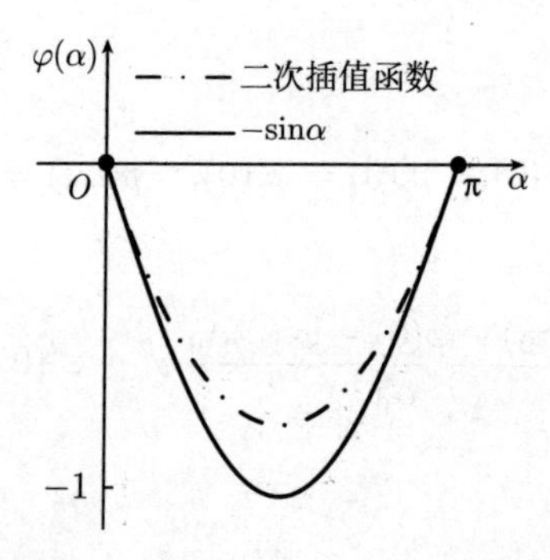

图 2.10　函数 $-\sin\alpha$ 与二次插值函数

图 2.11 给出的是对函数 $\varphi(\alpha)=-\sin\alpha$ 在 0, 3π 两点进行二次插值和在 0, $\frac{3}{2}\pi$, 3π 三点进行三次插值近似的例子. 若图中实直线表示 $f_k+\rho g_k^{\mathrm{T}}d_k\alpha$, 显然, 在二次插值函数的极小点处, 准则 (2.10) 不满足, 而在三次插值函数的极小点处, 准则 (2.10) 满足. 下面我们来看如何构造三次插值函数.

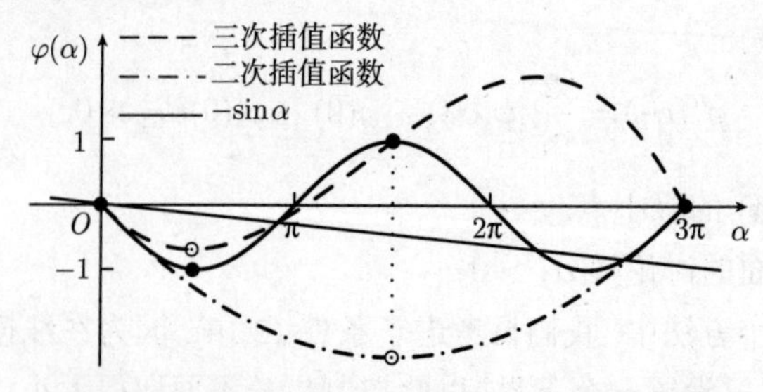

图 2.11　函数 $-\sin\alpha$ 与二次、三次插值函数

2) 三点三次插值法求步长

在进行完一步二次插值后, 在 0, $\alpha_0>0$, $\alpha_1>0$ 三点可知四个插

值数据:

$$\varphi(0),\ \varphi'(0),\ \varphi(\alpha_0),\ \varphi(\alpha_1),$$

从而可以进行三次插值.

设三次插值函数为

$$p(\alpha) = a\alpha^3 + b\alpha^2 + c\alpha + d.$$

由插值条件可得 $d = \varphi(0)$, $c = \varphi'(0)$ 及

$$\begin{aligned} a\alpha_0^3 + b\alpha_0^2 + \varphi'(0)\alpha_0 + \varphi(0) = \varphi(\alpha_0), \\ a\alpha_1^3 + b\alpha_1^2 + \varphi'(0)\alpha_1 + \varphi(0) = \varphi(\alpha_1). \end{aligned}$$

解这个关于 a, b 的线性方程组, 得

$$\begin{bmatrix} a \\ b \end{bmatrix} = \frac{1}{\alpha_0^2\alpha_1^2(\alpha_1 - \alpha_0)} \begin{bmatrix} \alpha_0^2 & -\alpha_1^2 \\ -\alpha_0^3 & \alpha_1^3 \end{bmatrix} \begin{bmatrix} \varphi(\alpha_1) - \varphi(0) - \varphi'(0)\alpha_1 \\ \varphi(\alpha_0) - \varphi(0) - \varphi'(0)\alpha_0 \end{bmatrix}.$$

由 $p'(\alpha) = 0$, 可求得 $p(\alpha)$ 的极小点 α_2 . 下一步迭代的插值数据可选为

$$\varphi(0),\ \varphi'(0),\ \varphi(\alpha_1),\ \varphi(\alpha_2),$$

亦可从 0, α_0, α_1, α_2 中选 $\varphi(\alpha_i)$ 具有 “高 — 低 — 高” 特性的三点. 图 2.12 是对函数 $-\sin\alpha$ 在 0, $\frac{1}{2}\pi$, π 三点进行三次插值近似的例子.

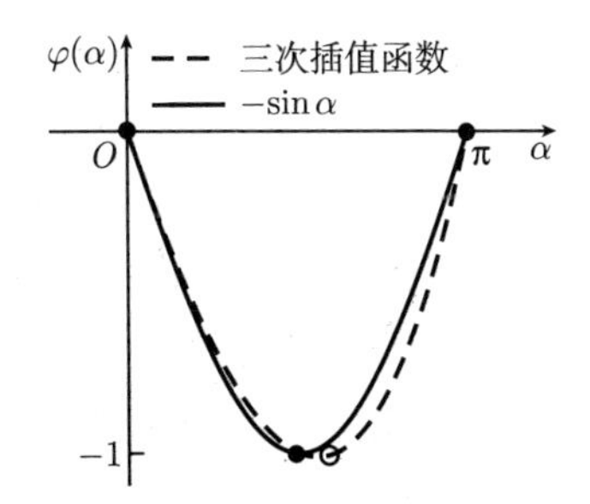

图 2.12 函数 $-\sin\alpha$ 与三次插值函数

§2.5 信赖域方法

前面三节的讨论是针对线搜索方法的, 这一节我们讨论信赖域方法的结构.

1. 信赖域方法的思想

在点 x_k, 我们欲求下降方向 d_k, 但我们不可能求解极小值问题 $\min f(x_k+d)$ 去得到 d_k, 因为这个问题与原问题复杂程度相同. 关于方向 d 的问题应该是相对简单、易求的. 解决这个问题简单可行的方法是: 利用 Taylor 展式, 在点 x_k 的邻域中, 使用 $f(x_k+d)$ 的一阶近似函数或二阶近似函数代替 $f(x_k+d)$ 去求得 d_k . 本书中所涉及的信赖域方法使用的是二阶近似函数, 我们记这个函数为 $q_k(d)$. 求这个函数的极小点, 将其作为迭代方向 d_k , 即求

$$\min_{d} q_k(d) \tag{2.20}$$

得 d_k.

$q_k(d)$ 近似 $f(x_k+d)$ 的好坏, 是受到 x_k 处邻域大小的影响的. 合适的邻域和合适的近似函数的选取, 可以保证 $q_k(d)$ 是 $f(x_k+d)$ 的好的近似函数. 例如, 取

$$q_k(d)=f_k+g_k^{\mathrm{T}}d+\frac{1}{2}d^{\mathrm{T}}G_kd,$$

由 $f(x)$ 在 x_k 处的 Taylor 展式知 $q_k(d)$ 与 $f(x_k+d)$ 的误差为 $o(\|d\|^2)$, 当 $\|d\|$ 小时, $q_k(d)$ 近似 $f(x_k+d)$ 的误差亦小. 如果 x_k 处的邻域太大, 就无法保证 $q_k(d)$ 是 $f(x_k+d)$ 的好的近似函数. 直接求解问题 (2.20), 可能会出现 $q_k(d)$ 的极小点与目标函数 $f(x_k+d)$ 的极小点相差甚远的情况. 当然这个邻域也不能太小, 因为邻域的大小决定了步长的长短, 太短的步长会增加算法的迭代次数, 影响算法的收敛速度. 因此, 每步迭代在 x_k 处选择一个合适的邻域, 在这个邻域中求解问题 (2.20), 这就是信赖域方法的思想. 这个邻域, 我们称之为**信**

赖域, 意即在此信赖域中, 我们相信 $q_k(d)$ 是 $f(x_k+d)$ 的好的近似函数.

假定在第 k 步迭代已得 x_k 以及信赖域的半径 Δ_k, 则

$$\min\ q_k(d), \tag{2.21a}$$

$$\text{s.t.}\ \|d\| \leqslant \Delta_k,\ \Delta_k > 0 \tag{2.21b}$$

称为信赖域子问题, 其解依旧记做 d_k. 在得到新的迭代点 $x_{k+1}=x_k+d_k$ 之后, 我们可以判断 Δ_k 是否是下一步迭代的合适的信赖域半径, 若不合适, 可以修正 Δ_k 得下一步迭代的 Δ_{k+1}. (2.21b) 式中的范数可依方法而定.

信赖域方法求迭代方向和步长的过程与线搜索方法的过程不同, 它相当于先限定了步长的范围, 再同时决定迭代方向与步长. 这样两种方法所确定的方向与步长是不同的. 在图 2.13 中, x_k 是当前迭代点, x^* 是问题的最优解, 虚线是 $q_k(d)$ 的等高线. 问题 (2.20) 的最优解是 d_k, 由此我们得到点 $x_a, x_a=x_k+d_k$; 若求解问题 (2.21), 我们得到点 x_t. 这里, x_t 比 x_a 更接近原问题的极小点 x^*. 此外, 信赖域半径大小不同所确定的迭代方向亦是不同的.

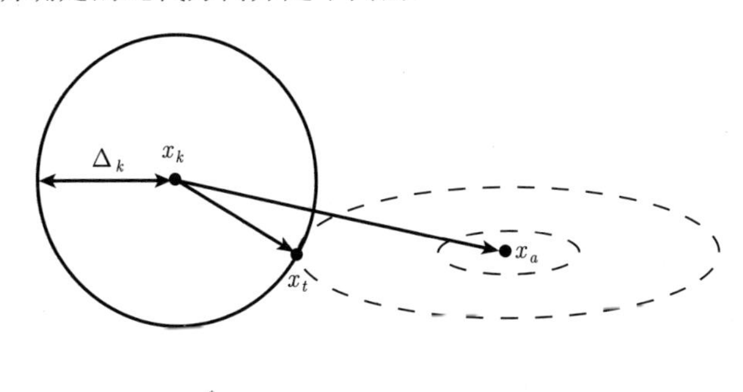

图 2.13 线搜索方法与信赖域方法所得结果比较

2. 信赖域算法

下面我们首先考虑在第 k 步迭代如何修正 Δ_k 得到 Δ_{k+1}. 假定

在点 x_k 已求得 d_k, 信赖域半径 Δ_k 的修正应该根据 x_k 处 $q_k(d_k)$ 近似 $f(x_k+d_k)$ 的好坏来确定.

从 x_k 到 x_k+d_k, $f(x)$ 的实际减少量为

$$\Delta f_k = f(x_k) - f(x_k+d_k),$$

近似函数 $q_k(d)$ 的减少量为

$$\Delta q_k = q_k(0) - q_k(d_k).$$

注意这里 $q_k(0)=f(x_k)$, 两种减少量之比为

$$\gamma_k = \frac{\Delta f_k}{\Delta q_k}. \tag{2.22}$$

γ_k 的大小反映了 $q_k(d_k)$ 近似 $f(x_k+d_k)$ 的程度. 当 γ_k 接近 1 时, 表明 $q_k(d_k)$ 近似 $f(x_k+d_k)$ 的程度好, 下一步迭代应增大 Δ_k; 当 γ_k 为接近于零的正数时, 表明 $q_k(d_k)$ 近似 $f(x_k+d_k)$ 的程度不好, 下一步迭代应减小 Δ_k; 因为 d_k 是问题 (2.21) 的解, $\Delta q_k>0$, 当 γ_k 为零或负数时, 说明 $f(x_k+d_k)\geqslant f(x_k)$, x_k+d_k 不应被接受为下一步的迭代点, 这时只应缩小信赖域的半径 Δ_k , 重新求解问题 (2.21). 下面给出信赖域方法的基本结构.

算法 2.4 (解无约束最优化问题信赖域方法的基本结构)

步 1 给出 $x_0\in\mathbb{R}^n$, $\Delta_0>0$, $\varepsilon>0$, $k:=0$.

步 2 若终止准则满足, 则输出 x_k, 迭代停止.

步 3 求解问题 (2.21) 得 d_k.

步 4 由 (2.22) 式计算 γ_k.

若 $\gamma_k>0.75$, 且 $\|d_k\|=\Delta_k$, 则 $\Delta_{k+1}:=2\Delta_k$;

若 $\gamma_k<0.25$, 则 $\Delta_{k+1}:=\Delta_k/4$;

否则 $\Delta_{k+1}:=\Delta_k$.

步 5 若 $\gamma_k\leqslant 0$, 则 $x_{k+1}:=x_k$; 否则 $x_{k+1}:=x_k+d_k$, $k:=k+1$, 转步 2.

该算法对其中的 0.75, 0.25 等常数是不敏感的, 见文献 [28]. 我们称所有具有算法 2.4 结构的方法为**信赖域方法**. 在信赖域方法中, 选取近似函数和修正信赖域半径的方法是多种多样的. 本书中, 我们会在第五章中继续讨论信赖域方法, 其中涉及信赖域子问题的求解.

§2.6　常用最优化方法软件介绍

要用最优化方法解决实际计算问题, 需要用计算机编程语言将这些算法写成程序, 做成可执行的软件. 实现这一过程需要软件编制者具有丰富的实际计算经验以及对算法和所用编程语言的深刻理解.

现有的最优化软件分为商业软件与自由软件. 商业软件需要付费才能使用, 而自由软件开放源代码, 可以无偿使用. 在专业人员的不懈努力下, 最优化方法的这两类软件均有了成熟、可靠的软件包. 下面简单介绍现在常用的软件包.

• MATLAB 是矩阵实验室 “Matrix Laboratory” 的简称，是美国 MathWorks 公司出品的商业数学软件. 该软件具有数值计算、符号运算、数据可视化、数据图形文字统一处理和建模仿真可视化等功能. 特别地，MATLAB 有数十种工具箱, 其中包括优化、图像处理、信号处理等工具箱, 这使得 MATLAB 既被许多高校教师选为基本教学工具, 又被许多研究单位和生产单位广泛用于解决不同领域的问题.

• NEOS Wiki 是美国威斯康星大学麦迪逊分校开发的网站, 其地址为 “http://www.mcs.anl.gov/otc/Guide”. 该网站提供关于最优化方法的非常丰富的信息. 在该网站, 大家可以在线求解最优化问题, 得到关于各种最优化软件的网址、各种最优化问题的案例与检验函数.

后　记

求近似精确线搜索步长的方法还有 Fibonacci 方法、二分法等方法, 见文献 [81]. 其他利用多项式插值求步长的方法见文献 [74], [81].

关于非精确线搜索步长的存在性和采用非精确线搜索算法的收敛性等问题的更详细的讨论见文献 [22], [58], [78].

我们在本章中给出的迭代点列的收敛速度为 Q-收敛速度，另外一种收敛速度是 R-收敛速度. 关于收敛速度的详细讨论见文献 [58], [81].

习　题

1. 设凸函数 $f(x)$ 为 $\mathbb{R}^n \to \mathbb{R}$ 的一阶连续可微函数. 证明：$f(x)$ 的任意局部极小点必为全局极小点; 若 $f(x)$ 是严格凸函数, 其极小点是唯一的. 关于凸函数的定义见附录 I.

2. 设凸函数 $f(x)$ 为 $\mathbb{R}^n \to \mathbb{R}$ 的二阶连续可微函数. 证明：x^* 为 $f(x)$ 的全局极小点当且仅当 $g^* = 0$.

3. 验证 Rosenbrock 函数有极小点 $x^* = (1,1)^{\mathrm{T}}$. 证明 $G(x)$ 为奇异矩阵当且仅当 $x_2 - x_1^2 = 0.005$, 从而证明对所有满足 $f(x) < 0.0025$ 的 x, $G(x)$ 正定.

4. 证明下列序列的收敛速度：

(1) $\{2^{-k}\}$ 线性收敛;

(2) $\{k^{-k}\}$ 超线性收敛;

(3) $\{a^{2^k}\}(0 < a < 1)$ 二阶收敛.

5. 对正定二次函数 $f(x) = \dfrac{1}{2}x^{\mathrm{T}}Gx + b^{\mathrm{T}}x$, 在点 x_k, 求出沿下降方向 d_k 作精确线搜索的步长 α_k.

6. 证明定理 2.7.

7. 求下面函数的稳定点，并确定其类型：

(1) $f(x) = 2x_1^2 + x_2^2 - 2x_1x_2 + 2x_1^3 + x_1^4$;

(2) $f(x) = 2x_1^3 - 3x_1^2 - 6x_1x_2(x_1 - x_2 - 1)$.

8. 用 0.618 方法求 $\varphi(\alpha)=1-\alpha \mathrm{e}^{-\alpha^2}$ 的极小点, 取初始区间为 $[0,1]$, $\varepsilon = 0.01$.

9. 设 $\alpha_1 < \alpha_2 < \alpha_3$, $\varphi(\alpha_1) > \varphi(\alpha_2)$, $\varphi(\alpha_2) < \varphi(\alpha_3)$, 构造过三点

$(\alpha_1, \varphi(\alpha_1))$, $(\alpha_2, \varphi(\alpha_2))$, $(\alpha_3, \varphi(\alpha_3))$ 的二次插值多项式 $p(\alpha)$, 求出其极小点.

10. 根据 $\varphi(\alpha_i)$, $\varphi'(\alpha_i)(i = 1, 2)$ 的信息, 构造满足 $\varphi(\alpha_i) = p(\alpha_i)$, $\varphi'(\alpha_i) = p'(\alpha_i)$ $(i = 1, 2)$ 的两点三次多项式 $p(\alpha)$, 求出其极小点.

11. 证明: 若 $\rho < 1/2$, 则正定二次函数精确线搜索的步长满足 Goldstein 准则.

12. 设在水平集 $\{x | f(x) \leqslant f(x_0)\}$ 上, $f(x)$ 有下界, $g(x)$ 一致连续; 在算法 2.1 中, 方向 d_k 与 $-g_k$ 之间的夹角 θ_k 一致有界, 即对某一 $\mu > 0$, 成立

$$0 \leqslant \theta_k \leqslant \frac{\pi}{2} - \mu.$$

证明: 若精确线搜索准则对任给 k 都成立, 则或者存在 N, 使 $g_N = 0$, 或者 $g_k \to 0, k \to \infty$.

第三章　负梯度方法与 Newton 型方法

从这一章开始, 我们将讨论针对不同类型最优化问题所建立的基本最优化方法, 其内容包括方法的建立、方法的性质以及方法的数值表现等.

Newton 型方法是指以 Newton 方法为基础建立起来的最优化方法. 一般来说, 这类方法需要利用函数的二阶导数信息或近似二阶导数信息, 收敛速度比较快. Newton 型方法被广泛用于求解最优化问题及非线性方程组问题, 因而在最优化理论与算法中, Newton 型方法占有相当重要的地位. 在这一章中, 我们将介绍基本 Newton 方法与拟 Newton 方法.

在介绍 Newton 方法之前, 我们将首先讲述作为 Newton 型方法特殊情形的一种负梯度方法——最速下降方法. 另外, 我们将在本章最后一节讨论根据拟 Newton 方法的思想建立起来的另一种负梯度方法——BB 方法. 这两个方法仅需利用函数的一阶导数信息.

§3.1　最速下降方法

1. 最速下降方法

假定在第 k 步迭代已得迭代点 x_k, 我们欲求 x_k 处使 $f(x)$ 下降最快的方向. 这个方向应满足下降条件 $g_k^{\mathrm{T}}d<0$. 虽然满足下降条件的下降方向有无穷多个, 但使 $|g_k^{\mathrm{T}}d|$ 达到最大值且满足 $\|d\|=1$ 的 d 只有一个. 由 Cauchy-Schwarz 不等式

$$|g_k^{\mathrm{T}}d| \leqslant \|g_k\|\|d\|$$

知, 当且仅当 $d=d_k=-g_k/\|g_k\|$ 时, 等式成立, $g_k^{\mathrm{T}}d$ 达最小. 由于在 d_k 方向上要考虑步长, 故取 d_k 为**负梯度方向:**

$$d_k = -g_k. \tag{3.1}$$

通常也称负梯度方向为**最速下降方向**. 一般地, 称以负梯度方向为迭代方向的方法为**负梯度方法**. 特别地, 称采用精确线搜索的步长, 以负梯度方向为迭代方向的方法为**最速下降 (Steepest Descent, SD) 方法**. 这个方法的计算步骤如下:

算法 3.1 (最速下降方法)

步 1　给出 $x_0 \in \mathbb{R}^n$, $\varepsilon > 0$, $k := 0$;

步 2　若终止条件满足, 则迭代停止;

步 3　计算 $d_k = -g_k$;

步 4　一维精确线搜索求 α_k ;

步 5　$x_{k+1} := x_k + \alpha_k d_k$, $k := k+1$, 转步 2.

从下面的例子中, 我们可以看出最速下降方法的数值表现.

例 3.1 (用最速下降方法求二次函数的极小点)　用最速下降方法求解

$$\min f(x) = \frac{1}{2}x^{\mathrm{T}}Gx + b^{\mathrm{T}}x + c,$$

其中 $b = (2,3)^{\mathrm{T}}$, $c = 10$, G 分别取为

$$G = \begin{bmatrix} 21 & 4 \\ 4 & 15 \end{bmatrix} \quad \text{和} \quad G = \begin{bmatrix} 21 & 4 \\ 4 & 1 \end{bmatrix},$$

相应的问题记为问题 I 和问题 II. 取初始点为 $x_0 = (-30, 100)^{\mathrm{T}}$, 终止准则为 $\|g_k\| < 10^{-5}$.

解　表 3.1 和表 3.2 分别给出了用最速下降方法求解问题 I 和问题 II 迭代开始与结束时迭代点的信息, 图 3.1 给出了对问题 I 和问题 II 用最速下降方法得到的迭代点的轨迹. □

在这个例子中, 对问题 I 和问题 II, 最速下降方法的迭代速度有明显的差别. 是什么原因造成了这种差异呢? 在进行了最速下降方法的收敛性分析后, 我们可以找到原因.

表 3.1　用最速下降方法解问题 I 所得部分迭代点的信息

k	x_k^{T}	$\|g_k\|$
0	(−30.0000, 100.0000)	1401.6679
1	(−13.5763, 0.3227)	285.4239
2	(−0.8387, 2.4212)	36.4480
3	(−0.4114, −0.1708)	7.4220
$\vdots$	$\vdots$	$\vdots$
10	(−0.0602, −0.1840)	0.1666e−004
11	(−0.0602, −0.1840)	0.3393e−005
12	(−0.0602, −0.1840)	0.4333e−006

表 3.2　用最速下降方法解问题 II 所得部分迭代点的信息

k	x_k^{T}	$\|g_k\|$
0	(−30.0000, 100.0000)	228.6329
1	(−19.3868, 100.7913)	26.3171
2	(−15.6406, 50.0660)	125.7811
3	(−9.7658, 50.5014)	14.4782
$\vdots$	$\vdots$	$\vdots$
57	(2.0000, −11.0000)	0.1424e−005
58	(2.0000, −11.0000)	0.6807e−005
59	(2.0000, −11.0000)	0.7835e−006

2. 最速下降方法的收敛速度

对最速下降方法而言, 定理 2.8 中的 $\theta_k = 0$, 故最速下降方法在定理 2.8 的条件下, 具有全局收敛性. 下面考虑最速下降方法的收敛速度.

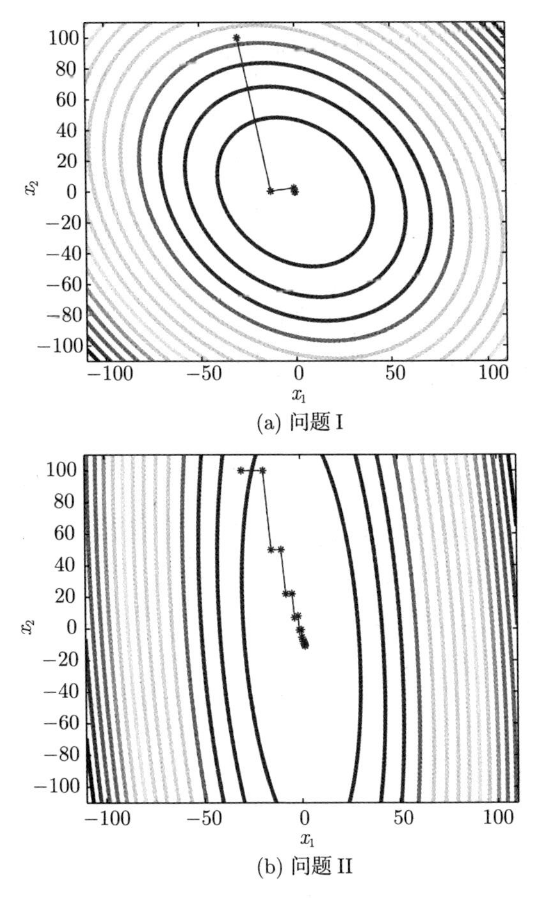

(a) 问题 I

(b) 问题 II

图 3.1 用最速下降方法解问题 I 和问题 II 所得迭代点的轨迹

在极小点附近, 一般函数可用正定二次函数逼近, 所以我们仅考虑对正定二次函数最速下降方法的收敛速度, 所得结果对一般目标函数也成立. 对一般目标函数最速下降方法的收敛性定理见文献 [50].

为进行下面的收敛性分析, 我们先定义 G 度量意义下的范数, 给出 Kantorovich 不等式.

定义 3.1 设 $G \in \mathbb{R}^{n\times n}$ 对称正定, $u, v \in \mathbb{R}^n$, 则 u 与 v 在 G **度量意义下的内积** $(u^{\mathrm{T}}v)_G$ **定义为**

$$(u^{\mathrm{T}}v)_G = u^{\mathrm{T}}Gv;$$

u 在 G **度量意义下的范数** $\|u\|_G^2$ 定义为

$$\|u\|_G^2 = u^{\mathrm{T}}Gu.$$

由此我们可得下面关于 G 度量意义下的 Cauchy-Schwarz 不等式的定理.

定理 3.2　设 $G \in \mathbb{R}^{n\times n}$ 对称正定, 则对任给的 $u, v \in \mathbb{R}^n$, **G 度量意义下的 Cauchy-Schwarz 不等式**

$$|u^{\mathrm{T}}Gv| \leqslant \|u\|_G \|v\|_G$$

成立, 当且仅当 u, v 共线时等式成立.

该定理可以由通常度量意义下的 Cauchy-Schwarz 不等式导出, 定理的证明作为第四章的习题.

定理 3.3 (Kantorovich 不等式)　设 $G \in \mathbb{R}^{n\times n}$ 对称正定, 任给 $x \in \mathbb{R}^n \setminus \{0\}$, 有

$$\frac{(x^{\mathrm{T}}x)^2}{(x^{\mathrm{T}}Gx)(x^{\mathrm{T}}G^{-1}x)} \geqslant \frac{4\lambda_{\max}\lambda_{\min}}{(\lambda_{\max}+\lambda_{\min})^2},$$

其中 $\lambda_{\max}, \lambda_{\min}$ 分别为矩阵 G 的最大、最小特征值.

定理 3.3 的证明见文献 [50].

考虑正定二次函数

$$f(x) = \frac{1}{2}x^{\mathrm{T}}Gx + b^{\mathrm{T}}x,$$

其中 $G \in \mathbb{R}^{n\times n}$ 对称正定, 它的极小点 x^* 满足方程组

$$Gx + b = 0. \tag{3.2}$$

在当前迭代点 x_k, 负梯度方向为

$$d_k = -g_k = -Gx_k - b.$$

由

$$\min_{\alpha>0} f(x_k-\alpha g_k),$$

其中

$$\begin{aligned} f(x_k-\alpha g_k) &= \frac{1}{2}(x_k-\alpha g_k)^{\mathrm{T}}G(x_k-\alpha g_k)+b^{\mathrm{T}}(x_k-\alpha g_k) \\ &= \frac{1}{2}g_k^{\mathrm{T}}Gg_k\alpha^2-g_k^{\mathrm{T}}g_k\alpha+f(x_k), \end{aligned}$$

得最速下降方法的步长

$$\alpha_k=\frac{g_k^{\mathrm{T}}g_k}{g_k^{\mathrm{T}}Gg_k}, \tag{3.3}$$

从而下一个迭代点为

$$x_{k+1}=x_k-\frac{g_k^{\mathrm{T}}g_k}{g_k^{\mathrm{T}}Gg_k}g_k.$$

由 G 度量意义下的范数定义及 (3.2) 式知

$$\frac{1}{2}\|x_k-x^*\|_G^2=f(x_k)-f(x^*). \tag{3.4}$$

这个关系说明, 在 G 度量意义下, x_k 的误差等价于它的目标函数值 $f(x_k)$ 的误差.

下面我们给出最速下降方法在 G 度量意义下的收敛速度.

定理 3.4 对正定二次函数, 最速下降方法的收敛速度为

$$\frac{\|x_{k+1}-x^*\|_G^2}{\|x_k-x^*\|_G^2}\leqslant\left(\frac{\lambda_{\max}-\lambda_{\min}}{\lambda_{\max}+\lambda_{\min}}\right)^2. \tag{3.5}$$

证明 由 (3.3) 式得

$$f(x_{k+1})=f(x_k)-\frac{1}{2}\frac{(g_k^{\mathrm{T}}g_k)^2}{g_k^{\mathrm{T}}Gg_k}.$$

另外, 由 $Gx^* = -b$ 得 $f(x^*) = -\frac{1}{2}b^{\mathrm{T}}G^{-1}b$, 从而

$$\begin{aligned}\frac{f(x_{k+1})-f(x^*)}{f(x_k)-f(x^*)} &= \frac{f(x_k)-\frac{1}{2}\frac{(g_k^{\mathrm{T}}g_k)^2}{g_k^{\mathrm{T}}Gg_k}-f(x^*)}{f(x_k)-f(x^*)} \\ &= 1-\frac{\frac{1}{2}\frac{(g_k^{\mathrm{T}}g_k)^2}{g_k^{\mathrm{T}}Gg_k}}{\frac{1}{2}x_k^{\mathrm{T}}Gx_k+b^{\mathrm{T}}x_k+\frac{1}{2}b^{\mathrm{T}}G^{-1}b} \\ &= 1-\frac{\frac{(g_k^{\mathrm{T}}g_k)^2}{g_k^{\mathrm{T}}Gg_k}}{(Gx_k+b)^{\mathrm{T}}G^{-1}(Gx_k+b)} \\ &= 1-\frac{(g_k^{\mathrm{T}}g_k)^2}{(g_k^{\mathrm{T}}Gg_k)(g_k^{\mathrm{T}}G^{-1}g_k)}.\end{aligned}$$

由 (3.4) 式得

$$\frac{\|x_{k+1}-x^*\|_G^2}{\|x_k-x^*\|_G^2} = 1-\frac{(g_k^{\mathrm{T}}g_k)^2}{(g_k^{\mathrm{T}}Gg_k)(g_k^{\mathrm{T}}G^{-1}g_k)}.$$

再由 Kantorovich 不等式得到 (3.5) 式. □

由 (3.5) 式可以看出, 最速下降方法的收敛速度是线性的, 这个速度依赖于 G 的最大、最小特征值. 那么 G 的最大、最小特征值与什么因素有关呢?

线性方程组 (3.2) 是由 G 和 b 确定的. 若 G 和 b 的数据带有误差, 我们认为 G 和 b 受到了扰动. 通常这种扰动相对于精确数据是微小的. 那么 G 和 b 的这种微小扰动对线性方程组解的影响如何呢? 假定 x^* 和 $x^*+\Delta x^*$ 分别是方程组 (3.2) 和其有微小扰动的方程组

$$(G+\Delta G)(x+\Delta x)+(b+\Delta b)=0$$

的解, 其中 $G\in\mathbb{R}^{n\times n}$ 非奇异, $\Delta G\in\mathbb{R}^{n\times n}$ 满足 $\|G^{-1}\|\|\Delta G\|<1$, $b\in\mathbb{R}^n$ 非零, 则

$$\frac{\|\triangle x^*\|}{\|x^*\|}\leqslant \mathrm{cond}(G)\left(\frac{\|\Delta G\|}{\|G\|}+\frac{\|\Delta b\|}{\|b\|}\right),$$

这里

$$\text{cond}(G) = \|G\|\|G^{-1}\|$$

称为矩阵 G 的**条件数**. 条件数与范数有关, 如

$$\|G\|_2\|G^{-1}\|_2 = \frac{\lambda_{\max}}{\lambda_{\min}}.$$

由上面的分析知, 条件数是 G 的相对误差与 b 的相对误差之和的放大倍数. 因此, 条件数在一定程度上反映出 G 和 b 的扰动对方程组 (3.2) 的解的影响程度. 若矩阵 G 的条件数很大, 扰动对解的影响就可能很大, 我们称这样的问题是**病态**的, 或 G 是病态的; 若矩阵 G 的条件数不大, 扰动对解的影响也不会太大, 我们称这样的问题是**良态**的, 或 G 是良态的. 关于这个问题的详细讨论, 见文献 [79].

在 (3.5) 式中, 有

$$\frac{\lambda_{\max} - \lambda_{\min}}{\lambda_{\max} + \lambda_{\min}} = \frac{\text{cond}(G) - 1}{\text{cond}(G) + 1} \triangleq \mu.$$

这说明, 最速下降方法的收敛速度依赖于 G 的条件数. 当 G 的条件数接近于 1 时, μ 接近于零, 最速下降方法的收敛速度接近于超线性收敛速度; 而 G 的条件数越大, μ 越接近于 1, 该方法的收敛速度越慢.

假定当前迭代点满足的精度为 $\|h_k\| \leqslant 10^{-1}$, 其中 $h_k = x_k - x^*$, 为达到 $\|h_k\| \leqslant 10^{-6}$ 的精度, 对有不同条件数的 G, 最速下降方法所需的迭代次数见表 3.3. 该表中显示的结果, 与我们的结论相同.

表 3.3 条件数对最速下降方法迭代次数的影响

$\lambda_{\max}$	$\lambda_{\min}$	μ	迭代次数
1.1	1.0	0.048	4
2.0	1.0	0.333	11
10.0	1.0	0.818	58
100.0	1.0	0.980	576
200.0	1.0	0.990	1158
500.0	1.0	0.996	2873
1000.0	1.0	0.998	5751

在例 3.1 中, 问题 I 和问题 II 的条件数及 μ 见表 3.4. 由收敛性分析可知, Hesse 矩阵 G 的条件数的差异造成了最速下降方法对两个问题收敛速度的差异. 从图 3.1 我们可以看出, 最速下降方法相邻两步的迭代方向互相垂直, Hesse 矩阵的条件数越大, 二次函数一族椭圆的等高线越扁. 可以想象, 当目标函数的等高线为一族很扁的椭圆时, 迭代在两个相互垂直的方向上交替进行. 如果这两个方向没有一个指向极小点, 迭代会相当缓慢, 甚至收敛不到极小点.

表 3.4　例 3.1 中 G 的条件数及相应的 μ

问题	cond(G)	μ
I	1.769	0.278
II	94.789	0.979

最速下降方法的优点是：算法每次迭代的计算量少, 存储量亦少; 从一个不太好的初始点出发, 算法产生的迭代点也可能接近极小点.

§3.2　Newton 方法

Newton 方法是 Newton 型方法的基础. 本节主要讨论基本 Newton 方法、阻尼 Newton 方法及修正 Newton 方法的构造与性质. 这类方法适宜于解决中小型最优化问题.

1. 基本 Newton 方法

设 $f(x)$ 具有连续的二阶偏导数, 当前迭代点是 x_k. $f(x)$ 在 x_k 处的 Taylor 展式为

$$f(x_k+d)=f_k+g_k^{\mathrm{T}}d+\frac{1}{2}d^{\mathrm{T}}G_kd+o(\|d\|^2),$$

其中 $d=x-x_k$. 在点 x_k 的邻域内, 用二次函数

$$q_k(d)\triangleq f_k+g_k^{\mathrm{T}}d+\frac{1}{2}d^{\mathrm{T}}G_kd$$

近似 $f(x_k+d)$, 求解问题

$$\min\ q_k(d) = f_k + g_k^{\mathrm{T}} d + \frac{1}{2} d^{\mathrm{T}} G_k d. \tag{3.6}$$

若 G_k 正定, 则方程组

$$G_k d = -g_k \tag{3.7}$$

的解 $d_k = -G_k^{-1} g_k$ 为问题 (3.6) 的唯一解. 我们称方程组 (3.7) 为 **Newton 方程**, 由方程组 (3.7) 得到的方向 d_k 为 **Newton 方向**. 用 Newton 方向作为迭代方向的最优化方法称为 **Newton 方法**. 用 Newton 方法迭代的意义见图 3.2, 其中粗虚线表目标函数 $f(x)$ 的等高线, 细虚线表 $q_k(d)$ 的等高线.

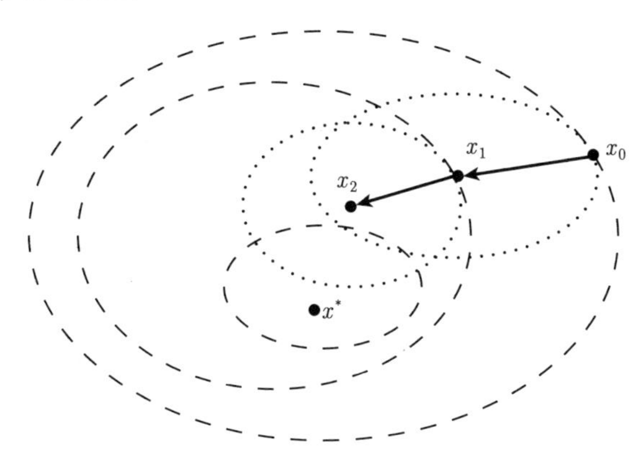

图 3.2 Newton 方法迭代的意义

基本 Newton 方法指取全步长 $\alpha_k = 1$ 的 Newton 方法. 下面给出基本 Newton 方法的迭代步骤:

算法 3.2 (基本 Newton 方法)

步 1 给出 $x_0 \in \mathbb{R}^n$, $\varepsilon > 0$, $k := 0$;

步 2 若终止准则满足, 则输出有关信息, 停止迭代;

步 3 由方程组 (3.7) 计算 d_k;

步 4 $x_{k+1} := x_k + d_k$, $k := k+1$, 转步 2.

在不引起混淆的情况下, 基本 Newton 方法简称为 Newton 方法. 在 Newton 方法中, 只要 G_k 正定, Newton 方向 d_k 就是下降方向, 因为 $g_k^{\mathrm{T}} d_k = -g_k^{\mathrm{T}} G_k^{-1} g_k < 0$.

下面的例子说明使用 Newton 方法可能出现的几种情形.

例 3.2　考虑问题

$$\min f(x) = 3x_1^2 + 3x_2^2 - x_1^2 x_2. \tag{3.8}$$

从不同的初始点出发, 用 Newton 方法求解该问题.

解　$f(x)$ 的一、二阶导数分别为

$$g(x) = (6x_1 - 2x_1x_2, 6x_2 - x_1^2)^{\mathrm{T}}, \quad G(x) = \begin{bmatrix} 6-2x_2 & -2x_1 \\ -2x_1 & 6 \end{bmatrix}. \tag{3.9}$$

$f(x)$ 有三个稳定点：极小点 $x_{(1)} = (0,0)^{\mathrm{T}}$, 鞍点 $x_{(2)} = (3\sqrt{2},3)^{\mathrm{T}}$ 和 $x_{(3)} = (-3\sqrt{2},3)^{\mathrm{T}}$. 在这三个点的 Hesse 矩阵分别为

$$G(x_{(1)}) = \begin{bmatrix} 6 & 0 \\ 0 & 6 \end{bmatrix}, \quad G(x_{(2)}) = \begin{bmatrix} 0 & -6\sqrt{2} \\ -6\sqrt{2} & 6 \end{bmatrix},$$

$$G(x_{(3)}) = \begin{bmatrix} 0 & 6\sqrt{2} \\ 6\sqrt{2} & 6 \end{bmatrix}.$$

下面我们从不同的初始点出发, 考察 Newton 方法迭代的情况, 方法的终止准则为 $\|g_k\|_\infty < 10^{-6}$.

(1) $x^{(0)} = (1.5, 1.5)^{\mathrm{T}}$, 这时 Newton 方法在每一迭代步的信息见表 3.5. 由 Newton 方法得到的 $\{x^{(k)}\}$ 的轨迹见图 3.3(a). 结果表明 $\{x^{(k)}\}$ 收敛到了极小点 $x_{(1)}$.

(2) $x^{(0)} = (-2, 4)^{\mathrm{T}}$, 这时 Newton 方法在每一迭代步的信息见表 3.6. 由 Newton 方法得到的 $\{x^{(k)}\}$ 的轨迹见图 3.3(b). 结果表明 $\{x^{(k)}\}$ 收敛到了鞍点 $x_{(3)}$.

(3) $x^{(0)} = (0, 3)^{\mathrm{T}}$, 这时 $G(x^{(0)})$ 奇异, Newton 方法失败. □

表 3.5 初始点为 $(1.5, 1.5)^{\mathrm{T}}$ 时 Newton 方法得到的每一迭代步的信息

k	${x^{(k)}}^{\mathrm{T}}$	f_k	$\|g_k\|_2$
0	(1.5000, 1.5000)	10.1250	8.1125
1	(−3.7500, −2.2500)	89.0156	48.0633
2	(0.6250, −3.1250)	31.6895	20.6151
3	(0.3190, 0.0014)	0.3052	1.9155
4	(−0.0020, −0.0172)	0.0009	0.1037
5	(−0.0000, −0.0000)	0.0000	0.0000
6	(−0.0000, −0.0000)	0.0000	0.0000

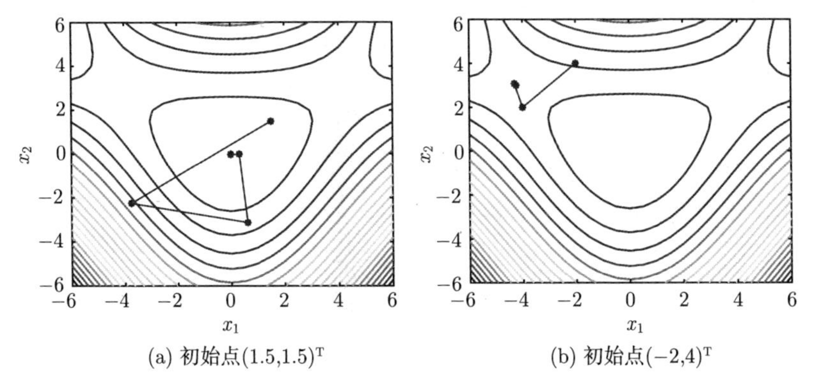

(a) 初始点$(1.5,1.5)^{\mathrm{T}}$　　(b) 初始点$(-2,4)^{\mathrm{T}}$

图 3.3 Newton 方法得到的迭代点轨迹

表 3.6 初始点为 $(-2, 4)^{\mathrm{T}}$ 时 Newton 方法得到的每一迭代步的信息

k	${x^{(k)}}^{\mathrm{T}}$	f_k	$\|g_k\|_2$
0	(−2.0000, 4.0000)	44.0000	20.3961
1	(−4.0000, 2.0000)	28.0000	8.9443
2	(−4.3077, 3.0769)	26.9750	0.6695
3	(−4.2439, 3.0011)	27.0000	0.0105
4	(−4.2426, 3.0000)	27.0000	0.0000
5	(−4.2426, 3.0000)	27.0000	0.0000

从这个例子我们可以看出, Newton 方法的收敛性依赖于初始点的选择. 当初始点接近极小点时, 迭代序列收敛于极小点, 并且收敛很快;

否则就会出现迭代序列收敛到鞍点或极大点的情形, 或者在迭代过程中出现矩阵奇异或病态的情形, 使线性方程组不能求解或不能很好地求解, 导致迭代失败.

下面给出基本 Newton 方法的收敛性定理.

定理 3.5 (基本 Newton 方法的收敛性)　设 $f(x) \in C^2$, $f(x)$ 的 Hesse 矩阵 $G(x)$ 满足 Lipschitz 条件, 即存在 $\beta > 0$, 对任给的 x 与 y, 有 $\|G(x) - G(y)\| \leqslant \beta\|x - y\|$. 若 x_0 充分接近 $f(x)$ 的局部极小点 x^*, 且 G^* 正定, 则 Newton 方法对所有的 k 有定义, 并以二阶收敛速度收敛.

证明　因为 $g(x)$ 是向量函数, 下面证明 $g(x)$ 在 x_k 处的 Taylor 展式为

$$g(x_k + d) = g_k + G_k d + O(\|d\|^2), \tag{3.10}$$

其中 $d = x - x_k$. 设 $g(x)$ 的分量为 $g_i(x)$, 矩阵 $G(x)$ 的元素为 $G_{ij}(x)$. $g_i(x)$ 在点 x_k 的 Taylor 展式为

$$g_i(x_k + d) = g_i(x_k) + \sum_{j=1}^{n} G_{ij}(x_k + \theta_i d) d_j, \quad \theta_i \in (0, 1), \tag{3.11}$$

其中 d_j 为 d 的分量, 从而

$$g_i(x_k + d) - g_i(x_k) - \sum_{j=1}^{n} G_{ij}(x_k) d_j = \sum_{j=1}^{n} \Big[G_{ij}(x_k + \theta_i d) - G_{ij}(x_k) \Big] d_j.$$

由矩阵 $G(x)$ 满足的 Lipschitz 条件知, 对任给的 i, j, 有

$$\big| G_{ij}(x) - G_{ij}(y) \big| \leqslant \beta \|x - y\|.$$

另外, $\|\theta_i d\| \leqslant \|d\|$, $|d_j| \leqslant \|d\|$, 则

$$\left| g_i(x_k + d) - g_i(x_k) - \sum_{j=1}^{n} G_{ij}(x_k) d_j \right| \leqslant \beta n \|d\|^2,$$

从而

$$g_i(x_k + d) = g_i(x_k) + \sum_{j=1}^{n} G_{ij}(x_k) d_j + O(\|d\|^2),$$

即 $g(x_k+d)$ 在点 x_k 的 Taylor 展式 (3.10) 成立.

若取 $d=-h_k=x^*-x_k$, (3.10) 式为

$$g^*=g_k-G_kh_k+O(\|h_k\|^2)=0. \tag{3.12}$$

由 $G(x)$ 的连续性知, 存在 x^* 的一个邻域, 当 x_k 在此邻域中, 如 $\|x_k-x^*\|\leqslant\delta$ 时, G_k 正定, G_k^{-1} 有上界, 故第 k 次迭代存在. (3.12) 式两边乘以 G_k^{-1}, 得

$$\begin{aligned}
&G_k^{-1}g_k-h_k+O(\|h_k\|^2)\\
&\quad=-d_k-h_k+O(\|h_k\|^2)\\
&\quad=-h_{k+1}+O(\|h_k\|^2)\\
&\quad=0.
\end{aligned}$$

由此知存在 $\gamma>0$, 使

$$\|h_{k+1}\|\leqslant\gamma\|h_k\|^2. \tag{3.13}$$

下面证明 x_{k+1} 也满足 $\|x_{k+1}-x^*\|\leqslant\delta$. 由 (3.13) 式有

$$\|h_{k+1}\|\leqslant\gamma\|h_k\|^2\leqslant\gamma\delta\|h_k\|. \tag{3.14}$$

x_k 充分接近 x^* 可以保证 $\gamma\delta<1$, 故

$$\|x_{k+1}-x^*\|=\|h_{k+1}\|<\|h_k\|\leqslant\delta,$$

即 x_{k+1} 也在此邻域中, 第 $k+1$ 次迭代有意义. 由数学归纳法知, 方法对所有 k 有定义, 且 $\|h_{k+1}\|\leqslant(\gamma\delta)^{k+1}\|h_0\|$, 故 $\|h_k\|\to0$, 基本 Newton 迭代收敛. 由 (3.13) 式知方法二阶收敛. □

该定理给出了基本 Newton 方法的局部收敛性, 也就是说, 只有当迭代点充分接近 x^* 时, 基本 Newton 方法的收敛性才能保证.

下面我们给出基本 Newton 方法的优缺点, 以便明确需要对基本 Newton 方法进行哪些方面的修正.

优点:

• 当 x_0 充分接近问题的极小点 x^* 时, 方法以二阶收敛速度收敛;

• 方法具有二次终止性.

缺点:

• 当 x_0 没有充分接近问题的极小点 x^* 时, G_k 会出现不正定或奇异的情形, 使 $\{x_k\}$ 不能收敛到 x^* , 或使迭代无法进行; 即使 G_k 正定, 也不能保证 $\{f_k\}$ 单调下降, 见例 3.2.

• 每步迭代需要计算 Hesse 矩阵, 即计算 $n(n+1)/2$ 个二阶偏导数.

• 每步迭代需要解一个线性方程组, 计算量为 $O(n^3)$.

2. 阻尼 Newton 方法

为改善 Newton 方法的局部收敛性质, 我们可以采用带一维搜索的 Newton 方法, 即

$$x_{k+1} = x_k + \alpha_k d_k,$$

其中 α_k 是一维搜索的结果. 该方法称为**阻尼 Newton 方法**. 此方法能够保证对正定的 G_k, $\{f_k\}$ 单调下降; 即使 x_k 离 x^* 稍远, 该方法产生的点列 $\{x_k\}$ 仍可能收敛至 x^* .

对严格凸函数, 采用 Wolfe 准则的阻尼 Newton 方法具有全局收敛性, 见下面的定理. 关于凸函数的定义见附录 I.

定理 3.6 (阻尼 Newton方法对严格凸函数的全局收敛性) 设 $f(x) \in C^2$, 且对任给的 $x_0 \in \mathbb{R}^n$, 存在 $\beta > 0$, 使得 $f(x)$ 在水平集 $L(x_0) = \{x | f(x) \leqslant f(x_0)\}$ 上满足

$$u^{\mathrm{T}} G(x) u \geqslant \beta \|u\|^2, \quad u \in \mathbb{R}^n,\ x \in L(x_0), \tag{3.15}$$

则采用 Wolfe 准则的阻尼 Newton 方法产生的 $\{x_k\}$ 满足下列二者之一:

(1) $\{x_k\}$ 为有穷点列, 即存在 N, 使得 $g_N = 0$;

(2) $\{x_k\}$ 为无穷点列, $\{x_k\}$ 收敛到 f 的唯一极小点 x^*.

证明 显然, 只需证明当 $\{x_k\}$ 为无穷点列时, $\{x_k\}$ 收敛到 f 的唯一极小点 x^*. 首先我们证明水平集 $L(x_0)$ 是有界闭凸集.

设 $x_1, x_2 \in L(x_0)$, 则

$$f(x_1) \leqslant f(x_0), f(x_2) \leqslant f(x_0).$$

任给 $x = \lambda x_1 + (1-\lambda)x_2$, $\lambda \in [0,1]$, 因 $f(x)$ 是凸函数, 故

$$f(x) = f(\lambda x_1 + (1-\lambda)x_2) \leqslant \lambda f(x_1) + (1-\lambda)f(x_2) \leqslant f(x_0).$$

所以 $x \in L(x_0)$, $L(x_0)$ 是凸集.

设存在序列 $\{x_k\}, x_k \to x^*(k \to \infty)$, $\{x_k\} \subset L(x_0)$, 由 $f(x)$ 的连续性有 $\lim\limits_{k\to\infty} f(x_k) = f(x^*)$, 从而知 $x^* \in L(x_0)$, $L(x_0)$ 是闭集.

任给 $x, y \in L(x_0)$, 由 Taylor 公式

$$f(y) = f(x) + g(x)^{\mathrm{T}}(y-x) + \frac{1}{2}(y-x)^{\mathrm{T}}G(x+\theta(y-x))(y-x), \quad \theta \in (0,1)$$

与 (3.15) 式得

$$f(y) \geqslant f(x) + g(x)^{\mathrm{T}}(y-x) + \frac{1}{2}\beta\|y-x\|^2.$$

特别地, 对任给的 $y \in L(x_0)$ 且 $y \neq x_0$, 有

$$\begin{aligned} f(y) - f(x_0) &\geqslant g_0^{\mathrm{T}}(y-x_0) + \frac{1}{2}\beta\|y-x_0\|^2 \\ &\geqslant -\|g_0\|\|y-x_0\| + \frac{1}{2}\beta\|y-x_0\|^2. \end{aligned}$$

因为 $f(y) \leqslant f(x_0)$, 从而 $\|y-x_0\| \leqslant \dfrac{2}{\beta}\|g_0\|$, 故 $L(x_0)$ 有界.

由 (3.15) 式和凸函数的判定定理知, $f(x)$ 为 $L(x_0)$ 上的严格凸函数, 从而其稳定点为唯一全局极小点.

若 $\{x_k\}$ 为无穷点列, 由 $\{x_k\} \subset L(x_0)$ 知 $\{x_k\}$ 为有界点列, 从而存在极限点 $\widetilde{x} \in L(x_0)$ 及子列 $\{x_k\}_{\mathcal{K}}, x_k \to \widetilde{x}, k \in \mathcal{K}$. 不妨设该子列即为 $\{x_k\}$. 因阻尼 Newton 方法产生的 $\{f_k\}$ 单调下降、有下界, 故必有 $f_k \to f(\widetilde{x})$. 由定理 2.8, 只要 $\theta_k \leqslant \dfrac{\pi}{2} - \mu(\mu > 0)$, 即可得 $g_k \to \tilde{g} = 0$.

由稳定点的唯一性知 $\tilde{x}=x^*$.

下证存在 $\mu>0$, 使得 $\theta_k\leqslant\frac{\pi}{2}-\mu$. 由 $G(x)$ 连续和 $L(x_0)$ 是有界闭集知, 存在 $\gamma>0$, 对任给的 $x\in L(x_0)$, 有 $\|G(x)\|\leqslant\gamma$, 则 $\|g_k\|=\|G_kd_k\|\leqslant\gamma\|d_k\|$. 由 (3.15) 式知

$$\frac{\pi}{2}-\theta_k\geqslant\sin\left(\frac{\pi}{2}-\theta_k\right)=\cos\theta_k=\frac{-g_k^{\mathrm{T}}d_k}{\|g_k\|\|d_k\|}=\frac{d_k^{\mathrm{T}}G_kd_k}{\|g_k\|\|d_k\|}\geqslant\frac{\beta}{\gamma},\quad(3.16)$$

即 $\theta_k\leqslant\frac{\pi}{2}-\frac{\beta}{\gamma}$. □

由于定理 2.8 对精确线搜索及 Goldstein 准则均成立, 故采用这些线搜索, 阻尼 Newton 方法对严格凸函数的全局收敛性亦存在.

3. 混合方法

Newton 方法在迭代的过程中会出现 Hesse 矩阵奇异、不正定的情形, Newton 方向会出现与 g_k 几乎正交的情形. 为解决这些问题, 人们提出了许多修正 Newton 方法. 这些方法或采用与其他方法混合的方式, 或采用隐式地、显式地对 Hesse 矩阵进行修正的方式对 Newton 方法进行修正.

最简单的修正 Newton 方法是针对 G_k 可逆但不正定情形的, 即当 $g_kG_k^{-1}g_k<0$ 时, 我们可以简单地取

$$d_k=G_k^{-1}g_k,$$

使 d_k 是下降方向. 然而这样的修正不能处理 Newton 方法可能遇到的各种情形. 例如, 在例 3.2 中, 若取 $x_0=(0,3)^{\mathrm{T}}$ 为初始点, $G(x_0)$ 奇异, Newton 迭代不能进行. 如下的混合方法可以处理 Newton 方法可能遇到的各种情形.

所谓的混合方法就是一种方法与另外一种或多种方法混合使用的方法. 混合的方式有多种, 混合的目的是取各方法所长, 或者是在一种方法无法继续迭代下去时, 采用另一种方法, 使迭代得以继续进行. 下面我们要考虑的方法是 Newton 方法与负梯度方法的混合. 该方法

采用 Newton 方向, 但在 Hesse 矩阵 G_k 奇异或 g_k 与d_k 几乎正交时, 采用负梯度方向; 在 G_k 负定, 但 G_k^{-1} 存在时, 取 $d_k = G_k^{-1} g_k$. 考虑到 Newton 方法在迭代过程中可能出现的各种情形, 我们有如下算法:

算法 3.3 (混合方法)

步 1 给定 $x_0, \varepsilon_i > 0\ (i = 1, 2)$, $k := 0$.

步 2 若终止准则满足, 则迭代停止.

步 3 若 G_k 非奇异, 则由方程组 (3.7) 求得 d_k; 否则, 转步 6.

步 4 若 $g_k^{\mathrm{T}} d_k > \varepsilon_1 \|g_k\| \|d_k\|$, 则 $d_k := -d_k$, 转步 7.

步 5 若 $|g_k^{\mathrm{T}} d_k| \leqslant \varepsilon_2 \|g_k\| \|d_k\|$, 转步 6; 否则, 转步 7.

步 6 $d_k = -g_k$.

步 7 线搜索求 α_k, $x_{k+1} := x_k + \alpha_k d_k$, $k := k + 1$, 转步 2.

该方法的缺点在于, 若迭代过程中连续多步使用负梯度方向, 收敛速度会趋于负梯度方法的收敛速度. 虽然该方法不是非常有效的方法, 然而为了让迭代进行下去, 它所采用的混合方式还是有代表意义的, 所以我们在这里进行简单的介绍.

4. LM 方法

LM (Levenberg-Marquardt) 方法是处理 G_k 奇异、不正定等情形的一个最简单且有效的方法, 它是指求解

$$(G_k + \nu_k I) d = -g_k \tag{3.17}$$

来确定迭代方向的 Newton 型方法, 这里 $\nu_k > 0$, I 是单位阵. 显然, 若 ν_k 足够大, 可以保证 $G_k + \nu_k I$ 正定. ν_k 的大小对方向的影响是这样的: 当 ν_k 很小时, 方程组 (3.17) 的解偏向于 Newton 方向, 随着 ν_k 的增大, 方程组 (3.17) 的解向负梯度方向偏移. 这种修正 Newton 方法的思想来自解最小二乘问题的 LM 方法, 所以我们将在最小二乘方法的章节中, 讨论关于修正 ν_k 的方法. 这里当 $G_k + \nu_k I$ 不正定时, 我们可以简单地取 $\nu_k := 2\nu_k$.

例 3.3 从不同的初始点出发, 用 LM 方法求解问题 (3.8), 方法采用了 Wolfe 线搜索准则.

表 3.7 初始点为 $(1.5, 1.5)^{\mathrm{T}}$ 时, LM 方法每一迭代步的结果

迭代次数 k	${x^{(k)}}^{\mathrm{T}}$	f_k	$\|g_k\|_\infty$
0	(1.5000, 1.5000)	10.1250	8.1125
1	(−0.2121, 0.2771)	0.3528	1.9875
2	(−0.0481, 0.0768)	0.0244	0.5376
3	(−0.0022, 0.0051)	0.0001	0.0332
4	(−0.0000, 0.0000)	0.0000	0.0001
5	(0.0000, 0.0000)	0.0000	0.0000

表 3.7 说明, 从初始点 $(1.5, 1.5)^{\mathrm{T}}$ 出发, LM 方法得到的 $\{x^{(k)}\}$ 收敛到了极小点. 它与 Newton 方法得到的结果的差别在于, 由于使用了线搜索, $\{f_k\}$ 单调下降. 表 3.8 的结果表明, 尽管初始点 $(-2, 4)^{\mathrm{T}}$ 接近鞍点, LM 方法得到的 $\{x^{(k)}\}$ 还是可以收敛到极小点. 对初始点 $(0, 3)^{\mathrm{T}}$ 处 Hesse 矩阵不正定的情况, LM 方法可以处理得很好, 见表 3.9. 从这个例子可以看出, LM 方法比 Newton 方法有效, 它能够处理 Newton 方法所不能处理的情况. 图 3.4 给出了对于不同的初始点, LM 方法得到的迭代点轨迹. □

表 3.8 初始点为 $(-2, 4)^{\mathrm{T}}$ 时, LM 方法每一迭代步的结果

迭代次数 k	${x^{(k)}}^{\mathrm{T}}$	f_k	$\|g_k\|_\infty$
0	(−2.0000, 4.0000)	44.0000	20.3961
1	(1.7599, 1.7441)	13.0152	8.5918
2	(−0.2963, 0.4088)	0.7288	2.8197
3	(−0.0886, 0.1511)	0.0908	1.0306
4	(−0.0070, 0.0178)	0.0011	0.1145
5	(−0.0000, 0.0001)	0.0000	0.0008
6	(0.0000, 0.0000)	0.0000	0.0000

表 3.9 初始点为 $(0,3)^{\mathrm{T}}$ 时, LM 方法每一迭代步的结果

迭代次数 k	${x^{(k)}}^{\mathrm{T}}$	f_k	$\|g_k\|_\infty$
0	(0.0000, 3.0000)	27.0000	18.0000
1	(0.0000, −0.0000)	0.0000	0.0000

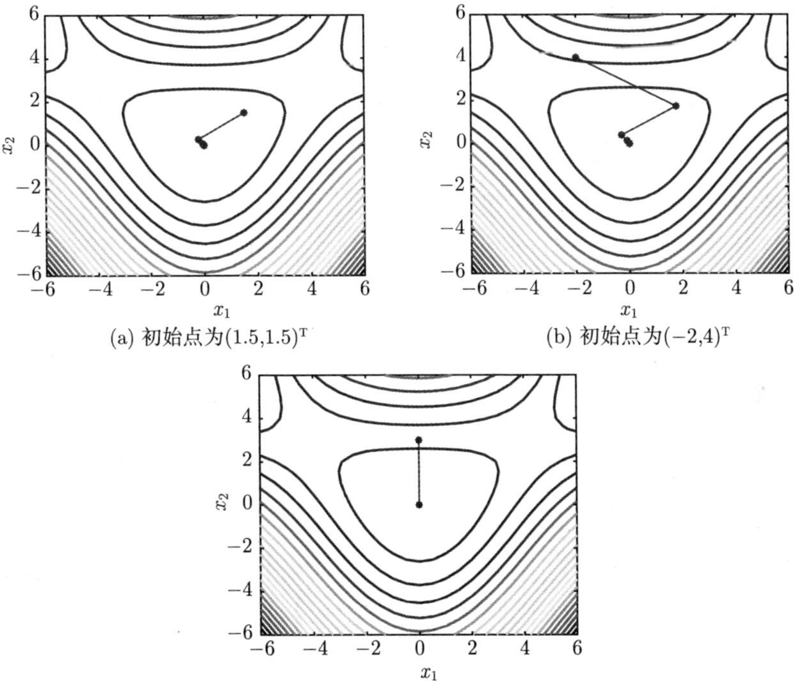

(a) 初始点为$(1.5,1.5)^{\mathrm{T}}$

(b) 初始点为$(-2,4)^{\mathrm{T}}$

(c) 初始点为$(0,3)^{\mathrm{T}}$

图 3.4 从不同初始点出发, LM 方法得到的迭代点轨迹

§3.3 拟 Newton 方法

Newton 方法的缺点是：在每步迭代时需计算 Hesse 矩阵 G_k, 为此要计算 $n(n+1)/2$ 个二阶偏导数; 若该方法产生的迭代点不能充分接近极小点, G_k 的正定性不能保证. Newton 方法的优点在于它具有

二阶收敛的速度. 这促使我们去考虑是否可以构造一种方法, 它既不需要计算二阶偏导数, 又具有较快的收敛速度.

用差商的方法可以构造 Hesse 矩阵 G 的近似矩阵 B: 先构造矩阵 $\widetilde{B}$, 其元素为

$$\tilde{b}_{ij} = \frac{1}{r_i}\left[\frac{\partial f(x + r_i e_i)}{\partial x_j} - \frac{\partial f(x)}{\partial x_j}\right],$$

其中 r_i 为 x 在第 i 个坐标轴方向 $e_i = (0, \cdots, 1, \cdots, 0)^{\mathrm{T}}$ 上的增量; 再取 $B = \dfrac{1}{2}(\widetilde{B} + \widetilde{B}^{\mathrm{T}})$, B 即为对称矩阵. 然而在每个迭代点, 这种做法既需要额外计算 n 个点的梯度向量, 又无法保证矩阵 B 的正定性.

下面我们来讨论另外的方法. 假定当前迭代点为 x_{k+1}. 若我们用已得到的 x_k, x_{k+1} 及其一阶导数信息 g_k 和 g_{k+1}, 构造一个正定矩阵 B_{k+1} 作为 G_{k+1} 的近似, 这样下降方向 d_{k+1} 由方程组

$$B_{k+1} d = -g_{k+1} \tag{3.18a}$$

给出. 然而这样做仍需求解一个线性方程组. 进一步的改进为用相同的信息构造一个矩阵 H_{k+1} 作为 G_{k+1}^{-1} 的近似, 这样下降方向 d_{k+1} 就可以由

$$d = -H_{k+1} g_{k+1} \tag{3.18b}$$

决定.

近似矩阵的构造应该是简单有效的, 它应具有如下的条件:

- 只需 $f(x)$ 的一阶导数信息;
- $B_{k+1}(H_{k+1})$ 正定, 以保证方向的下降性;
- 方法具有较快的收敛速度.

1. 拟 Newton 条件

欲求这样的 $B_{k+1}(H_{k+1})$, 首先要知道满足什么条件的 $B_{k+1}(H_{k+1})$ 可以作为 $G_{k+1}(G_{k+1}^{-1})$ 的近似矩阵.

$g(x)$ 在点 x_{k+1} 作 Taylor 展开, 得

$$g(x) = g(x_{k+1}) + G_{k+1}(x - x_{k+1}) + O(\|x - x_{k+1}\|^2).$$

令 $x = x_k$, 有

$$g(x_k) = g(x_{k+1}) + G_{k+1}(x_k - x_{k+1}) + O(\|x_k - x_{k+1}\|^2).$$

记

$$s_k = x_{k+1} - x_k, \tag{3.19a}$$

$$y_k = g_{k+1} - g_k, \tag{3.19b}$$

则有

$$G_{k+1}s_k = y_k + O(\|s_k\|^2).$$

B_{k+1} 作为 G_{k+1} 的近似矩阵, 应满足

$$B_{k+1}s_k = y_k. \tag{3.20}$$

该方程称为**拟 Newton 方程**或**拟 Newton 条件**. 若记 $H_{k+1} = B_{k+1}^{-1}$, H_{k+1} 应满足

$$H_{k+1}y_k = s_k. \tag{3.21}$$

拟 Newton 方法是指由 (3.18) 式确定迭代方向 d 的最优化方法, 其中的 B_{k+1} 需满足拟 Newton 条件 (3.20), H_{k+1} 需满足拟 Newton 条件 (3.21). 下面我们给出一般拟 Newton 方法的结构, 其算法以矩阵 H_k 的迭代为例.

算法 3.4 (拟 Newton 方法的结构)

步 1 给定 $x_0 \in \mathbb{R}^n$, 对称正定阵 $H_0 \in \mathbb{R}^{n\times n}$, $\varepsilon > 0$, $k := 0$;

步 2 若终止准则满足, 则输出有关信息, 停止迭代;

步 3 计算 $d_k = -H_k g_k$;

步 4 沿方向 d_k 进行线搜索求 $\alpha_k > 0$, 令 $x_{k+1} = x_k + \alpha_k d_k$;

步 5 修正 H_k 得 H_{k+1}, 使 H_{k+1} 满足 (3.21) 式, $k := k + 1$, 转步 2.

在上述算法中, 初始矩阵 H_0 通常取为单位矩阵, 这样算法的第一步迭代的迭代方向取为负梯度方向.

下面我们来看在拟 Newton 方法的每一步迭代中, 如何修正 H_k 得 H_{k+1}, 即在

$$H_{k+1} = H_k + \Delta H_k$$

中, 如何确定 ΔH_k. ΔH_k 的取法是多种多样的, 但它应具有简单、计算量小、有效的特点. 下面我们给出几种重要的修正 H_k 与 B_k 的公式.

2. 拟 Newton 方法修正公式

1) 对称秩 1 公式

对称秩 1(Symmetric Rank 1, SR1) 公式是由 Broyden[10], Davidon [17] 等人独立提出的.

取 ΔH_k 为对称秩 1 矩阵, 即有

$$H_{k+1} = H_k + \beta u u^{\mathrm{T}}, \quad u \in \mathbb{R}^n, \ \beta \in \mathbb{R}. \tag{3.22}$$

将 H_{k+1} 代入拟 Newton 方程, 得

$$H_k y_k + \beta u u^{\mathrm{T}} y_k = s_k,$$

即有

$$s_k - H_k y_k = \beta u u^{\mathrm{T}} y_k. \tag{3.23}$$

这意味着 u 与 $s_k - H_k y_k$ 共线, 从而存在 $\gamma \in \mathbb{R}$, 使得

$$u = \gamma (s_k - H_k y_k). \tag{3.24}$$

将 (3.24) 式代入 (3.23) 式, 得

$$s_k - H_k y_k = \beta \gamma^2 \big[s_k - H_k y_k \big] \big[(s_k - H_k y_k)^{\mathrm{T}} y_k \big].$$

比较上式两端可得

$$\beta \gamma^2 \big[(s_k - H_k y_k)^{\mathrm{T}} y_k \big] = 1.$$

由此得

$$\beta\gamma^2 = \frac{1}{(s_k - H_k y_k)^{\mathrm{T}} y_k}.$$

将 (3.24) 式与上式代入 (3.22) 式, 得到**对称秩 1 公式**

$$H_{k+1}^{\mathrm{SR1}} = H_k + \frac{(s_k - H_k y_k)(s_k - H_k y_k)^{\mathrm{T}}}{(s_k - H_k y_k)^{\mathrm{T}} y_k}, \tag{3.25}$$

这里上标 "SR1" 是为了表明得到 H_{k+1} 所用的方法, 下面在不容易引起混淆之处或是在泛指拟 Newton 方法的时候, H_k 或 H_{k+1} 的特指方法的上标不表出. 采用对称秩 1 公式来修正矩阵的拟 Newton 方法称为**对称秩 1 (SR1) 方法**.

欲由 H_{k+1}^{SR1} 得到其逆矩阵 B_{k+1}^{SR1} 的表达式, 需利用下面的公式.

定理 3.7 (Shermann-Morrison-Woodbury 公式) 若 $A \in \mathbb{R}^{n\times n}$ 可逆, $u, v \in \mathbb{R}^n$, 则 $A + uv^{\mathrm{T}}$ 可逆当且仅当 $1 + v^{\mathrm{T}}A^{-1}u \triangleq \sigma \neq 0$, 并且

$$(A + uv^{\mathrm{T}})^{-1} = A^{-1} - \frac{1}{\sigma}A^{-1}uv^{\mathrm{T}}A^{-1}.$$

定理的证明留为作业.

假定 H_k^{SR1}, H_{k+1}^{SR1} 都可逆, 由 Shermann-Morrison-Woodbury 公式得 B_k 的修正公式

$$B_{k+1}^{\mathrm{SR1}} = B_k + \frac{(y_k - B_k s_k)(y_k - B_k s_k)^{\mathrm{T}}}{(y_k - B_k s_k)^{\mathrm{T}} s_k}. \tag{3.26}$$

若 ΔH_k 为对称秩 2 矩阵, 即

$$H_{k+1} = II_k + \beta uu^{\mathrm{T}} + \gamma vv^{\mathrm{T}}, \tag{3.27}$$

其中 $u, v \in \mathbb{R}^n$, $\beta, \gamma \in \mathbb{R}$ 待定, 将上式代入 (3.21) 式, 通过某种方式确定 β, γ, u, v, 便得到修正 H_k 的公式.

下面介绍的 DFP 方法和 BFGS 方法是拟 Newton 方法的核心方法.

2) DFP 公式

DFP 公式, 或者说 DFP 方法, 首先是由 Davidon[18] 于 1959 年提出, 后经 Fletcher 和 Powell[30] 发展得到的. 该方法是第一个被提出的拟 Newton 方法, 它为拟 Newton 方法的建立与发展奠定了基础.

将 (3.27) 式代入拟 Newton 方程, 得

$$s_k = H_k y_k + \beta u u^{\mathrm{T}} y_k + \gamma v v^{\mathrm{T}} y_k.$$

注意这里 u, v 的选择是不唯一的. 简单地, 取

$$u = s_k, \quad \beta u^{\mathrm{T}} y_k = 1, \quad 则 \quad \beta = \frac{1}{u^{\mathrm{T}} y_k},$$

$$v = H_k y_k, \quad \gamma v^{\mathrm{T}} y_k = -1, \quad 则 \quad \gamma = -\frac{1}{v^{\mathrm{T}} y_k},$$

得 **DFP 公式**

$$H_{k+1}^{\mathrm{DFP}} = H_k + \frac{s_k s_k^{\mathrm{T}}}{s_k^{\mathrm{T}} y_k} - \frac{H_k y_k y_k^{\mathrm{T}} H_k}{y_k^{\mathrm{T}} H_k y_k}. \tag{3.28}$$

我们称采用 DFP 公式来修正矩阵的拟 Newton 方法为 **DFP 方法**.

假定 H_k 与 H_{k+1} 都可逆, 根据 Shermann-Morrison-Woodbury 公式, 由 (3.28) 式可以导出 B_k 的修正公式

$$B_{k+1}^{\mathrm{DFP}} = B_k + \left(1 + \frac{s_k^{\mathrm{T}} B_k s_k}{s_k^{\mathrm{T}} y_k}\right) \frac{y_k y_k^{\mathrm{T}}}{s_k^{\mathrm{T}} y_k} - \left(\frac{y_k s_k^{\mathrm{T}} B_k + B_k s_k y_k^{\mathrm{T}}}{s_k^{\mathrm{T}} y_k}\right). \tag{3.29}$$

在 DFP 公式产生后, 人们发现由 (3.29) 式得到的 B_{k+1}^{DFP} 是下面问题的解:

$$\min \|W^{-\mathrm{T}}(B - B_k)W^{-1}\|_{\mathrm{F}}, \tag{3.30a}$$

$$\text{s.t.} \quad B = B^{\mathrm{T}},\ B s_k = y_k, \tag{3.30b}$$

其中 $W \in \mathbb{R}^{n \times n}$ 非奇异, $W^{\mathrm{T}} W$ 满足拟 Newton 条件 (3.20). 这个问题的目的是在所有对称、满足拟 Newton 条件的矩阵中, 寻找在加权 F

范数意义下与 B_k 的差最小的矩阵. 关于加权的意义, 见文献 [21]. 如果在这个问题中改变目标函数的矩阵范数, 就得到其他的拟 Newton 修正公式. 我们将在 §3.5 中讲述如何求解问题 (3.30), 得到 DFP 修正公式 (3.29).

3) BFGS 公式

BFGS 公式或者说 BFGS 方法是 Broydcn[11], Fletcher[25], Goldfarb[35] 和 Shanno[72] 分别独立提出来的.

考虑 B_k 的秩 2 修正公式

$$B_{k+1} = B_k + \beta uu^{\mathrm{T}} + \gamma vv^{\mathrm{T}},$$

用对 H_k^{DFP} 修正相同的推导方法, 可得关于矩阵 B_k 的 **BFGS 公式**

$$B_{k+1}^{\mathrm{BFGS}} = B_k + \frac{y_k y_k^{\mathrm{T}}}{y_k^{\mathrm{T}} s_k} - \frac{B_k s_k s_k^{\mathrm{T}} B_k}{s_k^{\mathrm{T}} B_k s_k}. \tag{3.31}$$

采用 BFGS 公式来修正矩阵的拟 Newton 方法称为 **BFGS 方法.**

假定 B_k^{BFGS} 与 B_{k+1}^{BFGS} 都可逆, 根据 Shermann-Morrison-Woodbury 公式, 由 (3.31) 式可导出 H_k 的修正公式

$$H_{k+1}^{\mathrm{BFGS}} = H_k + \left(1 + \frac{y_k^{\mathrm{T}} H_k y_k}{y_k^{\mathrm{T}} s_k}\right) \frac{s_k s_k^{\mathrm{T}}}{y_k^{\mathrm{T}} s_k} - \left(\frac{s_k y_k^{\mathrm{T}} H_k + H_k y_k s_k^{\mathrm{T}}}{y_k^{\mathrm{T}} s_k}\right). \tag{3.32}$$

比较 (3.28) 式和 (3.31) 式, (3.29) 式和 (3.32) 式, 我们可以发现如果在 (3.28) 式和 (3.29) 式中令 B_k 与 H_k 对换, s_k 与 y_k 对换, 就可得到 (3.31) 式和 (3.32) 式. 由于这种关系, (3.28) 式与 (3.29) 式分别称为 (3.31) 式与 (3.32) 式的对偶公式, 因而 BFGS 方法与 DFP 方法是互为对偶的方法, 而 SR1 方法为自对偶的方法.

4) Broyden 族公式

根据 H_{k+1}^{DFP} 和 H_{k+1}^{BFGS}, 可以构造出一族拟 Newton 方法的修正公

式, 我们称其为 **Broyden 族公式**:

$$H_{k+1}^{\varphi}=(1-\varphi)H_{k+1}^{\mathrm{DFP}}+\varphi H_{k+1}^{\mathrm{BFGS}}, \tag{3.33}$$

其中 $\varphi\geqslant 0$. DFP 公式与 BFGS 公式均是 Broyden 族公式的特殊情形, 分别对应于 $\varphi=0$ 与 $\varphi=1$. 通常将用 Broyden 族公式来修正矩阵的拟 Newton 方法称为 **Broyden 族方法**. 这一族方法有许多共同的性质, 故可以作为一个整体进行讨论.

我们还可以把 (3.33) 式写为

$$\begin{aligned}H_{k+1}^{\varphi}&=H_{k+1}^{\mathrm{DFP}}+\varphi\big(H_{k+1}^{\mathrm{BFGS}}-H_{k+1}^{\mathrm{DFP}}\big)\\&=H_{k+1}^{\mathrm{DFP}}+\varphi v_k v_k^{\mathrm{T}},\end{aligned}$$

这里 $v_k=(y_k^{\mathrm{T}}H_k y_k)^{1/2}\left(\dfrac{s_k}{s_k^{\mathrm{T}}y_k}-\dfrac{H_k y_k}{y_k^{\mathrm{T}}H_k y_k}\right)$. 这表明 Broyden 族公式的所有矩阵 H_{k+1}^{φ} 的差别仅在于秩 1 矩阵 $\varphi v_k v_k^{\mathrm{T}}$.

3. 算法的数值特性

利用 B_k 求 d_k 的计算量为 $O(n^3)$, 而利用 H_k 求 d_k 仅需 $O(n^2)$ 次运算. 既然这样, 我们为何还要保留利用 B_k 计算的方法呢? 下面我们就来讨论这个问题.

我们在解关于 B_k 的线性方程组时, B_k 要进行 LDL^{T} 分解, 即

$$B_k=L_k D_k L_k^{\mathrm{T}},$$

其中 L_k 为单位下三角阵, D_k 为对角阵. Gill 和 Murray[33] 提出可以利用 DFP 公式或 BFGS 公式修正 D_k, L_k 得 D_{k+1}, L_{k+1}, 即

$$L_{k+1}=L_k+\Delta L_k,\quad D_{k+1}=D_k+\Delta D_k,$$

从而得到

$$B_{k+1}=L_{k+1}D_{k+1}L_{k+1}^{\mathrm{T}}.$$

这种做法可以免去每次迭代都对 B_k 进行分解的工作, 使得每次迭代的计算量为 $O(n^2)$, 与利用 H_k 求 d_k 的工作量差别不大. 关于这方面的工作, 还可参考文献 [66].

在下面的章节中我们要证明，理论上 B_{k+1} 和 H_{k+1} 的正定性在 $s_k^{\mathrm{T}}y_k > 0$ 的条件下是可以保证的. 然而, 对 H_{k+1} 而言, 即使 $s_k^{\mathrm{T}}y_k > 0$, 由于计算中舍入误差的存在, 也会出现 H_{k+1} 不正定甚至奇异的情形. 糟糕的是，我们不一定能及时发现这个问题. 如果我们利用 B_{k+1} 计算, 则可以根据 D_{k+1} 对角元的数值, 及时发现并改正 B_{k+1} 不正定的问题. 也就是说，如果矩阵 D_{k+1} 有对角元小于给定的 $\varepsilon > 0$, 则可用 ε 代替该对角元, 从而保证 B_{k+1} 在数值上是正定的.

§3.4 拟 Newton 方法的基本性质

1. 变度量意义下的最速下降方法

我们知道最速下降方法是在 $\|\cdot\|_2$ 度量意义下具有最速下降意义的, 然而这种意义仅限于当前迭代点的局部范围内, 从整体上来看, 迭代效果并不好. 由此我们会想到：是否度量意义不同, 得到的最速下降方法也不同, 从而会使迭代效果更好呢? 答案是肯定的. 下面我们来看不同度量意义下的最速下降方法.

对 Newton 方向

$$d_k = -G_k^{-1}g_k,$$

由 G 度量意义下的 Cauchy-Schwarz 不等式有

$$|g_k^{\mathrm{T}}d_k| = |g_k^{\mathrm{T}}G_k^{-1}G_kd_k| \leqslant \|G_k^{-1}g_k\|_{G_k}\|d_k\|_{G_k},$$

其中当且仅当 d_k 与 $-G_k^{-1}g_k$ 共线时等式成立. 由此可知, Newton 方法为 G_k 度量意义下的最速下降方法.

对拟 Newton 方向

$$d_k = -H_kg_k,$$

有

$$|g_k^{\mathrm{T}}d_k| = |g_k^{\mathrm{T}}H_kH_k^{-1}d_k| \leqslant \|H_kg_k\|_{H_k^{-1}}\|d_k\|_{H_k^{-1}},$$

其中当且仅当 d_k 与 $-H_kg_k$ 共线时等式成立. 由此可知, 拟 Newton 方法为 H_k^{-1} 度量意义下的最速下降方法.

从上面的讨论知, 最速下降的意义是相对的, 不同的度量, 决定了不同的最速下降方法. 对 Newton 方法与拟 Newton 方法来说, 由于每步迭代的度量矩阵都是随该步迭代点而定的, 故这两种方法亦称为**变度量方法**.

2. 对称秩 1 方法的性质

定理 3.8 (对称秩 1 方法的二次终止性)　若对任意初始点 $x_0 \in \mathbb{R}^n$ 和任意对称正定矩阵 $B_0 \in \mathbb{R}^{n\times n}$, 对称秩 1 公式有定义, $s_0, \cdots, s_{n-1}$ 线性无关, 其中 $s_i = x_{i+1} - x_i$, 则至多经 $n+1$ 次迭代, 可求得二次函数 $f(x) = \dfrac{1}{2}x^{\mathrm{T}}Gx + b^{\mathrm{T}}x$ 的极小点, 其中 $G \in \mathbb{R}^{n\times n}$ 对称正定, 且 $B_n = G$.

证明　对二次函数, 我们在证明中需要用到这样一个关系式:

$$y_k = Gs_k, \quad k = 0, 1, \cdots. \tag{3.34}$$

下面用数学归纳法证明: 对 $k \geqslant 1$, 有

$$y_j = B_k s_j, \quad j = 0, \cdots, k-1. \tag{3.35}$$

当 $k = 1$ 时, 由拟 Newton 方程 $y_0 = B_1 s_0$ 知 (3.35) 式成立. 假定对 k $(k > 1)$, (3.35) 式成立, 下面证明对 $k+1$, (3.35) 式亦成立.

对任给 $j < k$, 有

$$B_{k+1}s_j = B_k s_j + \frac{(y_k - B_k s_k)(y_k - B_k s_k)^{\mathrm{T}} s_j}{(y_k - B_k s_k)^{\mathrm{T}} s_k},$$

由 (3.34) 式与归纳假设有

$$\begin{aligned}(y_k - B_k s_k)^{\mathrm{T}} s_j &= y_k^{\mathrm{T}} s_j - s_k^{\mathrm{T}} B_k s_j \\ &= s_k^{\mathrm{T}} G s_j - s_k^{\mathrm{T}} y_j \\ &= 0,\end{aligned}$$

则

$$B_{k+1}s_j = B_k s_j = y_j, \quad j = 0, \cdots, k-1.$$

对于 $j = k$, 由拟 Newton 公式有

$$B_{k+1}s_k = y_k,$$

所以 (3.35) 式对 $k+1$ 亦成立. 由数学归纳法知, (3.35) 式对一切 k 成立.

在 (3.35) 式中, 令 $k = n$, 得

$$B_n s_j = y_j = G s_j, \quad j = 0, \cdots, n-1,$$

即

$$(B_n - G)s_j = 0, \quad j = 0, \cdots, n-1.$$

由于 $s_0, s_1, \cdots, s_{n-1}$ 线性无关, 必有

$$B_n = G.$$

因此, 第 $n+1$ 次迭代是 Newton 迭代, 此时若前面的迭代尚未终止, 则该次迭代必达极小点. □

定理 3.8 中要求 $s_0, s_1, \cdots, s_{n-1}$ 线性无关. 若它们线性相关, 结果又怎样呢? 假定在第 $k+1$ 次迭代出现

$$s_k = \xi_0 s_0 + \cdots + \xi_{k-1}s_{k-1},$$

则

$$\begin{aligned} y_k &= G s_k \\ &= G(\xi_0 s_0 + \cdots + \xi_{k-1}s_{k-1}) \\ &= \xi_0 G s_0 + \cdots + \xi_{k-1} G s_{k-1} \\ &= \xi_0 y_0 + \cdots + \xi_{k-1} y_{k-1} \\ &= \xi_0 B_k s_0 + \cdots + \xi_{k-1} B_k s_{k-1} \\ &= B_k s_k. \end{aligned}$$

由 $s_k = \alpha_k d_k$, $y_k = G s_k$ 以及 SR1 公式可知, 步长对 SR1 公式没有影响. 设步长为 1, 则由上式知

$$g_{k+1} - g_k = B_k d_k = -g_k,$$

从而 $g_{k+1}=0$, 即当 $s_0,s_1,\cdots,s_k$ 线性相关时, 迭代停止.

对称秩 1 方法的修正公式中会出现分母为零或分母很小的情形, 使迭代无法进行. 一种可行的方法是当这种情形出现时, 不修正当前矩阵. Nocedal[58] 提出：若

$$|s_k^{\mathrm{T}}(y_k-B_ks_k)|\geqslant\beta\|s_k\|\|y_k-B_ks_k\|,\quad \beta\in(0,1)$$

不满足, 可取 $B_{k+1}=B_k$. 另外, 用对称秩 1 方法得到的修正矩阵的正定性是不能保证的. 对称秩 1 方法的优点在于：在一定条件下, 其修正公式产生的矩阵可以很好地近似 Hesse 矩阵.

3. BFGS 方法和 DFP 方法的性质

这里我们要考虑的问题是：若 $f(x)$ 一阶连续可微, 是否总能根据 BFGS 公式或 DFP 公式计算出 H_{k+1} 或 B_{k+1}, 使 d_{k+1} 是下降方向? 下面的定理 3.9 仅以 H_k^{DFP} 的修正公式为例进行讨论, 相应结论对 B_k^{DFP} 以及 H_k^{BFGS} 和 B_k^{BFGS} 的修正公式亦成立.

定理 3.9 (矩阵 H_k 的存在性与正定性) *设 H_k 对称正定, 且 $s_k^{\mathrm{T}}y_k>0$, 则 DFP 公式可以构造出 H_{k+1}^{DFP}, 且 H_{k+1}^{DFP} 对称正定.*

证明

因为 H_k 对称正定, 即对任意 $x\in\mathbb{R}^n\setminus\{0\}$, 有 $x^{\mathrm{T}}H_kx>0$, 根据 (3.28) 式及 $s_k^{\mathrm{T}}y_k>0$, 我们知道 H_{k+1}^{DFP} 是可以构造出来的. 下面我们证明 H_{k+1}^{DFP} 对称正定.

任给 $x\in\mathbb{R}^n\setminus\{0\}$, 有

$$\begin{aligned}x^{\mathrm{T}}H_{k+1}^{\mathrm{DFP}}x&=x^{\mathrm{T}}H_kx+\frac{(x^{\mathrm{T}}s_k)^2}{s_k^{\mathrm{T}}y_k}-\frac{(x^{\mathrm{T}}H_ky_k)^2}{y_k^{\mathrm{T}}H_ky_k}\\&=\frac{(x^{\mathrm{T}}H_kx)(y_k^{\mathrm{T}}H_ky_k)-(x^{\mathrm{T}}H_ky_k)^2}{y_k^{\mathrm{T}}H_ky_k}+\frac{(x^{\mathrm{T}}s_k)^2}{s_k^{\mathrm{T}}y_k}.\end{aligned}\tag{3.36}$$

由 H_k 度量意义下的 Cauchy-Schwarz 不等式

$$(x^{\mathrm{T}}H_ky_k)^2\leqslant(x^{\mathrm{T}}H_kx)(y_k^{\mathrm{T}}H_ky_k)\tag{3.37}$$

(该式当且仅当 $x = \gamma y_k$ ($\gamma \in \mathbb{R} \setminus \{0\}$) 时, 等号成立) 知, 当 $x \neq \gamma y_k$ 时, 由 (3.36) 式有

$$x^{\mathrm{T}} H_{k+1}^{\mathrm{DFP}} x > \frac{(x^{\mathrm{T}} s_k)^2}{s_k^{\mathrm{T}} y_k} \geqslant 0;$$

当 $x = \gamma y_k$ 时, (3.36) 式为

$$x^{\mathrm{T}} H_{k+1}^{\mathrm{DFP}} x = \frac{(x^{\mathrm{T}} s_k)^2}{s_k^{\mathrm{T}} y_k} = \gamma^2 s_k^{\mathrm{T}} y_k > 0.$$

因此总有 $x^{\mathrm{T}} H_{k+1}^{\mathrm{DFP}} x > 0$, 即 H_{k+1}^{DFP} 正定. 显然 H_{k+1}^{DFP} 对称. □

该定理表明, $s_k^{\mathrm{T}} y_k > 0$ 是保证矩阵 H_{k+1} 正定的关键. 下面的定理表明, 在何种情况下, 我们可以保证 $s_k^{\mathrm{T}} y_k > 0$.

定理 3.10 对于使用精确线搜索或非精确线搜索准则 (2.13) 的 DFP 方法或 BFGS 方法, 有

$$s_k^{\mathrm{T}} y_k > 0.$$

证明 先考虑精确线搜索. 设 α_k 是对 $f(x_k + \alpha d_k)$ 进行精确线搜索的结果, 即

$$\alpha_k = \arg \min_{\alpha} f(x_k + \alpha d_k),$$

则

$$f'(x_k + \alpha_k d_k)^{\mathrm{T}} d_k = g_{k+1}^{\mathrm{T}} d_k = 0. \tag{3.38}$$

另外,

$$s_k = \alpha_k d_k = -\alpha_k H_k g_k. \tag{3.39}$$

根据 (3.38) 式, (3.39) 式以及 H_k 的正定性, 得

$$\begin{aligned} s_k^{\mathrm{T}} y_k &= s_k^{\mathrm{T}} (g_{k+1} - g_k) \\ &= \alpha_k d_k^{\mathrm{T}} g_{k+1} + \alpha_k g_k^{\mathrm{T}} H_k g_k > 0. \end{aligned}$$

下面考虑非精确线搜索准则 (2.13). 由 (3.39) 式有

$$\begin{aligned} s_k^{\mathrm{T}} y_k &= \alpha_k d_k^{\mathrm{T}}(g_{k+1} - g_k) \\ &= \alpha_k(d_k^{\mathrm{T}} g_{k+1} - d_k^{\mathrm{T}} g_k) \\ &\geqslant \alpha_k(\sigma d_k^{\mathrm{T}} g_k - d_k^{\mathrm{T}} g_k) \\ &= -\alpha_k(1-\sigma) d_k^{\mathrm{T}} g_k. \end{aligned}$$

因为 d_k 是 $f(x)$ 在 x_k 处的下降方向, 并且 $0 < \sigma < 1$, 则 $s_k^{\mathrm{T}} y_k > 0$. □

定理 3.10 的结论对强 Wolfe 准则亦成立. 在拟 Newton 方法中, 我们一般不使用 Goldstein 准则, 因为它无法保证 $s_k^{\mathrm{T}} y_k > 0$.

对 Broyden 族公式而言, 所有矩阵 H_{k+1}^{φ} 与矩阵 H_{k+1}^{DFP} 仅差一个秩 1 矩阵 $\varphi v_k v_k^{\mathrm{T}}, \varphi \geqslant 0$. 由 H_{k+1}^{DFP} 的正定性与 $\varphi v_k v_k^{\mathrm{T}}$ 的半正定性, 我们可以得到 H_{k+1}^{φ} 的正定性.

定理 3.11　设 H_{k+1}^{DFP} 是对称正定矩阵. 对 $\varphi \geqslant 0$, 由 (3.33) 式得到的 H_{k+1}^{φ} 亦对称正定.

Broyden 族方法亦具有二次终止性. 由于对正定二次函数该方法的方向还具有共轭性, 我们将在下一章讨论它的二次终止性.

§3.5　DFP 公式的意义

在这一节中, 我们要讨论为什么关于 B_k 的 DFP 修正矩阵实际上是问题 (3.30) 的解. 虽然直接求解问题 (3.30) 可以得到 DFP 修正公式, 但是下面的推导方式更有趣, 它就像一个故事, 叙述了导出一个方法的过程, 从中我们可以学到不少东西. 我们从 PSB 公式开始谈起.

1. PSB 公式

引理 3.12　对 $B_k \in \mathbb{R}^{n\times n}$ 与 $s_k, y_k \in \mathbb{R}^n$ 且 $s_k \neq 0$, 若对任意矩阵范数 $\|\cdot\|, |||\cdot|||$ 及任给 $B \in \mathbb{R}^{n\times n}$, 有 $\|BB_k\| \leqslant \|B\| \cdot |||B_k|||$, 且对

任意 $v \in \mathbb{R}^n \setminus \{0\}$, 有 $\left|\left|\left|\dfrac{vv^{\mathrm{T}}}{v^{\mathrm{T}}v}\right|\right|\right| = 1$, 则问题

$$\min \|B - B_k\|, \tag{3.40a}$$

$$\text{s.t. } Bs_k = y_k \tag{3.40b}$$

的解为

$$B_{k+1} = B_k + \frac{(y_k - B_k s_k)s_k^{\mathrm{T}}}{s_k^{\mathrm{T}} s_k}. \tag{3.41}$$

特别地, 当 $\|\cdot\|$ 是 F 范数时, 解唯一.

证明 由 (3.40b) 式知 $y_k - B_k s_k = (B - B_k)s_k$, 从而由 (3.41) 式得到

$$\begin{aligned}\|B_{k+1} - B_k\| &= \left\|\frac{(y_k - B_k s_k)s_k^{\mathrm{T}}}{s_k^{\mathrm{T}} s_k}\right\| = \left\|\frac{(B - B_k)s_k s_k^{\mathrm{T}}}{s_k^{\mathrm{T}} s_k}\right\| \\ &\leqslant \|B - B_k\| \cdot \left|\left|\left|\frac{s_k s_k^{\mathrm{T}}}{s_k^{\mathrm{T}} s_k}\right|\right|\right| \leqslant \|B - B_k\|,\end{aligned} \tag{3.42}$$

即 B_{k+1} 是问题 (3.40) 的解. 特别地, 由 $\|B - B_k\|_{\mathrm{F}}^2$ 是严格凸函数与满足 (3.40b) 式的 B 的集合是凸集知, 问题 (3.40) 的解唯一. □

问题 (3.40) 未要求 B 是对称矩阵. 即使 B_k 对称, 若 $y_k - B_k s_k$ 不与 s_k 共线, 由 (3.41) 得到的矩阵 $B_{k+1}^{(1)} = B_{k+1}$ 仍是非对称的. 由本章习题第 13 题知, 一个对称矩阵的最优的近似矩阵应该是对称的. 将 $B_{k+1}^{(1)}$ 对称化, 得到

$$\begin{aligned}B_{k+1}^{(2)} &= \frac{1}{2}(B_{k+1}^{(1)} + B_{k+1}^{(1)\mathrm{T}}) \\ &= B_k + \frac{(y_k - B_k s_k)s_k^{\mathrm{T}} + s_k(y_k - B_k s_k)^{\mathrm{T}}}{2s_k^{\mathrm{T}} s_k}.\end{aligned}$$

$B_{k+1}^{(2)}$ 虽然对称了, 但不一定满足 QN 条件, 因而 Powell[62] 提出构造

矩阵序列 $\{B_{k+1}^{(j)}\}$, 其中

$$\begin{aligned} B_{k+1}^{(0)} &= B_k, \\ B_{k+1}^{(2j+1)} &= B_{k+1}^{(2j)} + \frac{\left(y_k - B_{k+1}^{(2j)} s_k\right) s_k^{\mathrm{T}}}{s_k^{\mathrm{T}} s_k}, \qquad (3.43\mathrm{a}) \\ B_{k+1}^{(2j+2)} &= \frac{1}{2}\left(B_{k+1}^{(2j+1)} + B_{k+1}^{(2j+1)\mathrm{T}}\right), \quad j = 0, 1, \cdots, \qquad (3.43\mathrm{b}) \end{aligned}$$

并给出了该序列的收敛矩阵, 见引理 3.13.

引理 3.13 设对称矩阵 $B_k \in \mathbb{R}^{n\times n}$, $s_k, y_k \in \mathbb{R}^n$, 且 $s_k \neq 0$, 由 (3.43) 式定义的 $\{B_{k+1}^{(j)}\}$ 有 $B_{k+1}^{(0)} = B_k$, 则 $\{B_{k+1}^{(2j+2)}\}$ 收敛于

$$B_k + \frac{(y_k - B_k s_k)s_k^{\mathrm{T}} + s_k(y_k - B_k s_k)^{\mathrm{T}}}{s_k^{\mathrm{T}} s_k} - \frac{(y_k - B_k s_k)^{\mathrm{T}} s_k}{(s_k^{\mathrm{T}} s_k)^2} s_k s_k^{\mathrm{T}}.$$

证明 由 (3.43) 式知

$$B_{k+1}^{(2j+2)} = B_{k+1}^{(2j)} + \frac{1}{2}\frac{w_{k+1}^{(2j)} s_k^{\mathrm{T}} + s_k w_{k+1}^{(2j)\mathrm{T}}}{s_k^{\mathrm{T}} s_k}, \quad j = 0, 1, \cdots, \qquad (3.44)$$

其中 $w_{k+1}^{(2j)} = y_k - B_{k+1}^{(2j)} s_k$. 当 $j = 0$ 时, 有

$$B_{k+1}^{(2)} = B_k + \frac{1}{2}\frac{w_k s_k^{\mathrm{T}} + s_k w_k^{\mathrm{T}}}{s_k^{\mathrm{T}} s_k},$$

其中 $w_k = y_k - B_k s_k$; 当 $j = 1$ 时, 有

$$\begin{aligned} B_{k+1}^{(4)} &= B_{k+1}^{(2)} + \frac{1}{2}\frac{w_{k+1}^{(2)} s_k^{\mathrm{T}} + s_k w_{k+1}^{(2)\mathrm{T}}}{s_k^{\mathrm{T}} s_k} \\ &= B_k + \frac{3}{4}\frac{w_k s_k^{\mathrm{T}} + s_k w_k^{\mathrm{T}}}{s_k^{\mathrm{T}} s_k} - \frac{1}{2}\frac{w_k^{\mathrm{T}} s_k}{(s_k^{\mathrm{T}} s_k)^2} s_k s_k^{\mathrm{T}}. \end{aligned}$$

假定已得

$$B_{k+1}^{(2j)} = B_k + \left(1 - \frac{1}{2^j}\right)\frac{w_k s_k^{\mathrm{T}} + s_k w_k^{\mathrm{T}}}{s_k^{\mathrm{T}} s_k} - \left(1 - \frac{1}{2^{j-1}}\right)\frac{w_k^{\mathrm{T}} s_k}{(s_k^{\mathrm{T}} s_k)^2} s_k s_k^{\mathrm{T}}, \quad j \geqslant 1. \qquad (3.45)$$

下面证明上式对于 j 为 $j+1$ 时亦成立. 由 (3.44) 式与 (3.45) 式有

$$
\begin{aligned}
B_{k+1}^{(2j+2)} &= B_{k+1}^{(2j)} + \frac{1}{2^{j+1}} \frac{w_k s_k^{\mathrm{T}} + s_k w_k^{\mathrm{T}}}{s_k^{\mathrm{T}} s_k} - \frac{1}{2^j} \frac{w_k^{\mathrm{T}} s_k}{(s_k^{\mathrm{T}} s_k)^2} s_k s_k^{\mathrm{T}} \\
&= B_k + \left(1 - \frac{1}{2^{j+1}}\right) \frac{w_k s_k^{\mathrm{T}} + s_k w_k^{\mathrm{T}}}{s_k^{\mathrm{T}} s_k} - \left(1 - \frac{1}{2^j}\right) \frac{w_k^{\mathrm{T}} s_k}{(s_k^{\mathrm{T}} s_k)^2} s_k s_k^{\mathrm{T}}.
\end{aligned}
$$

由数学归纳法知, 对任意 $j \geqslant 1$, (3.45) 式成立. 所以

$$
\lim_{j \to \infty} B_{k+1}^{(2j+2)} = B_k + \frac{w_k s_k^{\mathrm{T}} + s_k w_k^{\mathrm{T}}}{s_k^{\mathrm{T}} s_k} - \frac{w_k^{\mathrm{T}} s_k}{(s_k^{\mathrm{T}} s_k)^2} s_k s_k^{\mathrm{T}}. \qquad \square
$$

由上面的引理得 **PSB (Powell-symmetric-Broyden)** 公式

$$
B_{k+1}^{\mathrm{PSB}} = B_k + \frac{(y_k - B_k s_k) s_k^{\mathrm{T}} + s_k (y_k - B_k s_k)^{\mathrm{T}}}{s_k^{\mathrm{T}} s_k} - \frac{(y_k - B_k s_k)^{\mathrm{T}} s_k}{(s_k^{\mathrm{T}} s_k)^2} s_k s_k^{\mathrm{T}}. \tag{3.46}
$$

下面的定理是 Dennis 与 Moré 于 1977 年给出的, 它说明了 PSB 公式的意义.

定理 3.14 设 $B_k \in \mathbb{R}^{n \times n}$ 对称, $s_k, y_k \in \mathbb{R}^n$, 且 $s_k \neq 0$, 则

$$
\min \|B - B_k\|_{\mathrm{F}}, \tag{3.47a}
$$

$$
\text{s.t.} \ \ B s_k = y_k, \tag{3.47b}
$$

$$
B - B_k \text{对称} \tag{3.47c}
$$

的唯一解 B_{k+1}^{PSB} 由 (3.46) 式给出.

证明 对任意对称矩阵 $A, C \in \mathbb{R}^{n \times n}$, 由 F 范数的定义知

$$
\|A + C\|_{\mathrm{F}}^2 = \|A\|_{\mathrm{F}}^2 + \|C\|_{\mathrm{F}}^2 + 2\mathrm{trace}(AC),
$$

从而

$$
\begin{aligned}
\|B - B_k\|_{\mathrm{F}}^2 = &\|B - B_{k+1}^{\mathrm{PSB}}\|_{\mathrm{F}}^2 + \|B_{k+1}^{\mathrm{PSB}} - B_k\|_{\mathrm{F}}^2 \\
&+ 2\mathrm{trace}((B - B_{k+1}^{\mathrm{PSB}})(B_{k+1}^{\mathrm{PSB}} - B_k)).
\end{aligned}
$$

因为 B 与 B_{k+1}^{PSB} 均满足 (3.47b) 和 (3.47c) 式, 所以 $(B - B_{k+1}^{\mathrm{PSB}}) s_k = 0$,

$s_k^{\mathrm{T}}(B - B_{k+1}^{\mathrm{PSB}}) = 0$. 由矩阵迹的性质知

$$\mathrm{trace}((B - B_{k+1}^{\mathrm{PSB}})(B_{k+1}^{\mathrm{PSB}} - B_k)) = 0,$$

从而知 B_{k+1}^{PSB} 为问题 (3.47) 的解. 由目标函数的严格凸性知解唯一. □

2. 从 PSB 公式到 DFP 公式

下面我们讨论如何从 PSB 公式得到 DFP 公式.

作变换 $\hat{x} = Wx$, 其中 W 非奇异, $W^{\mathrm{T}}W = B$, 满足 $Bs_k = y_k$, 则

$$g(\hat{x}) = W^{-\mathrm{T}}g(x), \quad B(\hat{x}) = W^{-\mathrm{T}}B(x)W^{-1}.$$

对于 $\hat{x}$, PSB 公式为

$$\begin{aligned}\hat{B}_{k+1}^{\mathrm{PSB}} = \hat{B}_k &+ \frac{(\hat{y}_k - \hat{B}_k\hat{s}_k)\hat{s}_k^{\mathrm{T}} + \hat{s}_k(\hat{y}_k - \hat{B}_k\hat{s}_k)^{\mathrm{T}}}{\hat{s}_k^{\mathrm{T}}\hat{s}_k} \\ &- \frac{(\hat{y}_k - \hat{B}_k\hat{s}_k)^{\mathrm{T}}\hat{s}_k}{(\hat{s}_k^{\mathrm{T}}\hat{s}_k)^2}\hat{s}_k\hat{s}_k^{\mathrm{T}},\end{aligned} \tag{3.48}$$

其中

$$\begin{aligned}\hat{s}_k &= \hat{x}_{k+1} - \hat{x}_k = Wx_{k+1} - Wx_k = Ws_k, \\ \hat{y}_k &= \hat{g}_{k+1} - \hat{g}_k = W^{-\mathrm{T}}g_{k+1} - W^{-\mathrm{T}}g_k = W^{-\mathrm{T}}y_k, \\ \hat{B}_k &= W^{-\mathrm{T}}B_kW^{-1}, \quad \hat{B}_{k+1} = W^{-\mathrm{T}}B_{k+1}W^{-1}.\end{aligned}$$

利用上面的关系, 我们将 (3.48) 式变换回对于 x 的 PSB 公式, 有

$$\begin{aligned}B_{k+1}^{\mathrm{PSB}} = B_k &+ \frac{(y_k - B_ks_k)s_k^{\mathrm{T}}B + Bs_k(y_k - B_ks_k)^{\mathrm{T}}}{s_k^{\mathrm{T}}Bs_k} \\ &- \frac{(y_k - B_ks_k)^{\mathrm{T}}s_k}{(s_k^{\mathrm{T}}Bs_k)^2}Bs_ks_k^{\mathrm{T}}B,\end{aligned} \tag{3.49}$$

因为 $Bs_k = B^{\mathrm{T}}s_k = y_k$, 则上式成为

$$\begin{aligned}B_{k+1}^{\mathrm{DFP}} = B_k &+ \frac{(y_k - B_ks_k)y_k^{\mathrm{T}} + y_k(y_k - B_ks_k)^{\mathrm{T}}}{s_k^{\mathrm{T}}y_k} \\ &- \frac{(y_k - B_ks_k)^{\mathrm{T}}s_k}{(s_k^{\mathrm{T}}y_k)^2}y_ky_k^{\mathrm{T}},\end{aligned} \tag{3.50}$$

此即 DFP 公式. 因此我们有下面的定理.

定理 3.15 设 $B_k \in \mathbb{R}^{n\times n}$ 对称, $s_k, y_k \in \mathbb{R}^n$, 且 $s_k^{\mathrm{T}} y_k > 0$, 则对任给 $W \in \mathbb{R}^{n\times n}$, $W^{\mathrm{T}}W = B$ 满足拟 Newton 条件 $Bs_k = y_k$, 问题

$$\min_{B} \|W^{-\mathrm{T}}(B - B_k)W^{-1}\|_{\mathrm{F}}, \tag{3.51a}$$

$$\text{s.t. } Bs_k = y_k,\ B = B^{\mathrm{T}} \tag{3.51b}$$

的唯一解 B_{k+1}^{DFP} 由 (3.50) 式给出.

DFP 方法在一定条件下, 可以保证矩阵 B_{k+1}^{DFP} 的正定性, 而 PSB 方法却不能保证 B_{k+1}^{PSB} 正定.

用第八章所讲的 Lagrange 方法求解问题 (3.51), 亦可得 DFP 公式 (3.50), 具体做法见文献 [28].

对于 x, 拟 Newton 方法的迭代为

$$x_{k+1} = x_k - \alpha_k B_k^{-1} g_k.$$

对于 $\hat{x}$, 若 α_k 不变, 则有

$$\hat{x}_{k+1} = \hat{x}_k - \alpha_k \hat{B}_k^{-1} \hat{g}_k \tag{3.52}$$

$$= Wx_k - \alpha_k W B_k^{-1} W^{\mathrm{T}} W^{-\mathrm{T}} g_k \tag{3.53}$$

$$= W(x_k - \alpha_k B_k^{-1} g_k) = Wx_{k+1}. \tag{3.54}$$

这说明, 在变换 $\hat{x} = Wx$ 下, 拟 Newton 方法具有不变性. 但是, 在这个变换下, α_k 何时不变呢? 因为

$$\hat{g}_k^{\mathrm{T}} \hat{d}_k = -\hat{g}_k^{\mathrm{T}} \hat{B}_k^{-1} \hat{g}_k = -g_k^{\mathrm{T}} W^{-1} W B_k^{-1} W^{\mathrm{T}} W^{-\mathrm{T}} g_k = g_k^{\mathrm{T}} d_k,$$

所以由仅含 f_k 与 $g_k^{\mathrm{T}} d_k$ 的线搜索准则确定的 α_k 是不变的. 也就是说, 满足 Goldstein 准则的 α_k 是不变的. 关于其他方法在变换 $\hat{x} = Wx$ 下是否具有不变性的讨论, 留为习题.

§3.6　数值试验

在本节, 我们要通过数值试验, 比较 SR1 方法, BFGS 方法和 DFP 方法的有效性. 试验所用的最优化问题包括两个典型的检验题目和一个由人工神经网络的方法求解常微分方程导出的最优化问题.

在我们的算法中, 迭代步长满足非精确强 Wolfe 线搜索准则, 其中 $\rho=10^{-4}$, σ 取为 0.1 或 0.9. 当 $\sigma=0.1$ 时, 非精确线搜索的结果更接近精确线搜索的结果. 取不同 σ 值的目的是观察不同线搜索的精度对算法有效性的影响. 迭代的终止准则为 $f_{k-1}-f_k\leqslant 10^{-8}$, 迭代次数的上限为 1000. 试验给出的数值结果包括解不同规模问题所需的迭代次数 (iterations, ite) 和函数调用次数 (function evaluations, feva).

数值试验 1(扩展 Rosenbrock 问题 (见文献 [55]))　考虑问题

$$\min f(x)=\sum_{i=1}^{m} r_i^2(x), \tag{3.55}$$

其中 $r_{2i-1}(x)=10(x_{2i}-x_{2i-1}^2)$, $r_{2i}(x)=1-x_{2i-1}$, $x\in\mathbb{R}^n$, n 为偶数, 并且 $m=n$. 函数 $f(x)$ 的极小点为 $x^*=(1,\cdots,1)^{\mathrm{T}}$, $f^*=0$. 当 $n=2$ 时, 该问题的目标函数 $f(x)$ 即为我们在第二章中讲过的 Rosenbrock 函数.

对该问题, 选初始值为 $x_0=(x_1^{(0)},\cdots,x_n^{(0)})^{\mathrm{T}}$, 其中 $x_{2j-1}^{(0)}=-1.2$, $x_{2j}^{(0)}=1$.

表 3.10 和表 3.11 分别给出了 σ 取 0.1 和 0.9 时, 用 SR1 方法, BFGS 方法和 DFP 方法解不同规模的扩展 Rosenbrock 问题的迭代次数和函数调用次数. 在三种方法所得解点 $x^{(k)}$ 处, $\|g_k\|_\infty\in(2.0\mathrm{e}-7,3.0\mathrm{e}-3)$, $f_k\in(1.0\mathrm{e}-15,5.0\mathrm{e}-6)$. 图 3.5 给出了 σ 取 0.9 时, 用 SR1 方法, BFGS 方法与 DFP 方法解 Rosenbrock 问题得到的迭代点列 $\{x^{(k)}\}$ 的轨迹.

由表 3.10 和表 3.11 可以看出, 对于扩展 Rosenbrock 问题, BFGS

方法与 DFP 方法的有效性差别不大, SR1 方法的有效性差些; 而不同精度的非精确线性搜索, 对这三个方法的影响不大.

表 3.10 $\sigma=0.1$ 时, SR1, BFGS 与 DFP 三种方法所需的迭代次数和函数调用次数

n	SR1 方法		BFGS 方法		DFP 方法	
	ite	feva	ite	feva	ite	feva
2	44	274	23	136	27	167
10	65	412	26	137	33	173
20	72	398	27	140	34	177
40	91	560	25	135	35	181
60	114	658	27	140	37	183

表 3.11 $\sigma=0.9$ 时, SR1, BFGS 与 DFP 三种方法所需的迭代次数和函数调用次数

n	SR1 方法		BFGS 方法		DFP 方法	
	ite	feva	ite	feva	ite	feva
2	52	194	34	82	40	91
10	64	249	40	101	51	114
20	67	275	42	106	49	114
40	87	431	43	109	46	109
60	73	310	41	106	56	130

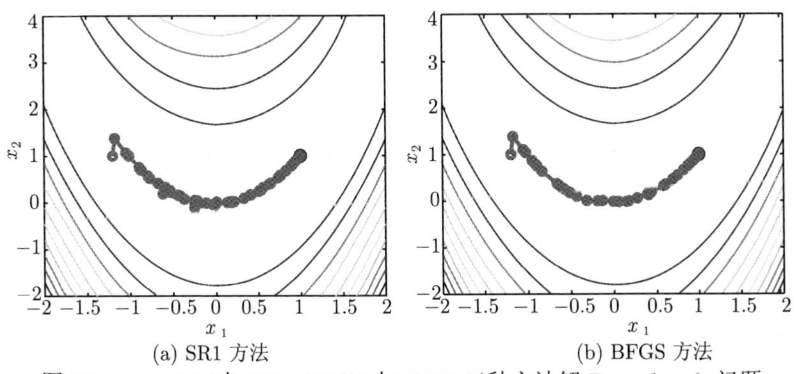

(a) SR1 方法 (b) BFGS 方法

图 3.5 $\sigma=0.9$ 时, SR1, BFGS 与 DFP 三种方法解 Rosenbrock 问题得到的迭代点列 $\{x^{(k)}\}$ 的轨迹

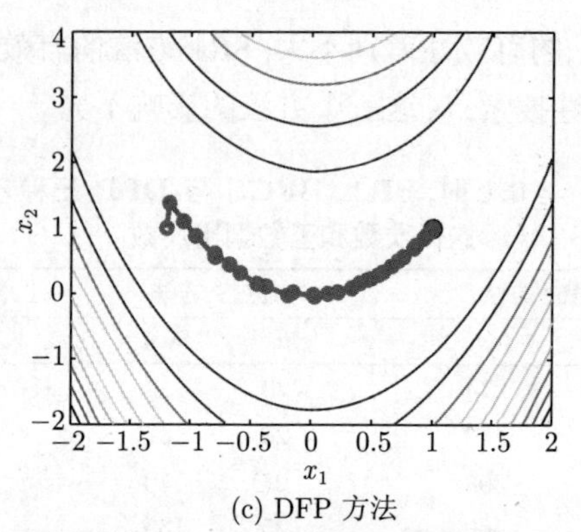

(c) DFP 方法

图 3.5　$\sigma=0.9$ 时, SR1, BFGS 与 DFP 三种方法解 Rosenbrock 问题得到的迭代点列 $\{x^{(k)}\}$ 的轨迹 (续)

然而通过一个问题的计算结果, 我们并不能对方法的有效性下结论, 一般地需要对各种问题进行大量的数值计算, 才能对方法的有效性得到比较客观的认知. 下面我们来看另一个算例.

数值试验 2 (Biggs EXP6 问题 (见文献 [55])) 考虑问题

$$\min f(x)=\sum_{i=1}^{m} r_i^2(x), \tag{3.56}$$

其中 $r_i(x)=x_3\mathrm{e}^{-t_ix_1}-x_4\mathrm{e}^{-t_ix_2}+x_6\mathrm{e}^{-t_ix_5}-y_i$, $t_i=0.1i$, $y_i=\mathrm{e}^{-t_i}-5\mathrm{e}^{-10t_i}+3\mathrm{e}^{-4t_i}$, $n=6, m\geqslant n$.

表 3.12 给出了该问题的 6 个全局最优解, 其最优值为零, 其余的最优解不再给出. 初始点选为 $x_0=(1,2,1,1,1,1)^{\mathrm{T}}$.

表 3.12　Biggs EXP6 问题的全局最优解

x^*	x^*
$(1,10,1,5,4,3)^{\mathrm{T}}$	$(1,4,1,-3,10,-5)^{\mathrm{T}}$
$(10,1,-5,-1,4,3)^{\mathrm{T}}$	$(10,4,-5,-3,1,1)^{\mathrm{T}}$
$(4,10,3,5,1,1)^{\mathrm{T}}$	$(4,1,3,-1,10,-5)^{\mathrm{T}}$

对这个问题, 采用 $\sigma=0.9$ 的非精确线性搜索 DFP 方法, 在 m 取不同的 5 个值时, 迭代达到所给上限 1000 次. 这里我们只给出 $\sigma=0.1$

时三种方法的迭代结果, 见表 3.13, 其中迭代未得到满足精度要求的解时, 函数调用次数的后面用 a, b, c, d 给出, a 表示 $f_{k-1}-f_k\in(10^{-8},10^{-6}]$, b 表示 $f_{k-1}-f_k\in(10^{-6},10^{-4}]$, 依次类推. 由于各种方法在解点 x_k 处的 $\|g_k\|_\infty$ 差别比较大, 表 3.14 给出了三种方法得到的解点处的 $\|g_k\|_\infty$. 从这个表的结果可以看出, BFGS 方法在 $m=6,12$ 时, 解点的梯度值 $\|g_k\|_\infty$ 不小, 这是由于在第 $k-1$ 步迭代, 找到的点 x_k 不能使函数值从 x_{k-1} 到 x_k 有足够的下降, 从而导致 $f_{k-1}-f_k$ 满足精度要求, 迭代停止而造成的. 其他类似结果的出现也是出于相同的原因.

对这个算例而言, DFP 方法的有效性明显低于 BFGS 方法. 实际上, DFP 方法对许多问题有这样的数值表现. Nocedal[58] 对 BFGS 方法和 DFP 方法的差异给出了解释. 由表 3.13 与表 3.14 可以看到, 对此问题, SR1 方法所需的函数调用次数和所得结果的精度与 BFGS 方法的相近, 但 SR1 方法不如 BFGS 方法稳定.

表 3.13 $\sigma=0.1$ 时, SR1, BFGS 与 DFP 三种方法的迭代次数和函数调用次数

m	SR1 方法		BFGS 方法		DFP 方法	
	ite	feva	ite	feva	ite	feva
6	113	746	14	102	314	1935
7	52	481	49	303a	18	128
8	172	1251	27	126	182	874c
9	17	111	27	137	197	1233b
10	11	68	88	460	128	686c
11	28	186	25	110	187	959b
12	22	130	24	98	9	71d
13	16	119d	28	124	24	112

表 3.14　$\sigma = 0.1$ 时, SR1, BFGS 与 DFP 三种方法所得解点 x_k 处的 $\|g_k\|_\infty$

m	SR1 方法	BFGS 方法	DFP 方法
6	7.05e−5	2.74e−0	1.20e−1
7	4.54e−6	1.09e−4	3.85e−1
8	6.23e−5	1.04e−6	1.54e−1
9	7.59e−9	1.81e−5	6.35e−1
10	9.71e−6	2.14e−5	9.44e−1
11	4.57e−3	2.04e−6	6.93e−3
12	5.87e−4	8.40e−2	1.14e−1
13	2.50e−1	4.13e−7	6.14e−6

数值试验 3 (由人工神经网络方法解微分方程导出的最优化问题)

思维学一般将人类大脑的思维分为抽象 (逻辑) 思维、形象 (直观) 思维和灵感 (顿悟) 思维三种基本方式. 人工神经网络就是模拟人类思维的形象思维方式去解决问题的. 神经网络的基础是神经元, 神经元是以生物神经系统的神经细胞为基础的生物模型. 人们对生物神经系统进行研究以探讨人工智能的机制时, 把神经元数学化, 从而产生了神经元数学模型. 大量相同形式的神经元连接在一起就组成了神经网络.

神经网络是一个高度非线性动力学系统, 虽然每个神经元的结构和功能都不复杂, 但是神经网络的动态行为却是十分复杂的. 因此, 用神经网络可以表达实际物理世界的各种现象.

我们可以用有向图表示神经网络, 这里有向图是节点与节点之间的有向连接. 一般来说, 神经网络有两种基本结构: 前馈神经网络和递归神经网络. 这里我们仅考虑前馈神经网络, 它包括:

• 输入层. 源节点构成输入层, 它向网络提供输入信号.

• 隐藏层. 前馈神经网络有一层或多层隐藏节点, 相应的节点称为隐藏神经元.

• 输出层. 该层给出相对于源节点的激活模式的网络输出.

一个 m-n_1-n_2-q 前馈神经网络, 表示该网络有 m 个源节点, 第一

个隐藏层有 n_1 个神经元, 第二个隐藏层有 n_2 个神经元, 输出层有 q 个神经元. 图 3.6 给出了一个 2-3-1 前馈神经网络, 它有 2 个源节点, 3 个隐藏神经元, 1 个输出神经元.

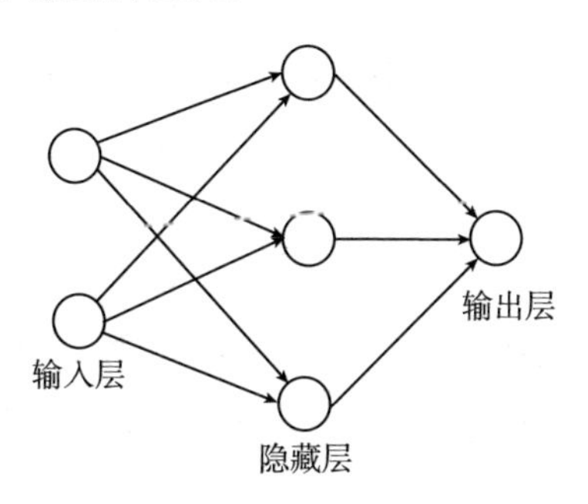

图 3.6 2-3-1 前馈神经网络模型

求解微分方程的方法是多样的, 其中一种是神经网络的方法. 考虑一阶常微分方程

$$\frac{\mathrm{d}y(x)}{\mathrm{d}x}=f(x,y),\quad x\in[0,1],\tag{3.57}$$

其初始条件为 $y(0)=y_0$. 利用神经网络的方法我们可以得到一个实验解 $y_t(x,p)$, 可用它去近似方程的精确解 $y(x)$, 其中实验解中的参数 p 为神经网络方法所产生的参数. 下面我们讨论神经网络实验解的表示.

考虑一个 1-n-1 前馈神经网络. 一阶微分方程 (3.57) 的神经网络实验解可以表示为

$$y_t(x,p)=y_0+xN(x,p),$$

其中 $N(x,p)$ 是前馈神经网络的输出, x 是单一输入, p 是神经网络参数向量. 前馈神经网络的输出为

$$N(x,p)=\sum_{j=1}^{n}v_j\varphi(z_j),\quad z_j=w_jx-\theta_j,\tag{3.58}$$

其中 w_j 是从源节点到隐藏节点 j 的权重, v_j 是从隐藏节点 j 到输出节点的权重, θ_j 是隐藏节点 j 的阈值, $p=(w,v,\theta)^{\mathrm{T}}$ 是一个 $3n$ 维向

量, $\varphi(z)$ 是 Sigmoid 型激活函数:

$$\varphi(z)=\frac{1}{1+\mathrm{e}^{-z}},$$

它表示神经网络的输出信号. 图 3.7 给出了一个单输入神经网络模型, 其中 $u_j=\varphi(z_j)$.

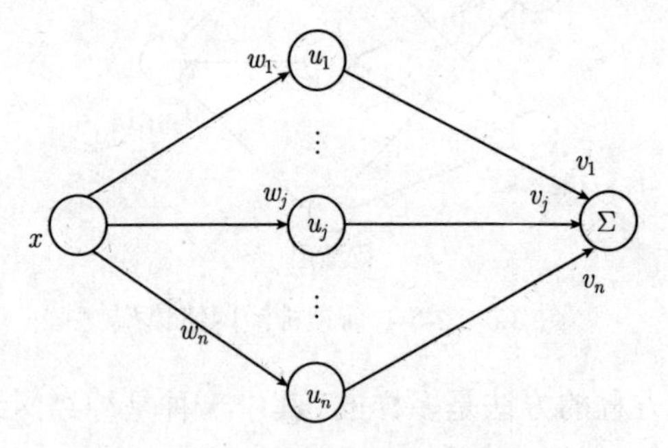

图 3.7 一个单输入神经网络模型

为使实验解能尽可能好地近似方程的解, 我们要用最优化的方法去确定实验解中的参数 p. 对于问题 (3.57), 首先我们将 x 在区间 $[0,1]$ 离散化, 得到 m 个值 $0=x_1,\cdots,x_m=1$, 以及 $\left.\dfrac{\mathrm{d}y_t(x,p)}{\mathrm{d}x}\right|_{x=x_i}$, $f(x_i,y_t(x_i,p))$. $x_1,\cdots,x_m$ 称为训练集元素. 然后, 求解最优化问题

$$\min\sum_{i=1}^{m}\left\{\left.\frac{\mathrm{d}y_t(x,p)}{\mathrm{d}x}\right|_{x=x_i}-f(x_i,y_t(x_i,p))\right\}^2, \tag{3.59}$$

以确定 p 的值.

下面我们用神经网络的方法建立一个求解微分方程的最优化问题并解之.

考虑常微分方程问题

$$\begin{cases}\dfrac{\mathrm{d}y(x)}{\mathrm{d}x}=x-y+1, & x\in[0,1],\\ y(0)=1.\end{cases}$$

该常微分方程问题的精确解为 $y(x)=x+\mathrm{e}^{-x}$. 由问题 (3.59) 得最优化问题为

$$\min\sum_{i=1}^{m}\left\{-x_i+\left[\sum_{j=1}^{n}(1+x_i)\frac{v_j}{1+\mathrm{e}^{\theta_j-w_jx_i}}+x_i\frac{v_jw_j\mathrm{e}^{\theta_j-w_jx_i}}{(1+\mathrm{e}^{\theta_j-w_jx_i})^2}\right]\right\}^2, \tag{3.60}$$

其中 $x_1,x_2,\cdots,x_m\in[0,1]$. 为简单起见, $x_i\ (i=1,\cdots,m)$ 取为 $[0,1]$ 上均匀等分的点. 参数的初始值设为 $(1,\cdots,1)^{\mathrm{T}}$.

表 3.15 给出了对不同的 n 和 m, 分别用 SR1 方法, BFGS 方法和 DFP 方法求解问题 (3.60) 所需的迭代次数和函数调用次数, 其中 / 表示没有得到解. 由表中所给数据可以看出, 对这个问题, BFGS 方法的有效性和稳定性是最好的.

表 3.15 求解问题 (3.60) 时, SR1, BFGS 与 DFP 三种方法所需的迭代次数和函数调用次数

		SR1 方法		BFGS 方法		DFP 方法	
n	m	ite	feva	ite	feva	ite	feva
2	3	51	185	50	109	1000	2085
2	5	22	82	23	54	/	/
2	10	21	68	64	147	1000	2228
3	3	24	162	14	41	/	/
3	5	16	50	26	56	1000	2078
3	10	143	694	188	447	1000	2148
4	3	18	71	14	42	322	692
4	5	15	47	22	49	/	/
4	10	/	/	13	40	678	1582

图 3.8 和图 3.9 分别给出了 $n=2$ 和 $n=3$ 时, 对不同的 m, BFGS 方法得到的数值解与精确解 $y(x)$ 的图形, 其中虚线表示数值解, 实线表示精确解. 从这些图形可以看出, 适当选取神经网络中网络节点数和训练集元素个数, 可以得到满足精度要求的数值解.

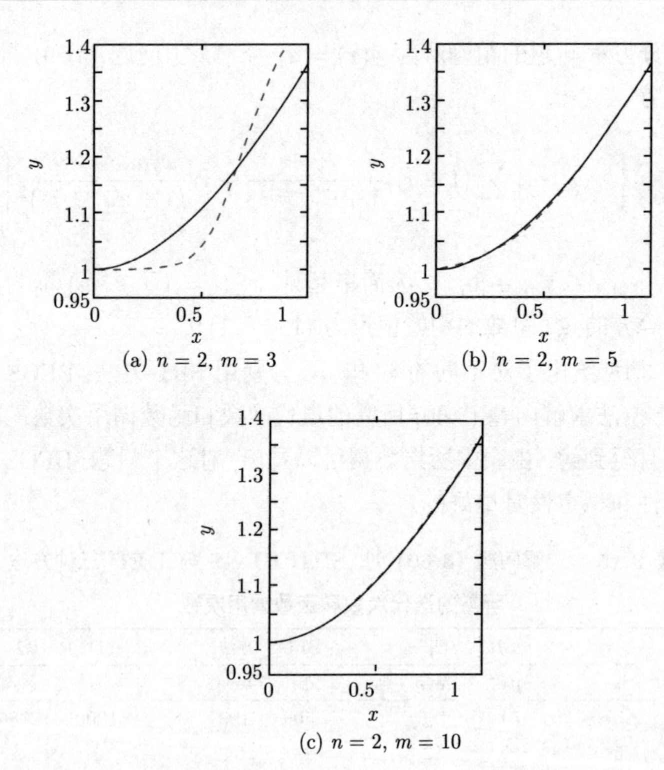

(a) $n=2$, $m=3$ (b) $n=2$, $m=5$

(c) $n=2$, $m=10$

图 3.8 $n=2$ 时, 用 BFGS 方法求解问题 (3.60) 得到的数值解与精确解

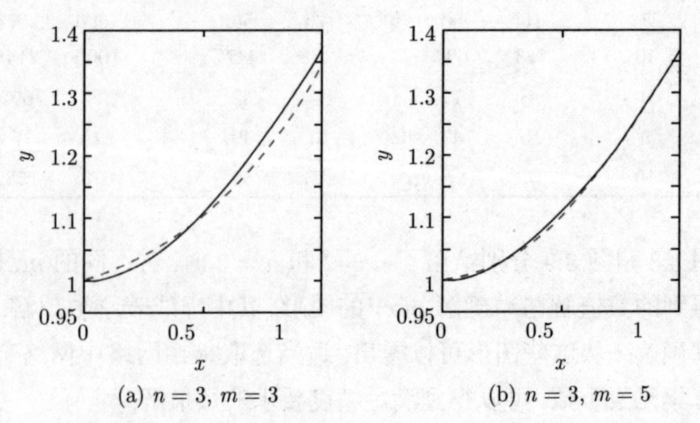

(a) $n=3$, $m=3$ (b) $n=3$, $m=5$

图 3.9 $n=3$ 时, 用 BFGS 方法求解问题 (3.60) 得到的数值解与精确解

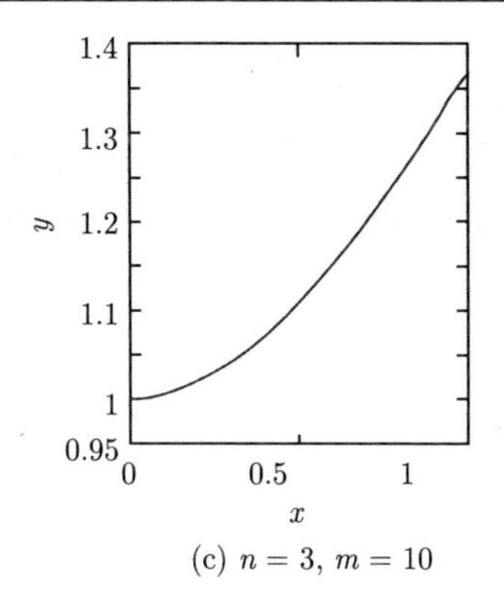

(c) $n=3,\ m=10$

图 3.9 $n=3$ 时, 用 BFGS 方法求解问题 (3.60) 得到的数值解与精确解 (续)

§3.7 BB 方 法

最速下降方法与这一节要介绍的 BB 方法都是负梯度方法, 它们的不同仅在于步长的选取方式. 最速下降方法是一种古老的方法. 许多年来, 最速下降方法由于收敛速度太慢而无法受到人们的重视. 1988 年, Barzilai 和 Borwein[4] 提出了一种新的负梯度方法, 这就是本节要介绍的 BB 方法. BB 方法诞生后, 人们对负梯度方法产生了浓厚的兴趣, 越来越多的人加入到了研究和使用负梯度方法的行列中. 尽管该方法尚有许多理论问题没有解决, 然而作为一种有效的负梯度方法, 我们有必要在这里介绍这一方法.

在这一节中, 我们仅考虑正定二次函数求极小值的问题:

$$\min\ f(x)=\frac{1}{2}x^{\mathrm{T}}Gx+b^{\mathrm{T}}x, \tag{3.61}$$

其中 $G\in\mathbb{R}^{n\times n}$ 对称正定.

考虑如下负梯度迭代:

$$x_{k+1}=x_k-\alpha_k g_k,$$

其中 $g_k=Gx_k+b$. 下面要讨论的问题是如何选取 α_k.

BB 方法选取 α_k 的基本思想源于拟 Newton 方法, 它是将 Hesse 矩阵 G_k 和 Hesse 逆矩阵 G_k^{-1} 的近似矩阵 B_k 和 H_k 分别取为 $\alpha^{-1}I$ 和 αI, 使得拟 Newton 条件在 2 范数意义下取极小, 即要求 α_k 为

$$\alpha_k = \arg\min_{\alpha>0} \|\alpha^{-1}s_{k-1} - y_{k-1}\|_2^2$$

或

$$\alpha_k = \arg\min_{\alpha>0} \|s_{k-1} - \alpha y_{k-1}\|_2^2,$$

这里 $s_{k-1} = x_k - x_{k-1}$, $y_{k-1} = g_k - g_{k-1}$. 解这两个二次极小值问题, 并把相应的解分别记为 α_k^{BB1} 和 α_k^{BB2}, 可得

$$\alpha_k^{\mathrm{BB1}} = \frac{s_{k-1}^{\mathrm{T}} s_{k-1}}{s_{k-1}^{\mathrm{T}} y_{k-1}}, \quad \alpha_k^{\mathrm{BB2}} = \frac{s_{k-1}^{\mathrm{T}} y_{k-1}}{y_{k-1}^{\mathrm{T}} y_{k-1}}.$$

下面我们将 α_k^{BB1} 和 α_k^{BB2} 对应的 BB 方法分别称为 **BB1 方法**和 **BB2 方法**. 对二次极小值问题 (3.61), 由 $g_k = Gx_k + b$ 知

$$s_{k-1} = x_k - x_{k-1} = -\alpha_{k-1} g_{k-1},$$
$$y_{k-1} = g_k - g_{k-1} = -\alpha_{k-1} G g_{k-1}.$$

因此 BB 方法的两个步长公式可分别化为

$$\alpha_k^{\mathrm{BB1}} = \frac{g_{k-1}^{\mathrm{T}} g_{k-1}}{g_{k-1}^{\mathrm{T}} G g_{k-1}}, \tag{3.62}$$

$$\alpha_k^{\mathrm{BB2}} = \frac{g_{k-1}^{\mathrm{T}} G g_{k-1}}{g_{k-1}^{\mathrm{T}} G^2 g_{k-1}}. \tag{3.63}$$

步长 $\alpha_k^{\mathrm{BB1}}, \alpha_k^{\mathrm{BB2}}$ 与最速下降 (SD) 方法、最小梯度 (Minimal Gradient, MG) 方法的步长是有联系的.

对问题 (3.61), SD 方法的步长为

$$\alpha_k^{\mathrm{SD}} = \arg\min_{\alpha>0} f(x_k - \alpha g_k) = \frac{g_k^{\mathrm{T}} g_k}{g_k^{\mathrm{T}} G g_k};$$

MG 方法的步长为

$$\alpha_k^{\mathrm{MG}} = \arg\min_{\alpha>0} \|g(x_k - \alpha g_k)\|_2^2 = \frac{g_k^{\mathrm{T}} G g_k}{g_k^{\mathrm{T}} G^2 g_k}.$$

从 (3.62) 式和 (3.63) 式可以看出, 实际上,

$$\alpha_k^{\mathrm{BB1}} = \alpha_{k-1}^{\mathrm{SD}}, \quad \alpha_k^{\mathrm{BB2}} = \alpha_{k-1}^{\mathrm{MG}}.$$

这两个式子表明, BB1 方法和 BB2 方法的当前步长分别是 SD 方法和 MG 方法的前一步步长. 虽然 BB 方法仅将 SD 方法或 MG 方法的步长延后一步使用, 但是在实际计算中, BB 方法的数值表现通常明显好于 SD 方法和 MG 方法, 见文献 [4]. 为比较这几种方法, 我们考虑一个简单的例子.

例 3.4 (SD 方法, MG 方法和 BB 方法的数值比较, 见文献 [83]) 分别利用 SD 方法, MG方法和两种BB方法求解二次最优化问题(3.61), 其中 $G = \mathrm{diag}(1, 5, 10, 20)$, $b = 0$. 初始点取为 $x_0 = (1, 1, 1, 1)^{\mathrm{T}}$, BB 方法的初始步长取为 $\alpha_0^{\mathrm{BB1}} = \alpha_0^{\mathrm{BB2}} = \alpha_0^{\mathrm{SD}}$, $\|g_k\|_2 \leqslant 10^{-8}$ 时停止迭代.

解这个问题时, SD 方法和 MG 方法分别迭代了 179 次和 174 次, 而 BB1 方法和 BB2 方法只分别迭代了 36 次和 44 次.

表 3.16 列出了用这三种方法迭代时部分迭代步的步长和相应迭代点处的目标函数值, 从中我们可以看到 SD 方法和 MG 方法的步长具

表 3.16 用 SD, MG, BB 三种方法求解例 3.4 的部分中间结果

	SD 方法		MG 方法		BB1 方法		BB2 方法	
k	α_k^{SD}	$f(x_k)$	α_k^{MG}	$f(x_k)$	α_k^{BB1}	$f(x_k)$	α_k^{BB2}	$f(x_k)$
0	0.058	1.8e+1	0.054	1.8e+1	0.058	1.8e+1	0.058	1.8e+1
⋮	⋮	⋮	⋮	⋮	⋮	⋮	⋮	⋮
10	0.079	7.9e−2	0.077	7.6e−2	0.162	5.8e−2	0.973	4.0e−4
11	0.120	6.4e−2	0.126	6.4e−2	0.050	2.9e−1	0.052	2.8e−2
12	0.079	5.2e−2	0.077	4.9e−2	0.050	5.1e−5	0.050	5.1e−4
13	0.120	4.2e−2	0.126	4.2e−2	0.095	1.3e−5	0.072	2.4e−4
14	0.079	3.4e−2	0.077	3.2e−2	0.100	1.1e−7	0.166	9.4e−5

有明显的周期性. 这种周期性是否与方法收敛缓慢有关系呢? Akaike[1] 在对 SD 方法渐近收敛行为进行分析后指出, 由 SD 方法产生的向量序列 $\{-g_k\}$ 会趋向于在两个方向之间来回震荡, 这种下降方向规则出现的现象往往是负梯度方法收敛极慢时的代表性数值行为. 对于 MG 方法, 类似的现象也是存在的. 在这个例子中, SD 方法和 MG 方法的步长具有的周期性说明了相应下降方向是规则出现的. 另一方面, BB 方法的下降方向不是有规则的. 这说明, 选取合适的步长, 可以避免规则下降方向的出现. 从表 3.16 还可以看出, 在 BB 方法的迭代过程中, 目标函数值不是每步都下降的. 这说明 BB 方法实际上是一种非单调下降的方法.

人们已经得到了 BB 方法在收敛性方面的一些结果, 然而令人遗憾的是, 人们至今未能从理论上解释 BB 方法为什么能够明显地超越 SD 方法和 MG 方法.

对一般的最优化问题, 由于 BB 方法需要使用非单调线搜索的技巧, 这里就不讨论了. 在下一章中, 我们将给出 BB 方法与共轭梯度方法的数值比较.

后 记

修正 Newton 方法主要针对的是 Hesse 矩阵不正定的情形. 这类方法包括修正 Cholesky 方法、负曲率方法以及基于对称不定分解的方法, 见文献 [58], [36].

拟 Newton 方法一般是用来求解中小型最优化问题的. 若用拟 Newton 方法求解大规模问题, 则需要一些特殊技巧, 比如降低问题存储规模的有限内存 BFGS 方法、降低问题规模的部分可分函数方法等. 有限内存 BFGS 方法是非常重要的求解大规模最优化问题的方法. 在文献 [58] 的第九章中, 作者给出了非常漂亮的实现该方法的算法, 还介绍了其他求解大规模最优化问题的拟 Newton 方法和部分可分函数方法.

关于拟 Newton 方法收敛性的结果, 见文献 [81]. 关于 DFP 方法, 变换的意义以及变换的不变性等内容更详细的讨论, 见文献 [21], [28].

对一般的非线性函数, BB 方法产生的迭代序列可能发散. 为了保证算法的全局收敛性, Raydan[68] 提出了将 BB 方法与 GLL 非单调线搜索 (见文献 [38]) 结合起来的方法. 受 Raydan 等人工作的启发和鼓舞, 人们不但增加了研究 BB 方法的热情, 还将这个方法推广应用于其他领域. 关于 BB 方法更详细的介绍, 可参考 Fletcher 的综述 (见文献 [29]).

文献 [41] 全面、系统地介绍了神经网络的基本概念、系统理论和实际应用方法. 用神经网络的方法解常微分方程和偏微分方程的内容可参考文献 [47].

习　题

1. 对问题

$$\min\ f(x)=10x_1^2+x_2^2,$$

选初始点为 $(0.1,1)^{\mathrm{T}}$, 证明最速下降方法线性收敛.

2. 对问题

$$\min\ f(x)=2x_1^2-2x_1x_2+x_2^2+2x_1-2x_2$$

使用最速下降方法, 产生的点列为 $\{x^{(k)}\}$. 若 $x^{(2k+1)}=\left(0,1-\dfrac{1}{5^k}\right)^{\mathrm{T}}$, 证明: $x^{(2k+3)}=\left(0,1-\dfrac{1}{5^{k+1}}\right)^{\mathrm{T}}$. 在 Ox_1x_2 平面上画出以 $x^{(1)}=(0,0)^{\mathrm{T}}$ 为初始点的迭代轨迹, 并由此推出 $f(x)$ 的极小点.

3. 用最速下降方法求解问题

$$\min\ f(x)=x_1^2+2x_2^2+4x_1+4x_2.$$

设 $x^{(1)}=(0,0)^{\mathrm{T}}$. 证明:

$$x^{(k+1)}=\left(\frac{2}{3^k}-2,\left(-\frac{1}{3}\right)^k-1\right)^{\mathrm{T}}.$$

4. 考虑函数

$$f(x) = 2x_1^2 + x_2^2 - 2x_1x_2 + 2x_1^3 + x_1^4,$$

确定关于点 $x^* = (0,0)^{\mathrm{T}}$, 使 $G(x)$ 正定的最大开球. 问在此球中如何取初始点 $x^{(0)}$, 其中 $x_1^{(0)} = x_2^{(0)}$, 使基本 Newton 方法收敛.

5. 对问题

$$\min f(x) = \frac{11}{546}x^6 - \frac{19}{182}x^4 + \frac{1}{2}x^2, \quad x \in \mathbb{R}$$

应用基本 Newton 方法. 选初始点为 $x_0 = 1.01$, 验证 G_k 正定, $\{f_k\}$ 单调下降. 证明: $x = \pm 1$ 为序列 $\{x_k\}$ 的聚点, 且 $\lim\limits_{k\to\infty} g_k \neq 0$. 验证对任意给定的 $\rho > 0$, 当 k 充分大时,

$$f_{k+1} \leqslant f_k + \rho g_k^{\mathrm{T}} d_k \alpha_k$$

不成立.

6. 设 $f(x) = x_1^4 + x_1x_2 + (1+x_2)^2$, $x^{(0)} = (0,0)^{\mathrm{T}}$. 确定 ν 的一个下界 $\bar{\nu}$, 使 $G_0 + \nu I$ 在 $\nu > \bar{\nu}$ 时正定. 令 $\nu_0 = 1$, 确定 $(G_0 + \nu_0 I)d = -g_0$ 的解 d_0, 并验证有 $f(x^{(0)} + d_0) < f(x^{(0)})$. 再验证只有当 $\nu \geqslant 0.9$ 时所得的 d_0 , 才能使 $f(x^{(0)} + d_0) < f(x^{(0)})$, 而最优的下降量在 $\nu = 1.1983$ 时近似得到.

7. 证明定理 3.7.

8. (Shermann-Morrison-Woodbury 公式更一般的形式) 设矩阵 $A \in \mathbb{R}^{n\times n}$ 可逆, 经过一个秩为 $m\,(m \leqslant n)$ 的矩阵修正后为 $A + RST^{\mathrm{T}}$, 其中 $R, T \in \mathbb{R}^{n\times m}$, $S \in \mathbb{R}^{m\times m}$. 证明:

$$(A + RST^{\mathrm{T}})^{-1} = A^{-1} - A^{-1}RU^{-1}T^{\mathrm{T}}A^{-1},$$

其中 $U = S^{-1} + T^{\mathrm{T}}A^{-1}R$.

9. 利用 Sherman-Morrison-Woodbury 公式, 由 H_{k+1}^{SR1} 推出 B_{k+1}^{SR1}.

10. 假定 $s_k^{\mathrm{T}} y_k > 0$, 并且 H_k 正定. 证明: 对称秩 1 公式属于 Broyden 族公式类, 但其 $\varphi \notin [0,1]$.

11. 考虑对称秩 1 公式, 假定 H_k 正定. 证明: 若 $y_k^{\mathrm{T}}(s_k-H_ky_k)>0$, 则 H_{k+1} 正定; 若 $y_k^{\mathrm{T}}(s_k-H_ky_k)<0$, 则 H_{k+1} 可能会不正定.

12. 举例说明对称秩 1 公式可能出现分母很小或为零以及 H_{k+1} 不正定的情况.

13. 设 $A,B\in\mathbb{R}^{n\times n}$, 其中 A 是对称阵. 令 $\hat{B}=(B+B^{\mathrm{T}})/2$. 证明:

$$\|A-\hat{B}\|_{\mathrm{F}}\leqslant\|A-B\|_{\mathrm{F}}.$$

14. 证明: 对于 BFGS 方法, 如果矩阵 H_0 的第 i 行与第 i 列为零, 则所有 H_k 的第 i 行与第 i 列均为零, 并且 $x_i^{(k)}=x_i^{(0)}$.

15. 利用对称矩阵迹的性质, 证明:

$$\mathrm{trace}(B_{k+1}^{\mathrm{BFGS}})=\mathrm{trace}(B_k)-\frac{\|B_ks_k\|^2}{s_k^{\mathrm{T}}B_ks_k}+\frac{\|y_k\|^2}{y_k^{\mathrm{T}}s_k}.$$

16. 对 Broyden 族公式中的矩阵 H_{k+1}^{φ}, 考虑下列问题:

(1) 求出使 H_{k+1}^{φ} 奇异的 φ, 记为 $\bar{\varphi}$. 若 H_k 正定, 用 Cauchy-Schwarz 不等式证明 $\bar{\varphi}<0$.

(2) 由 H_{k+1}^{φ} 求出 B_{k+1}^{φ}:

$$B_{k+1}^{\varphi}=B_{k+1}^{\mathrm{DFP}}+(\theta-1)ww^{\mathrm{T}}=B_{k+1}^{\mathrm{BFGS}}+\theta ww^{\mathrm{T}},$$

其中

$$w=(s_k^{\mathrm{T}}B_ks_k)^{\frac{1}{2}}\left(\frac{y_k}{s_k^{\mathrm{T}}y_k}-\frac{B_ks_k}{s_k^{\mathrm{T}}B_ks_k}\right),$$

$$\theta=(\varphi-1)/(\varphi-1-\varphi\mu),$$

$$\mu=(y_k^{\mathrm{T}}H_ky_k)(s_k^{\mathrm{T}}B_ks_k)/(s_k^{\mathrm{T}}y_k)^2.$$

17. 考虑线性变换 $\hat{x}=Wx+u$, 其中 W 非奇异. 对于一种方法, 若从 $\hat{x}_k=Wx_k+u$ 可得 $\hat{x}_{k+1}=Wx_{k+1}+u$, 则称该方法在此线性变换下是不变的. 讨论负梯度方法, 带固定步长的 Newton 方法, DFP 方法与 BFGS 方法是否具有不变性.

18. 对于 PSB 公式

$$B_{k+1}=B_k+\frac{(y_k-B_ks_k)s_k^{\mathrm{T}}+s_k(y_k-B_ks_k)^{\mathrm{T}}}{s_k^{\mathrm{T}}s_k}-\frac{s_k^{\mathrm{T}}(y_k-B_ks_k)s_ks_k^{\mathrm{T}}}{(s_k^{\mathrm{T}}s_k)^2},$$

若 f 为具有非奇异阵对称矩阵 G 的二次函数, 证明:

(1) $B_{k+1}-G=\left(I-\frac{s_ks_k^{\mathrm{T}}}{s_k^{\mathrm{T}}s_k}\right)(B_k-G)\left(I-\frac{s_ks_k^{\mathrm{T}}}{s_k^{\mathrm{T}}s_k}\right)$;

(2) 如果修正公式重复应用 n 次, 且向量 $s_0,s_1,\cdots,s_{n-1}$ 相互正交, 则 $B_n=G$.

上 机 习 题

1. 用基本 Newton 方法求解问题

$$\min f(x)=0.5x_1^2\left(\frac{x_1^2}{6}+1\right)+x_2\mathrm{Arctan}x_2-0.5\ln(x_2^2+1),$$

初始点分别选为 $x^{(0)}=(1,0.7)^{\mathrm{T}}$ 和 $x^{(0)}=(1,2)^{\mathrm{T}}$, 输出迭代信息 $\{x^{(k)}\}$ 和 $\{f_k\}$ 并进行分析.

2. Newton 型方法的数值比较. 编写下列程序:

• 线搜索程序. 程序可以包含精确线搜索准则与不同的非精确线搜索准则以及不同的线搜索求步长的方法.

• 阻尼 Newton 方法和修正 Newton 方法的程序.

• SR1 方法, BFGS 方法和 DFP 方法的程序.

对最优化问题

$$\min\sum_{i=1}^{m}r_i^2(x),$$

选择不同的规模, 即不同的 n 或 m, 利用编好的程序进行计算, 其中 $r_i(x)$ 如下:

(1) Watson 函数 (见文献 [55])

$$r_i(x)=\sum_{j=2}^{n}(j-1)x_jt_i^{j-2}-\left(\sum_{j=1}^{n}x_jt_i^{j-1}\right)^2-1,$$

其中 $t_i=i/29$, $1\leqslant i\leqslant 29$, $r_{30}(x)=x_1$, $r_{31}=x_2-x_1^2-1, 2\leqslant n\leqslant 31$, $m=31$. 初始点可选为 $x^{(0)}=(0,\cdots,0)^{\mathrm{T}}$.

(2) Discrete boundary value 函数 (见文献 [55])

$$r_i(x)=2x_i-x_{i-1}-x_{i+1}+h^2(x_i+t_i+1)^3/2,$$

其中 $h=1/(n+1)$, $t_i=ih$, $x_0=x_{n+1}=0$, $m=n$ 初始点可选为 $x^{(0)}=\big(t_1(t_1-1),\cdots,t_n(t_n-1)\big)^{\mathrm{T}}$.

通过计算, 可以进行关于线搜索的不同搜索准则、不同插值方法之间的比较; 也可以通过输出的信息, 进行不同 Newton 型方法有效性的比较. 输出信息可以包含算法的迭代次数、函数调用次数、导数调用次数及 CPU 时间.

3. 用人工神经网络的方法求解由下列微分方程导出的优化问题

(1) $\begin{cases}\dfrac{\mathrm{d}y}{\mathrm{d}x}=x^3-\dfrac{y}{x},\\ y(1)=\dfrac{2}{5}.\end{cases}$

该问题的精确解为

$$y(x)=\frac{x^4}{5}+\frac{1}{5x}.$$

$x_i\,(i=1,\cdots,m)$ 可取为区间 $[1,2]$ 上均匀等分的点.

(2) $\begin{cases}\dfrac{\mathrm{d}y}{\mathrm{d}x}+\left(x+\dfrac{1+3x^2}{1+x+x^3}\right)y=x^3+2x+x^2\dfrac{1+3x^2}{1+x+x^3},\\ y(0)=1.\end{cases}$

该问题的精确解为

$$y(x)=\frac{\mathrm{e}^{-x^2/2}}{1+x+x^3}+x^2.$$

$x_i(i=1,\cdots,m)$ 可取为区间 $[0,1]$ 上均匀等分的点.

(3) $$\begin{cases} \dfrac{\mathrm{d}^2y}{\mathrm{d}x^2}+\dfrac{1}{5}\dfrac{\mathrm{d}y}{\mathrm{d}x}+y=-\dfrac{1}{5}\mathrm{e}^{-x/5}\cos x, \\ y(0)=0,\ \dfrac{\mathrm{d}y(0)}{\mathrm{d}x}=1. \end{cases}$$

该问题的精确解为

$$y(x)=\mathrm{e}^{-x/5}\sin x.$$

$x_i(i=1,\cdots,m)$ 可取为区间 $[0,2]$ 上均匀等分的点.

对二阶微分方程, 神经网络的实验解为

$$y_t(x,p)=y_0+\frac{\mathrm{d}y(0)}{\mathrm{d}x}x+x^2N(x,p),$$

其中 $N(x,p)$ 由 (3.58) 式给出.

第四章　共轭梯度方法

共轭梯度方法是利用函数的一阶导数信息建立起来的方法. 因为该方法在每步迭代中所需的计算量和存储量比 Newton 型方法少, 所以它已经被广泛应用于求解大规模最优化问题.

§4.1　共轭方向及其性质

一个好的算法至少应该对正定的二次函数的极小化问题具有二次终止性. 为达此目的, 我们首先考虑算法对于特殊正定二次函数极小化问题的有限终止性, 然后将其推广到一般的正定二次函数的极小化问题.

1. 特殊的正定二次函数及正交方向

考虑正定二次函数

$$\tilde{f}(\tilde{x}) = \frac{1}{2}\tilde{x}^{\mathrm{T}}\widetilde{G}\tilde{x} + \tilde{b}^{\mathrm{T}}\tilde{x}, \tag{4.1}$$

其中 $\widetilde{G}$ 是 $n \times n$ 对角阵, 对角元为正.

对 $n = 3$ 的情形, 这类函数的等高面是一族椭球面, 椭球的长、短半轴平行于坐标轴的正交方向 e_0, e_1, e_2. 考虑对函数 (4.1) 的极小化问题. 从任意初始点 $\tilde{x}_0$ 出发, 分别沿 e_0, e_1, e_2 作精确线搜索, 便得 $\tilde{x}_1$, $\tilde{x}_2$, $\tilde{x}_3 = \tilde{x}^*$. 从这种做法我们可以看出, $\tilde{x}_1$ 是 $\tilde{f}(\tilde{x})$ 在经过 $\tilde{x}_0$ 沿 e_0 方向的直线上的极小点, $\tilde{x}_2$ 是 $\tilde{f}(\tilde{x})$ 在经过 $\tilde{x}_0$ 的由 $\{e_0, e_1\}$ 张成的平面上的极小点, 同样, $\tilde{x}_3$ 是 $\tilde{f}(\tilde{x})$ 在经过 $\tilde{x}_0$ 的由 $\{e_0, e_1, e_2\}$ 张成的空间上的极小点, 见图 4.1. 以此类推, 对 n 维情形, 由 $\tilde{x}_0$ 出发, 依次沿 n 个正交的坐标轴方向作精确线搜索, 便得 $\tilde{x}_n = \tilde{x}^*$. 由此可见, 这种方法对函数 (4.1) 的极小化问题具有二次终止性.

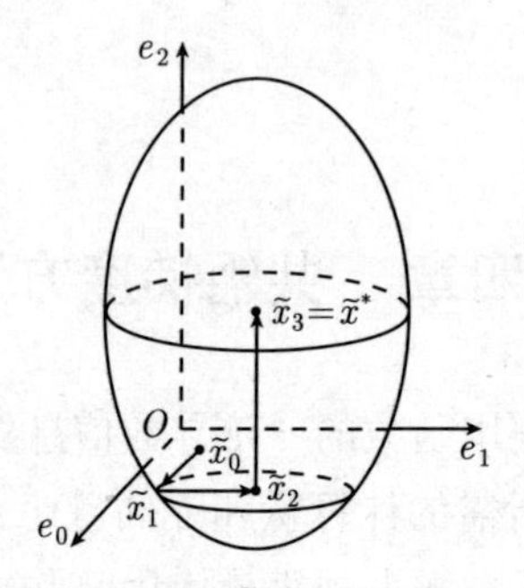

图 4.1　对正定二次函数 $\tilde{f}(\tilde{x})$, 沿正交方向迭代的轨迹

2. 一般正定二次函数及共轭方向

下面我们讨论对一般的正定二次函数

$$f(x)=\frac{1}{2}x^{\mathrm{T}}Gx+b^{\mathrm{T}}x,$$

其中 G 为 $n\times n$ 对称正定矩阵, 从任意点出发, 沿何种方向进行迭代, 最优化方法具有二次终止性.

以 $n=3$ 的情形为例来说明. 当 G 不再是对角阵时, 椭圆的长、短半轴不再平行于坐标轴. 依次沿坐标轴的方向进行迭代, 我们不能再期望在三次迭代后得到极小点. 而欲保持方法的二次终止性, 则如图 4.2 所示, 需沿 d_0,d_1,d_2 方向分别作精确线搜索. 那么 d_0,d_1,d_2 究竟是何种关系, 又该如何得到 d_0,d_1,d_2 呢? 欲明白这个问题, 我们需要将非对角阵 G 变换至对角阵 $\widetilde{G}$.

作变换

$$x=D\tilde{x},\tag{4.2}$$

这里 D 是 $n\times n$ 矩阵: $D=[d_0,d_1,\cdots,d_{n-1}]$, 则

$$f(D\tilde{x})=\frac{1}{2}\tilde{x}^{\mathrm{T}}(D^{\mathrm{T}}GD)\tilde{x}+b^{\mathrm{T}}(D\tilde{x})=\tilde{f}(\tilde{x}),$$

其中矩阵 $D^{\mathrm{T}}GD$ 的元素为 $d_i^{\mathrm{T}}Gd_j$. 若要 $D^{\mathrm{T}}GD$ 为对角阵, 则应有

$$d_i^{\mathrm{T}} G d_j = 0, \quad i, j = 0, \cdots, n-1, \ i \neq j.$$

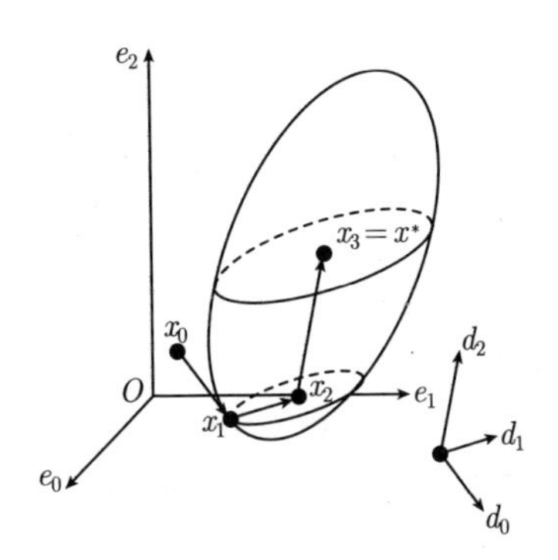

图 4.2 对正定二次函数 $f(x)$, 沿共轭方向迭代的轨迹

具备这种性质的 $d_i (i = 0, \cdots, n-1)$ 定义如下:

定义 4.1 设 G 是 $n \times n$ 对称正定矩阵. 若 $\mathbb{R}^n$ 中两个非零向量 $d_i, d_j (i \neq j)$ 满足

$$d_i^{\mathrm{T}} G d_j = 0,$$

则称 d_i 与 d_j 是 (G) **共轭方向**. 若 $\mathbb{R}^n$ 中 n 个非零向量 $d_0, d_1, \cdots, d_{n-1}$ 满足

$$d_i^{\mathrm{T}} G d_j = 0, \quad i, j = 0, \cdots, n-1, \ i \neq j, \tag{4.3}$$

则称它们为 G 的**两两共轭方向**, 或称这个向量组是 (G) **共轭**的.

由定义可以看出, 正交方向是共轭方向的特殊情况.

定理 4.2 共轭向量组中的向量一定线性无关.

变换矩阵 D 可以取为 G 的平方根矩阵的逆矩阵. G 的平方根矩阵的定义与性质如下:

定义 4.3 设 G 为 $n \times n$ 对称正定矩阵. 若存在对称正定矩阵 T, 使得 $T^2 = G$, 则称 T 为 G 的**平方根矩阵**, 记为 $T = \sqrt{G}$.

定理 4.4 (平方根矩阵的存在唯一性) 若 G 是 $n \times n$ 对称正定矩阵, 则 G 的平方根矩阵存在唯一.

定理 4.2 和定理 4.4 的证明留为作业.

对于变换 (4.2), 我们可取 $D^{-1}=\sqrt{G}$, 则有

$$e_i^{\mathrm{T}}e_j=(\sqrt{G}d_i)^{\mathrm{T}}(\sqrt{G}d_j)=d_i^{\mathrm{T}}Gd_j=0.$$

这样, 对于 $\tilde{f}(\tilde{x})$, 沿 $e_0,\cdots,e_{n-1}$ 方向的迭代, 通过变换 $x=D\tilde{x}$, 就成为对于 $f(x)$, 沿 $d_0,\cdots,d_{n-1}$ 方向的迭代. 也就是说, 对于 $\tilde{f}(\tilde{x})$, 从任意初始点 $\tilde{x}_0$ 出发, 依次沿正交方向 $e_0,\cdots,e_{n-1}$ 作精确线搜索, 可得极小点 $\tilde{x}_n=\tilde{x}^*$. 对于 $f(x)$, 从任意初始点 x_0 出发, 依次沿共轭方向 $d_0,\cdots,d_{n-1}$ 作精确线搜索, 可得极小点 $x_n=x^*$.

3. 子空间扩展定理

由前面的讨论我们得到以下定理:

定理 4.5 (子空间扩展定理) 设 G 为 $n\times n$ 对称正定矩阵, d_0, $d_1,\cdots,d_{n-1}$ 为 G 共轭向量组, 对于

$$f(x)=\frac{1}{2}x^{\mathrm{T}}Gx+b^{\mathrm{T}}x,$$

由任意 x_0 出发, 依次沿直线 $x_k+\alpha d_k$ 作精确线搜索得 α_k $(k=0,\cdots,n-1)$, 则

$$g_k^{\mathrm{T}}d_j=0,\quad j=0,\cdots,k-1,\tag{4.4}$$

其中 $g_k=Gx_k+b$, 且 x_k 是 $f(x)$ 在集合

$$X_k\triangleq\left\{x\;\middle|\;x\in\mathbb{R}^n,x=x_0+\sum_{j=0}^{k-1}\beta_jd_j,\beta_j\in\mathbb{R},j=0,\cdots,k-1\right\}$$

(该集合通常称为线性流形) 上的极小点. 特别地, x_n 是 $f(x)$ 在 $\mathbb{R}^n$ 中的极小点.

证明 首先证明 (4.4) 式. 当 $j=k-1$ 时, 由精确线搜索的结果知 (4.4) 式成立. 对 $j=0,\cdots,k-2$, 注意到 $g_i=Gx_i+b$ 和 $x_{i+1}-x_i=\alpha_id_i$, 我们有

$$\begin{aligned}
g_k &= g_{j+1} + \sum_{i=j+1}^{k-1} (g_{i+1} - g_i) \\
&= g_{j+1} + G \sum_{i=j+1}^{k-1} (x_{i+1} - x_i) \\
&= g_{j+1} + G \sum_{i=j+1}^{k-1} \alpha_i d_i.
\end{aligned}$$

由精确线搜索的结果及 $d_0, d_1, \cdots, d_{k-1}$ 的两两共轭性有

$$g_k^{\mathrm{T}} d_j = g_{j+1}^{\mathrm{T}} d_j + \sum_{i=j+1}^{k-1} \alpha_i d_i^{\mathrm{T}} G d_j = 0.$$

对于定理的第二个结论, 只要证明对任给 $x \in X_k$, $f(x) \geqslant f(x_k)$ 即可. 注意到

$$x_k = x_0 + \sum_{j=0}^{k-1} \alpha_j d_j, \quad x = x_0 + \sum_{j=0}^{k-1} \beta_j d_j, \ \forall x \in X_k,$$

由 G 的正定性和 (4.4) 式我们有

$$\begin{aligned}
f(x) &= f(x_k) + (x - x_k)^{\mathrm{T}} g_k + \frac{1}{2}(x - x_k)^{\mathrm{T}} G (x - x_k) \\
&\geqslant f(x_k) + (x - x_k)^{\mathrm{T}} g_k \\
&= f(x_k) + \sum_{j=0}^{k-1} (\beta_j d_j - \alpha_j d_j)^{\mathrm{T}} g_k \\
&= f(x_k) + \sum_{j=0}^{k-1} (\beta_j - \alpha_j) d_j^{\mathrm{T}} g_k \\
&= f(x_k).
\end{aligned}$$

由此知定理结论成立. □

§4.2 对正定二次函数的共轭梯度方法

我们在本节中讨论针对正定二次函数的共轭梯度方法及其性质, 在下一节中讨论针对一般函数的非线性共轭梯度方法.

1. 方法的导出

共轭方向是根据正定二次函数 $f(x)=\dfrac{1}{2}x^{\mathrm{T}}Gx+b^{\mathrm{T}}x$ 的梯度来构造的.

取 $d_0=-g_0$. 假定已求出关于 G 共轭的方向 $d_0,d_1,\cdots,d_{k-1}$. 下面要求 d_k, 使其与 $d_0,d_1,\cdots,d_{k-1}$ 共轭.

由定理 4.2 和定理 4.5 知, d_k 和 g_k 均不在 $d_0,d_1,\cdots,d_{k-1}$ 生成的子空间中. 而由 (4.4) 式知, g_k 可以与 $d_0,d_1,\cdots,d_{k-1}$ 张成一个 $k+1$ 维子空间, 故取 d_k 为 $g_k,d_0,d_1,\cdots,d_{k-1}$ 的线性组合, 其中 g_k 的系数取为 -1, 则

$$d_k=-g_k+\sum_{i=0}^{k-1}\xi_i^{(k-1)}d_i, \tag{4.5}$$

这里要确定系数 $\xi_0^{(k-1)},\cdots,\xi_{k-1}^{(k-1)}$, 使得

$$d_k^{\mathrm{T}}Gd_j=0,\quad j=0,\cdots,k-1.$$

将 (4.5) 式代入上式, 得

$$\left(-g_k+\sum_{i=0}^{k-1}\xi_i^{(k-1)}d_i\right)^{\mathrm{T}}Gd_j=0,$$

由 $d_i,d_j\ (i\neq j)$ 的共轭性得

$$\xi_j^{(k-1)}=\frac{g_k^{\mathrm{T}}Gd_j}{d_j^{\mathrm{T}}Gd_j},\quad j=0,\cdots,k-1. \tag{4.6}$$

下面我们证明在 (4.6) 式中 $\xi_j^{(k-1)}=0\ (j=0,\cdots,k-2)$, 从而简化 (4.5) 式.

由 $x_{j+1}-x_j=\alpha_jd_j(\alpha_j>0)$ 和 $g_j=Gx_j+b$ 知, (4.6) 式中 $\xi_j^{(k-1)}$ 的分子乘以 α_j 得

$$\begin{aligned}\alpha_jg_k^{\mathrm{T}}Gd_j&=g_k^{\mathrm{T}}G(x_{j+1}-x_j)\\&=g_k^{\mathrm{T}}(g_{j+1}-g_j).\end{aligned}$$

由 (4.5) 式得

$$g_j = -d_j + \sum_{i=0}^{j-1} \xi_i^{(j-1)} d_i, \tag{4.7}$$

再由 (4.4) 式知

$$g_k^{\mathrm{T}} g_j = 0, \quad j = 0, \cdots, k-1,$$

从而

$$g_k^{\mathrm{T}}(g_{j+1} - g_j) = \begin{cases} 0, & j = 0, \cdots, k-2, \\ g_k^{\mathrm{T}}(g_k - g_{k-1}), & j = k-1. \end{cases}$$

这就证明了在 (4.6) 式中 $\xi_j^{(k-1)} = 0$ $(j = 0, \cdots, k-2)$, 从而 (4.5) 式可以简化为

$$d_k = -g_k + \xi_{k-1}^{(k-1)} d_{k-1}.$$

再来看 $\xi_{k-1}^{(k-1)}$ 的表示. 由 (4.4) 式, (4.5) 式与精确线搜索的结果知, $\xi_{k-1}^{(k-1)}$ 的分母乘以 α_{k-1} 为

$$\begin{aligned} \alpha_{k-1} d_{k-1}^{\mathrm{T}} G d_{k-1} &= d_{k-1}^{\mathrm{T}}(g_k - g_{k-1}) \\ &= -d_{k-1}^{\mathrm{T}} g_{k-1} \\ &= (g_{k-1} - \xi_{k-2}^{(k-2)} d_{k-2})^{\mathrm{T}} g_{k-1} \\ &= g_{k-1}^{\mathrm{T}} g_{k-1}, \quad k \geqslant 2. \end{aligned}$$

对 $k = 1$, 有

$$\alpha_0 d_0^{\mathrm{T}} G d_0 = d_0^{\mathrm{T}}(g_1 - g_0) = g_0^{\mathrm{T}} g_0.$$

由 (4.6) 式知, $\xi_{k-1}^{(k-1)}$ 可表示为

$$\xi_{k-1}^{(k-1)} = \frac{g_k^{\mathrm{T}}(g_k - g_{k-1})}{g_{k-1}^{\mathrm{T}} g_{k-1}}.$$

2. 共轭梯度方法及其性质

综上所述, 我们知道共轭梯度方法的迭代方向为

$$d_k = -g_k + \beta_{k-1} d_{k-1}, \tag{4.8}$$

其中 $\beta_{k-1} = \xi_{k-1}^{(k-1)}$. 因为对正定二次函数, 有 $g_k^{\mathrm{T}} g_{k-1} = 0$, 从而得到

$$\beta_{k-1} = \frac{g_k^{\mathrm{T}} g_k}{g_{k-1}^{\mathrm{T}} g_{k-1}}. \tag{4.9}$$

由于求解正定二次函数的极小化问题 $\min \frac{1}{2} x^{\mathrm{T}} G x + b^{\mathrm{T}} x$ 等价于求解线性方程组 $Gx + b = 0$, 我们称基于 (4.8) 式与 (4.9) 式的方法为**(线性)共轭梯度方法**. 该方法是 Hestenes 与 Stiefel 独立提出来的.

下面我们讨论对正定二次函数, 共轭梯度方法的性质.

定理 4.6 (共轭梯度方法的性质) 考虑正定二次函数

$$f(x) = \frac{1}{2} x^{\mathrm{T}} G x + b^{\mathrm{T}} x.$$

对任意初始点 x_0, 取 $d_0 = -g_0$, 采用精确线搜索的共轭梯度方法具有二次终止性; 对所有 $0 \leqslant k \leqslant m$, $m < n$, 下列关系成立:

$$\text{共轭方向:}\quad d_k^{\mathrm{T}} G d_i = 0, \quad i = 0, \cdots, k-1, \tag{4.10a}$$

$$\text{正交向量:}\quad g_k^{\mathrm{T}} g_i = 0, \quad i = 0, \cdots, k-1, \tag{4.10b}$$

$$\text{下降性:}\quad d_k^{\mathrm{T}} g_k = -g_k^{\mathrm{T}} g_k, \tag{4.10c}$$

以及

$$\mathrm{span}\{g_0, \cdots, g_k\} = \mathrm{span}\{g_0, G g_0, \cdots, G^k g_0\}, \tag{4.10d}$$

$$\mathrm{span}\{d_0, \cdots, d_k\} = \mathrm{span}\{g_0, G g_0, \cdots, G^k g_0\}, \tag{4.10e}$$

这里 $\mathrm{span}\{g_0, G g_0, \cdots, G^k g_0\}$ 为 Krylov 子空间, 一般记为 $\kappa(g_0, k)$.

证明 由共轭方向的推导可得 (4.10a) 式, 由 (4.4) 式和 (4.5) 式可得 (4.10b) 式. 由共轭梯度方法的定义有

$$\begin{aligned} d_k^{\mathrm{T}} g_k &= (-g_k + \beta_{k-1} d_{k-1})^{\mathrm{T}} g_k \\ &= -g_k^{\mathrm{T}} g_k < 0, \end{aligned}$$

此即 (4.10c) 式.

由 (4.10b) 式知, 当 $k = n$ 时, $g_0, g_1, \cdots, g_{n-1}$ 线性无关, 故 $g_n = 0$, 方法有二次终止性. 该性质亦可直接由定理 4.5 得出.

下面用数学归纳法证明 (4.10d) 式和 (4.10e) 式. 当 $k = 0$ 时, (4.10d) 式和 (4.10e) 式成立. 现假设它们对 $k = j$ $(1 \leqslant j < m)$ 成立. 下面证明它们对 $k = j + 1$ 亦成立.

由归纳假设有

$$\begin{aligned} g_j &\in \mathrm{span}\{g_0, Gg_0, \cdots, G^j g_0\}, \\ d_j &\in \mathrm{span}\{g_0, Gg_0, \cdots, G^j g_0\}, \end{aligned}$$

又由后一式得

$$Gd_j \in \mathrm{span}\{Gg_0, G^2 g_0, \cdots, G^{j+1} g_0\},$$

再由 $x_{j+1} = x_j + \alpha_j d_j$ 得 $Gx_{j+1} = Gx_j + \alpha_j Gd_j$, 从而 $g_{j+1} = g_j + \alpha_j Gd_j$. 这说明

$$g_{j+1} \in \mathrm{span}\{g_0, Gg_0, \cdots, G^{j+1} g_0\}.$$

由归纳假设知

$$\mathrm{span}\{g_0, g_1, \cdots, g_{j+1}\} \subset \mathrm{span}\{g_0, Gg_0, \cdots, G^{j+1} g_0\}.$$

下面证明上式反之亦成立. 由归纳假设有

$$G^{j+1} g_0 = G(G^j g_0) \in \mathrm{span}\{Gd_0, Gd_1, \cdots, Gd_j\}.$$

由 $g_{i+1} = g_i + \alpha_i G d_i$ 得 $Gd_i = (g_{i+1} - g_i)/\alpha_i$ $(i = 0, \cdots, j)$, 则

$$G^{j+1} g_0 \in \mathrm{span}\{g_0, g_1, \cdots, g_{j+1}\}.$$

由上式和归纳假设知

$$\text{span}\{g_0, Gg_0, \cdots, G^{j+1}g_0\} \subset \text{span}\{g_0, g_1, \cdots, g_{j+1}\},$$

因而 (4.10d) 式成立.

下证当 $k = j+1$ 时, (4.10e) 式成立. 由 $d_{j+1} = -g_{j+1} + \beta_j d_j$, (4.10d) 式和归纳假设有

$$\begin{aligned}\text{span}\{d_0, \cdots, d_j, d_{j+1}\} &= \text{span}\{d_0, \cdots, d_j, g_{j+1}\} \\ &= \text{span}\{g_0, \cdots, G^j g_0, g_{j+1}\} \\ &= \text{span}\{g_0, \cdots, g_j, g_{j+1}\} \\ &= \text{span}\{g_0, \cdots, G^j g_0, G^{j+1} g_0\},\end{aligned}$$

即 (4.10e) 式成立. 由归纳法原理知, (4.10d) 式和 (4.10e) 式对一切 $0 \leqslant k \leqslant m$ 成立. □

定理 4.6 表明, $g_0, \cdots, g_k$ 和 $d_0, \cdots, d_k$ 是 Krylov 子空间 $\kappa(g_0, k)$ 的一组正交基和一组共轭正交基. 定理 4.5 中定义的 X_k 就是一个经过 x_0, 由 $d_0, \cdots, d_{k-1}$ 张成的 Krylov 子空间.

定理 4.6 的结论基于 $d_0 = -g_0$, 若非如此, 由 (4.8) 式产生的方向不一定共轭. 例如, 对于问题

$$\min f(x, y) = x^2 + y^2,$$

选取初始点为 $x_0 = (1, 0)^{\mathrm{T}}$, $g_0 = (2, 0)^{\mathrm{T}}$, 取 $d_0 = (-1, -1)^{\mathrm{T}}$, 有 $g_0^{\mathrm{T}} d_0 < 0$, 得步长 $\alpha_0 = \arg\min f(x_0 + \alpha d_0) = \dfrac{1}{2}$, 从而 $x_1 = x_0 + \alpha_0 d_0 = \left(\dfrac{1}{2}, -\dfrac{1}{2}\right)^{\mathrm{T}}$, $g_1 = (1, -1)^{\mathrm{T}}$, $\beta_0 = \dfrac{1}{2}$, $d_1 = -g_1 + \beta_0 d_0 = \left(-\dfrac{3}{2}, \dfrac{1}{2}\right)^{\mathrm{T}}$, 即有

$$d_1^{\mathrm{T}} G d_0 = 2 \neq 0.$$

上面的讨论说明, 对于线性共轭梯度方法, 欲具备二次终止性, 应取 $d_0 = -g_0$.

§4.3 非线性共轭梯度方法

1. 非线性共轭梯度方法

求解一般最优化问题的非线性共轭梯度方法由线性共轭梯度方法推广而来, 其迭代方向由 (4.8) 式给出. 选取不同的 β_{k-1}, 便得到不同的共轭梯度公式. 下面给出两个著名的非线性共轭梯度公式:

(1) **FR (Flecther-Reeves) 公式**

$$\beta_{k-1}^{\mathrm{FR}} = \frac{g_k^{\mathrm{T}} g_k}{g_{k-1}^{\mathrm{T}} g_{k-1}}; \tag{4.11}$$

(2) **PRP (Polak-Ribière-Polyak) 公式**

$$\beta_{k-1}^{\mathrm{PRP}} = \frac{g_k^{\mathrm{T}} (g_k - g_{k-1})}{g_{k-1}^{\mathrm{T}} g_{k-1}}. \tag{4.12}$$

我们称基于 (4.8) 式与 (4.11) 式的共轭梯度方法为 **FR 共轭梯度方法** (简称 **FR 方法**), 称基于 (4.8) 式与 (4.12) 式的共轭梯度方法为 **PRP 共轭梯度方法** (简称 **PRP 方法**). 对正定二次函数, FR 公式与 PRP 公式等价.

下面给出解决非线性最优化问题的共轭梯度方法——**非线性共轭梯度方法**的算法:

算法 4.1 (非线性共轭梯度方法)

步 1 给出 $x_0 \in \mathbb{R}^n$, $\varepsilon > 0$, $d_0 = -g_0$, $k := 0$;

步 2 若终止准则满足, 则停止迭代;

步 3 作一维线搜索求 α_k;

步 4 计算 $x_{k+1} = x_k + \alpha_k d_k$;

步 5 计算 β_k, $d_{k+1} = -g_{k+1} + \beta_k d_k$, $k := k+1$, 转步 2.

Fletcher 和 Revees 提出在共轭梯度方法中使用非精确线搜索, 从而将求解线性方程组的共轭梯度方法推广至求解一般最优化问题. 该方法是最早提出的非线性共轭梯度方法, 因而在共轭梯度方法中占有非常重要的地位. 下面我们以 FR 方法为例, 讨论它的下降性与采用精确线搜索时的收敛性. 对一般函数而言, 定理 4.6 的结论不再成立.

2. FR 方法的下降性质

在非线性共轭梯度方法中, 使用精确线搜索与非精确线搜索是有差别的. 使用精确线搜索, 可以保证迭代方向的下降性. 这是因为对精确线搜索, 有 $g_k^{\mathrm{T}} d_{k-1} = 0$, 从而

$$g_k^{\mathrm{T}} d_k = -g_k^{\mathrm{T}} g_k + \beta_{k-1} g_k^{\mathrm{T}} d_{k-1} < 0.$$

而若采用非精确线搜索, FR 方法和 PRP 方法都有可能产生上升的方向. 对 FR 方法而言, 只有当使用强 Wolfe 线搜索并保证 $0 < \sigma < 1/2$ 时, 得到的方向是下降方向. 下面的定理说明了这一点.

定理 4.7　对于 FR 方法, 若 α_k 由强 Wolfe 准则 (2.15) 得到, 且 $\sigma \in \left(0, \dfrac{1}{2}\right)$, 则 d_k 满足

$$-\frac{1}{1-\sigma} \leqslant \frac{g_k^{\mathrm{T}} d_k}{\|g_k\|^2} \leqslant \frac{2\sigma - 1}{1-\sigma}, \tag{4.13}$$

d_k 是下降方向.

证明　$\dfrac{2\sigma-1}{1-\sigma}$ 在 $\left[0, \dfrac{1}{2}\right]$ 上单调上升, 对任给的 $\sigma \in \left(0, \dfrac{1}{2}\right)$, 有 $-1 < \dfrac{2\sigma-1}{1-\sigma} < 0$. 若 (4.13) 式成立, 则 d_k 是下降方向.

下面用数学归纳法证明 (4.13) 式. 对 $k = 0$, $d_0 = -g_0$, 有

$$\frac{g_0^{\mathrm{T}} d_0}{\|g_0\|^2} = -1,$$

故 (4.13) 式成立. 假定任给 $k-1$, (4.13) 式成立. 由 FR 公式有

$$\begin{aligned} \frac{g_k^{\mathrm{T}} d_k}{\|g_k\|^2} &= -1 + \beta_{k-1} \frac{g_k^{\mathrm{T}} d_{k-1}}{\|g_k\|^2} \\ &= -1 + \frac{g_k^{\mathrm{T}} d_{k-1}}{\|g_{k-1}\|^2}. \end{aligned} \tag{4.14}$$

由强 Wolfe 准则 (2.15) 知

$$-1+\sigma\frac{g_{k-1}^{\mathrm{T}}d_{k-1}}{\|g_{k-1}\|^2}\leqslant\frac{g_k^{\mathrm{T}}d_k}{\|g_k\|^2}\leqslant-1-\sigma\frac{g_{k-1}^{\mathrm{T}}d_{k-1}}{\|g_{k-1}\|^2}. \tag{4.15}$$

由上式的第一个不等式与归纳假设知

$$-1-\frac{\sigma}{1-\sigma}=\frac{-1}{1-\sigma}\leqslant\frac{g_k^{\mathrm{T}}d_k}{\|g_k\|^2},$$

而由其第二个不等式与归纳假设知

$$\frac{g_k^{\mathrm{T}}d_k}{\|g_k\|^2}\leqslant-1+\sigma\frac{1}{1-\sigma}=\frac{2\sigma-1}{1-\sigma},$$

即 (4.13) 式对 k 亦成立, 从而 (4.13) 式成立. □

3. FR 方法的收敛性

下面我们仅给出使用精确线搜索的 FR 方法的收敛性定理，这个定理的证明, 需要用到 Zoutendijk 条件.

引理 4.8 (Zoutendijk 条件) 设 $f(x)$ 有下界, $g(x)$ 满足 Lipschitz 条件, 使用 Wolfe 线搜索准则或精确线搜索准则的, 具有 $x_{k+1}=x_k+\alpha_k d_k$ 迭代格式的一般下降方法满足 Zoutendijk 条件:

$$\sum_{k\geqslant 0}\frac{(g_k^{\mathrm{T}}d_k)^2}{\|d_k\|^2}<\infty.$$

引理的证明留为作业.

定理 4.9 (使用精确线搜索的 FR 方法的收敛性) 设 $f(x)$ 有下界, $g(x)$ 满足 Lipschitz 条件, 对使用精确线搜索准则的 FR 方法, 则或者存在 N , 使 $g_N=0$, 或者

$$\liminf_{k\to\infty}\|g_k\|=0.$$

证明 假定对所有 k, $g_k\neq 0$. 下面用反证法证明 $\liminf\limits_{k\to\infty}\|g_k\|=0$.

设存在常数 η , 对 $\forall k \geqslant 0$, 有 $\|g_k\| \geqslant \eta$. 利用 Zoutendijk 条件

$$\sum_{k\geqslant 0}\frac{(g_k^{\mathrm{T}}d_k)^2}{\|d_k\|^2}=\sum_{k\geqslant 0}\|g_k\|^2\cos^2\theta_k<\infty,$$

其中 $\theta_k =< d_k, -g_k >$, 知 $\lim\limits_{k\to\infty}\cos\theta_k = 0$.

考虑到 FR 方法的迭代格式和精确线搜索的特点, 在第 k 次迭代, 我们有 $\|d_k\| = \|g_k\|\sec\theta_k$; 在第 $k+1$ 次迭代, 我们有 $\beta_k\|d_k\| = \|g_{k+1}\|\tan\theta_{k+1}$. 结合这两个式子以及 β_k 的表示, 就有

$$\tan\theta_{k+1}=\sec\theta_k\frac{\|g_{k+1}\|}{\|g_k\|}.$$

上式两边平方, 并利用 $\sec^2\theta_k = 1+\tan^2\theta_k$, 便得到

$$\frac{\tan^2\theta_{k+1}}{\|g_{k+1}\|^2}=\frac{1}{\|g_k\|^2}+\frac{\tan^2\theta_k}{\|g_k\|^2}.$$

利用这个关系递推, 可以得到

$$\frac{\tan^2\theta_k}{\|g_k\|^2}=\sum_{i=0}^{k-1}\frac{1}{\|g_i\|^2},$$

其中 $d_0 = -g_0$, 从而

$$\frac{\tan^2\theta_k}{\|g_k\|^2}\leqslant\frac{k}{\eta^2},$$

即

$$\frac{\eta^2}{k}\leqslant\|g_k\|^2\frac{1}{\tan^2\theta_k}=\|g_k\|^2\cot^2\theta_k.$$

当 k 充分大时, 因为 $\cot^2\theta_k \leqslant 2\cos^2\theta_k$, 就有

$$\sum_{k\geqslant 0}\|g_k\|^2\cos^2\theta_k=\infty.$$

这与 Zoutendijk 条件矛盾. □

采用强 Wolfe 线搜索的 FR 方法在 $\sigma < 1/2$ 时可以得到与上定理相同的收敛结果. PRP 方法在精确线搜索和非精确线搜索下的收敛性则需要更多的条件, 这里不再给出这些结果.

4. 其他的共轭梯度公式

下面我们介绍其他几个具有代表性的共轭梯度公式.

PRP$^+$ 公式 $\beta_{k-1}^{\mathrm{PRP}}$ 会出现取负值的情形, 为避免此种情形的发生, Powell 建议 $\beta_{k-1}^{\mathrm{PRP}}$ 取为

$$\beta_{k-1}^{\mathrm{PRP}^+}=\max\{\beta_{k-1}^{\mathrm{PRP}},0\}.$$

当 $\|d_k\|$ 很大时, 这种做法可以避免相邻的两个搜索方向趋于相反的方向. 在适当的线搜索条件下, 对一般非凸函数, 该方法具有全局收敛性.

共轭下降 (Conjugate Descent, CD) 公式

$$\beta_{k-1}^{\mathrm{CD}}=-\frac{g_k^{\mathrm{T}}g_k}{d_{k-1}^{\mathrm{T}}g_{k-1}}.$$

采用该公式的好处是: 当使用强 Wolfe 线搜索准则并且 $\sigma<1$ 时, 共轭下降方法得到的方向为下降方向. 证明留为作业.

DY (Dai-Yuan) 公式

$$\beta_{k-1}^{\mathrm{DY}}=\frac{g_k^{\mathrm{T}}g_k}{d_{k-1}^{\mathrm{T}}(g_k-g_{k-1})}.$$

该公式可以保证采用 Wolfe 线搜索准则的共轭梯度方法每一步产生下降的迭代方向, 并且方法具有全局收敛性.

5. n 步重新开始策略

对一般函数而言, 目标函数的 Hesse 矩阵不再是常数矩阵, 用共轭梯度方法产生的方向不再具有共轭性质, PRP 方法与 FR 方法亦不再等价. 只有采用精确线搜索时, 共轭梯度方法仍是下降算法. 在将共轭梯度方法用于一般函数时, 我们可以考虑以下策略:

当迭代点接近极小点时, 在极小点的邻域中目标函数可以较好地被正定二次函数近似. 考虑到共轭梯度方法对正定二次函数的二次终止性, 需要在初始点处取负梯度方向, 故对一般函数采用共轭梯度方法

时, 可以用 n **步重新开始策略**, 即每隔 n 步, 迭代方向就取为负梯度方向. 具体的取法是

$$d_k = \begin{cases} -g_k, & k = cn, c = 0, 1, 2, \cdots, \\ -g_k + \beta_{k-1} d_{k-1}, & k \neq cn, c = 0, 1, 2, \cdots. \end{cases}$$

§4.4 数值试验

在下面的例子中, 我们将比较 PRP 方法与 BB 方法的有效性.

数值试验 (3 维 Laplace 方程的求解 (见文献 [29])) 考虑极小化正定二次函数问题

$$\min \frac{1}{2} x^{\mathrm{T}} G x - b^{\mathrm{T}} x.$$

该问题的系数矩阵 G 是由单位立方体上的 3 维 Laplace 方程做 7 点差分近似得到的.

定义矩阵

$$T = \begin{bmatrix} 6 & -1 & & & \\ -1 & 6 & -1 & & \\ & \ddots & \ddots & \ddots & \\ & & -1 & 6 & -1 \\ & & & -1 & 6 \end{bmatrix}, \quad W = \begin{bmatrix} T & -I & & & \\ -I & T & -I & & \\ & \ddots & \ddots & \ddots & \\ & & -I & T & -I \\ & & & -I & T \end{bmatrix}$$

及

$$G = \begin{bmatrix} W & -I & & & \\ -I & W & -I & & \\ & \ddots & \ddots & \ddots & \\ & & -I & W & -I \\ & & & -I & W \end{bmatrix},$$

其中 T 为 $m \times m$ 矩阵, I 为 $m \times m$ 单位矩阵, W 和 G 是 $m \times m$ 的块矩阵, 这里 m 为坐标轴方向上的内格点数. 这样该问题的变量个数为 m^3.

若该问题的解 x^* 已知, 由 $b = Gx^*$ 可以计算出 b. 这里取 x^* 的分量为函数

$$x(u,v,w)=u(u-1)v(v-1)w(w-1)\cdot\exp\left\{-\frac{\sigma^2((u-\alpha)^2+(v-\beta)^2+(w-\gamma)^2)}{2}\right\}$$

在相应格点上的值, 其中选取 $\sigma = 20, \alpha = \beta - \gamma = 0.5$. 这个函数由一个中心落在 (α,β,γ) 的高斯函数左乘多项式 $u(u-1)v(v-1)w(w-1)$ 得到, 多项式的作用是使函数自动满足零边界条件.

选取 $x_0 = 0$. 迭代的终止准则为 $\|g_k\|_2 \leqslant \varepsilon\|g_0\|_2$, 其中 $\varepsilon = 10^{-6}$. 表 4.1 给出了 PRP 方法与 BB 方法的迭代次数. 从给出的数值结果可以看出, 共轭梯度方法的数值表现优于 BB 方法. 由定理 4.5 我们知道, 共轭梯度方法产生的 x_k 是 Krylov 子空间 $\kappa(g_0, k-1)$ 上的极小点, 而 BB 方法没有这样的性质. 所以, 对于正定二次函数, 我们一般无法指望 BB 方法会超越共轭梯度方法. 然而 Fletcher[29] 发现, 如果目标函数是一个二次函数加上一个小的非线性项, 我们可以期待 BB 方法有更好的表现. 在上机试验题目中, 我们给出了这个非线性问题, 大家可以就这个问题比较这两种方法.

表 4.1 PRP 方法与 BB 方法的迭代次数

m	变量数	PRP 方法	BB 方法
10	10^3	33	84
20	20^3	63	142
30	30^3	90	211
40	40^3	117	290
50	50^3	145	227
100	100^3	189	505
110	110^3	208	709

同最速下降方法相比, BB 方法已经有了显著的进步. 以 $m = 100$ 为例, 最速下降方法在经过 2000 次迭代后, 所得迭代点 x_k 处的 $\|g_k\|$ 仅为 $0.18\|g_0\|$.

§4.5 Broyden 族方法搜索方向的共轭性

同共轭梯度方法一样, 对正定二次函数, Broyden 族方法所产生的方向也具有共轭性. 请看下面的定理.

定理 4.10 对正定二次函数

$$f(x) = \frac{1}{2}x^{\mathrm{T}}Gx + b^{\mathrm{T}}x,$$

采用精确线搜索的 Broyden 族方法, 对所有 $1 \leqslant k \leqslant m$, $m < n$, 下列关系成立:

$$H_k y_i = s_i, \quad i = 0, \cdots, k-1, \tag{4.16}$$

$$d_k^{\mathrm{T}} G d_i = 0, \quad i = 0, \cdots, k-1. \tag{4.17}$$

证明 对 k 用数学归纳法证明, 证明的过程中要反复用到以下几个关系:

$$y_k = Gs_k, \quad s_k = \alpha_k d_k, \quad d_k = -H_k g_k.$$

当 $k=1$ 时, 由拟 Newton 方程有 $H_1 y_0 = s_0$. 另外,

$$d_1^{\mathrm{T}} G d_0 = -\frac{1}{\alpha_0}(H_1 g_1)^{\mathrm{T}} y_0 = -g_1^{\mathrm{T}} d_0 = 0.$$

所以, 当 $k=1$ 时, (4.16) 式和 (4.17) 式成立. 现假设它们对 $k=j$ $(2 \leqslant j < m)$ 成立, 即有

$$H_j y_i = s_i, \quad i = 0, \cdots, j-1,$$

$$d_j^{\mathrm{T}} G d_i = 0, \quad i = 0, \cdots, j-1.$$

下面证明它们对 $k = j+1$ 亦成立.

在 (4.16) 式和 (4.17) 式中, 当 $k = j+1$, $i = j$ 时, 有

$$H_{j+1} y_j = s_j,$$

$$\begin{aligned} d_{j+1}^{\mathrm{T}} G d_j &= -\frac{1}{\alpha_j}(H_{j+1} g_{j+1})^{\mathrm{T}} y_j \\ &= -g_{j+1}^{\mathrm{T}} d_j = 0, \end{aligned}$$

即 (4.16) 式和 (4.17) 式成立. 下面证明, 当 $0 \leqslant i \leqslant j-1$ 时, (4.16) 式和 (4.17) 式亦成立.

根据 Broyden 族公式, 有

$$H_{j+1}y_i = H_jy_i - \frac{H_jy_j}{y_j^{\mathrm{T}}H_jy_j}y_j^{\mathrm{T}}H_jy_i + \frac{s_j}{s_j^{\mathrm{T}}y_j}s_j^{\mathrm{T}}y_i + \varphi\nu_j\nu_j^{\mathrm{T}}y_i,$$

其中

$$\begin{aligned}
&y_j^{\mathrm{T}}H_jy_i = y_j^{\mathrm{T}}s_i = s_j^{\mathrm{T}}Gs_i = 0, \\
&s_j^{\mathrm{T}}y_i = s_j^{\mathrm{T}}Gs_i = 0, \qquad\qquad 0 \leqslant i \leqslant j-1, \\
&\nu_j^{\mathrm{T}}y_i = (y_j^{\mathrm{T}}H_jy_j)^{\frac{1}{2}}\left(\frac{s_j}{s_j^{\mathrm{T}}y_j} - \frac{H_jy_j}{y_j^{\mathrm{T}}H_jy_j}\right)^{\mathrm{T}}y_i = 0,
\end{aligned}$$

从而得

$$H_{j+1}y_i = s_i, \quad 0 \leqslant i \leqslant j-1.$$

另外,

$$\begin{aligned}
d_{j+1}^{\mathrm{T}}Gd_i &= -\frac{1}{\alpha_i}(H_{j+1}g_{j+1})^{\mathrm{T}}y_i \\
&= -\frac{1}{\alpha_i}g_{j+1}^{\mathrm{T}}s_i \\
&= -\frac{1}{\alpha_i}(g_{i+1} + y_{i+1} + \cdots + y_j)^{\mathrm{T}}s_i \\
&= -\frac{1}{\alpha_i}(g_{i+1} + Gs_{i+1} + \cdots + Gs_j)^{\mathrm{T}}s_i \\
&= 0, \quad 0 \leqslant i \leqslant j-1.
\end{aligned}$$

由归纳法原理知, (4.16) 式和 (4.17) 式对一切 $1 \leqslant k \leqslant m$ 成立. □

后　记

20 世纪 50 年代, Hestenes 和 Stiefel 在各自工作的基础上, 合作发表了解线性方程组的共轭梯度方法的文章 [42], 为进一步研究共轭梯度方法奠定了基础. 1964 年, Fletcher 和 Revees[31]将求解线性方程组的共轭梯度方法推广至求解非线性最优化问题. 1969 年, Rolak, Ribière[59] 和 Polyak[60] 独立提出了 PRP 方法. 现在, 共轭梯度方法已成为解决大规模最优化问题的重要方法.

FR 方法有时收敛速度很慢. Powell[63] 研究了采用精确线搜索的 FR 方法收敛慢的原因, 发现如果 FR 方法在一步产生很小的步长, 可能后面多步也产生小步长; 另外, 当 FR 方法经多次迭代后迭代点进入到一个二元二次函数 $f(x)=\dfrac{1}{2}x^{\mathrm{T}}x$ 所表示的区域的某个位置时, d_k 与 $-g_k$ 的夹角会保持不变, 如果这个夹角接近 90°, FR 方法就会收敛得很慢. 采用精确线搜索的 FR 方法对一般非凸函数的收敛性是由 Zoutentijk[84] 得到的. 1985 年, Al-Baali[2] 证明了采用强 Wolfe 线搜索在 $\sigma<1/2$ 时的 FR 方法的全局收敛性.

PRP 方法是迄今为止数值表现最好的共轭梯度方法之一. PRP 方法可以克服 FR 方法连续产生小步长的缺点, 因为如果 PRP 方法在一步产生很小的步长, 下一步它的方向会自动向最速下降方向偏移. Powell[63] 在 1977 年证明了采用精确线搜索的 PRP 方法对一致凸函数的全局收敛性. 对一般非凸函数的 PRP^+ 方法的全局收敛性结果是 Gilbert 和 Nocedal[32] 得到的.

文献 [16] 是一部关于非线性共轭梯度方法的理论专著, 该书系统地给出了非线性共轭梯度方法的收敛理论, 讨论了不同的共轭梯度方法对不同线搜索的收敛性质. 关于共轭梯度方法理论方面的问题, 大家可以参考此书.

习 题

1. 证明定理 3.2.

2. 证明定理 4.2.

3. 证明定理 4.4.

4. 设 G 为三对角阵, 其对角元均为 2, 次对角元均为 -1. 证明: 向量

$$d_i=(1,2,\cdots,i+1,0,\cdots,0)^{\mathrm{T}},\quad i=0,\cdots,n-1$$

为 n 个 G 共轭方向.

5. 设 G 为具有不同特征值的对称正定矩阵. 证明: G 的特征向量是 G 共轭的.

6. 将共轭梯度方法用于正定二次函数. 证明: 若在点 x_m 处迭代终止, 则序列

$$g_0,\ Gg_0,\ G^2g_0,\ \cdots$$

中线性无关的向量个数为 m.

7. 设 G 是 $n\times n$ 正定对称矩阵. 对 $\mathbb{R}^n$ 中任意一组线性无关向量 $\{p_0,\cdots,p_{n-1}\}$, Gram-Schmidt 过程产生一组向量

$$d_0=p_0, \tag{4.18}$$

$$d_k=p_k-\sum_{i=0}^{k-1}\frac{p_k^{\mathrm{T}}Gd_i}{d_i^{\mathrm{T}}Gd_i}d_i,\quad k=1,\cdots,n-1. \tag{4.19}$$

证明: 向量 $d_0,d_1,\cdots,d_{n-1}$ 是 G 共轭的.

8. 取 $x_0=0$, 用采用精确线搜索的 FR 方法求解问题

$$\min f(x)=x_1^2+4x_2^2-4x_1-8x_2,$$

验证定理 4.6 中的三个性质 (4.10a), (4.10b) 和 (4.10c) 成立, 方法等价于 BFGS 方法.

9. 证明: 当采用强 Wolfe 线搜索并且 $\sigma<1$ 时, 用共轭下降公式得到的方向为下降方向.

10. 证明引理 4.8.

11. 考虑用 FR 方法解正定二次函数的极小化问题. 记

$$R_k=\left[\frac{-g_1}{\|g_1\|},\frac{-g_2}{\|g_2\|},\cdots,\frac{-g_k}{\|g_k\|}\right],$$

$$S_k=\left[\frac{d_1}{\|g_1\|},\frac{d_2}{\|g_2\|},\cdots,\frac{d_k}{\|g_k\|}\right],$$

$$B_k = \begin{bmatrix} 1 & & & & \\ -\sqrt{\beta_1} & 1 & & & \\ & -\sqrt{\beta_2} & 1 & & \\ & & \ddots & \ddots & \\ & & & -\sqrt{\beta_{k-1}} & 1 \end{bmatrix},$$

$$D_k = \begin{bmatrix} \alpha_1^{-1} & & & \\ & \alpha_2^{-1} & & \\ & & \ddots & \\ & & & \alpha_k^{-1} \end{bmatrix},$$

其中 α_i $(i = 1, \cdots, k)$ 是精确线搜索的步长.

(1) 证明: $GS_kD_k^{-1} = R_kB_k + g_{k+1}e_k^{\mathrm{T}}/\|g_k\|, S_kB_k^{\mathrm{T}} = R_k$, 其中 G 是正定二次函数的 Hesse 矩阵, $e_k = [0, \cdots, 0, 1, 0, \cdots, 0]^{\mathrm{T}}$.

(2) 证明: $R_k^{\mathrm{T}}GR_k = T_k$, 其中 T_k 是三对角阵; 若迭代进行 n 步, T_n 与 G 有相同的特征值.

12. Miele 与 Cantrell[54] 在 1969 年给出如下算法:

算法 4.2 (MC 共轭梯度方法)

步 1 给出 $x_0, \varepsilon > 0, k := 0$;

步 2 进行一步最速下降方法迭代, 得 $x_1 = x_0 + \alpha_0 d_0, s_0 = x_1 - x_0, k := 1$;

步 3 若终止条件满足, 则迭代停止;

步 4 求 $(\alpha_k, \beta_k) = \arg\min\limits_{\alpha,\beta} f(x_k + \alpha d_k + \beta s_{k-1})$, 其中 $d_k = -g_k$;

步 5 $x_{k+1} := x_k + \alpha_k d_k + \beta_k s_{k-1}, s_k = x_{k+1} - x_k, k := k+1$, 转步 3.

对该算法, 考虑下面几个问题:

(1) 证明:

$$g_{k+1}^{\mathrm{T}} d_k = 0, \qquad k \geqslant 0, \tag{4.20a}$$

$$g_{k+1}^{\mathrm{T}} s_{k-1} = 0, \quad k \geqslant 1,$$
$$g_{k+1}^{\mathrm{T}} s_k = 0, \qquad k \geqslant 0.$$

(2) 若 $f(x) = \frac{1}{2}x^{\mathrm{T}}Gx + b^{\mathrm{T}}x$, 证明:

$$\alpha_k = -\frac{(g_k^{\mathrm{T}} d_k)(s_{k-1}^{\mathrm{T}} G s_{k-1})}{\Delta_k},$$

$$\beta_k = \frac{(g_k^{\mathrm{T}} d_k)(d_k^{\mathrm{T}} G s_{k-1})}{\Delta_k},$$

$$f_{k+1} - f_k = \frac{1}{2}\alpha_k g_k^{\mathrm{T}} d_k,$$

其中 $\Delta_k = (d_k^{\mathrm{T}} G d_k)(s_{k-1}^{\mathrm{T}} G s_{k-1}) - (d_k^{\mathrm{T}} G s_{k-1})^2$.

(3) 证明: 当目标函数是正定二次函数时, 该方法与 FR 方法等价.

上 机 习 题

编写最速下降方法, BB 方法和共轭梯度方法的程序, 其中 BB 方法不做线搜索, 最速下降方法和共轭梯度方法需要做线搜索.

1. (梯度型方法的比较) 对下面的问题, 比较最速下降方法, BB 方法和共轭梯度方法的有效性:

在 3 维 Laplace 问题的基础上, Fletcher[29] 设计了非二次函数

$$\frac{1}{2}x^{\mathrm{T}}Gx - b^{\mathrm{T}}x + \frac{1}{4}h^2 \sum_{ijk} x_{ijk}^4,$$

其中 G 与 b 的定义与本章数值试验中的问题一致, $h = 1/(m+1)$, x_{ijk} 为单位立方体上相应格点的值.

初始点可选为 $x_0 = 0$. 问题中的参数 $\sigma, \alpha, \beta, \gamma$ 可以取为

(1) $\sigma = 20, \alpha = \beta = \gamma = 0.5$;

(2) $\sigma = 50, \alpha = 0.4, \beta = 0.7, \gamma = 0.5$.

另外, 可选问题的规模为 m^3, 其中 $m = 40, 50, 100, 110, \cdots$. 给出每种方法迭代所需的函数调用次数、梯度调用次数和 CPU 时间, 并进行分析比较.

2. (共轭梯度方法的比较) 对非线性大规模最优化问题, 进行 PRP, FR, PRP$^+$, CD 及 DY 五种方法有效性的比较. 下面给出检验问题的目标函数, 其中问题的规模可选为 $n = 10^2, 10^3, 10^4, \cdots$.

(1) Convex 1 函数 (见文献 [68])

$$f(x) = \sum_{i=1}^{n} (\mathrm{e}^{x_i} - x_i),$$

选取 $x_0 = (1/n, \cdots, i/n, \cdots, 1)^{\mathrm{T}}$.

(2) Convex 2 函数 (见文献 [68])

$$f(x) = \sum_{i=1}^{n} \frac{i}{10} (\mathrm{e}^{x_i} - x_i),$$

选取 $x_0 = (1, \cdots, 1)^{\mathrm{T}}$.

(3) Penalty 函数 (见文献 [55])

$$f(x) = \alpha \sum_{i=1}^{n} (x_i - 1)^2 + \left(\sum_{i=1}^{n} x_i^2 - \frac{1}{4} \right)^2,$$

其中 $\alpha = 10^{-5}$, 选取 $x_0 = (1, \cdots, i, \cdots, n)^{\mathrm{T}}$.

(4) 三角函数 (见文献 [55])

$$f(x) = \sum_{i=1}^{n} \left(n - \sum_{j=1}^{n} \cos x_j + i(1 - \cos x_i) - \sin x_i \right)^2,$$

选取 $x_0 = (1/n, \cdots, 1/n)^{\mathrm{T}}$.

第五章　非线性最小二乘问题

§5.1　最小二乘问题

1. 最小二乘问题

最小二乘 (Least Squares, LS) 问题是这样定义的:

$$\min f(x)=\frac{1}{2}\sum_{i=1}^{m}r_i^2(x)=\frac{1}{2}r(x)^{\mathrm{T}}r(x),\quad x\in\mathbb{R}^n,\ m\geqslant n,\tag{5.1}$$

这里 $r(x)=(r_1(x),r_2(x),\cdots,r_m(x))^{\mathrm{T}}$ 称为**剩余函数**. 点 x 处剩余函数的值称为**剩余量**. 若 $r_i(x)(i=1,\cdots,m)$ 均为线性函数, 则问题 (5.1) 称为**线性最小二乘问题**; 若至少有一个 $r_i(x)$ 为非线性函数, 则问题 (5.1) 称为**非线性最小二乘问题**.

2. 问题的来源

最小二乘问题大量产生于**数据拟合问题**: 给定一组试验数据 (t_i,y_i) $(i=1,\cdots,m)$ 和一函数模型 $\tilde{f}(x;t)$, 我们要确定 x, 使得 $\tilde{f}(x;t)$ 在剩余量平方和意义下尽可能好地拟合给定的数据, 其中剩余量 $r_i(x)$ 为

$$r_i(x)=y_i-\tilde{f}(x;t_i),\quad i=1,\cdots,m,$$

由此得到最小二乘问题 (5.1). 我们在第一章中给出的肺功能测定的例子就是一个数据拟合问题.

此外, 最小二乘问题亦可用于解非线性方程组

$$r_i(x)=0,\quad i=1,\cdots,m.\tag{5.2}$$

当 $m=n$ 时, 方程组 (5.2) 称为**适定方程组**; 当 $m>n$ 时, 方程组 (5.2) 称为**超定方程组**.

最小二乘问题固然可以用前面讲过的一般无约束最优化方法去求解，然而由于该问题的目标函数有特殊结构，我们可以利用问题的结构对某些已讲过的方法进行改造，使之对最小二乘问题更简单或更有效.

3. $f(x)$ 的导数

下面我们来看最小二乘问题的目标函数 $f(x)$ 的一、二阶导数的形式. 设 $J(x)$ 是 $r(x)$ 的 Jacobi 矩阵：

$$J(x) = [\nabla r_1(x), \cdots, \nabla r_m(x)]^{\mathrm{T}} \in \mathbb{R}^{m\times n},$$

则 $f(x)$ 的梯度为

$$g(x) = \sum_{i=1}^{m} r_i(x)\nabla r_i(x) = J(x)^{\mathrm{T}} r(x), \tag{5.3}$$

$f(x)$ 的 Hesse 矩阵为

$$\begin{aligned} G(x) &= \sum_{i=1}^{m} \nabla r_i(x)\nabla r_i(x)^{\mathrm{T}} + \sum_{i=1}^{m} r_i(x)\nabla^2 r_i(x) \\ &= J(x)^{\mathrm{T}} J(x) + S(x), \end{aligned} \tag{5.4}$$

其中

$$S(x) = \sum_{i=1}^{m} r_i(x)\nabla^2 r_i(x).$$

为了便于讨论，下面我们采用这些记号：

$$J^* = J(x^*), \quad J_k = J(x_k),$$

$$S^* = S(x^*), \quad S_k = S(x_k).$$

4. 最小二乘问题的分类

在点 x^* 处，$\|S^*\|$ 的大小取决于剩余量与问题的非线性性. 对零剩余或线性最小二乘问题，$\|S^*\| = 0$. 随着剩余量的增大或 $r_i(x)(i = 1, \cdots, m)$ 的非线性性的增强，$\|S^*\|$ 的值变大. 根据问题的这种特点，我们的算法将分为小剩余算法与大剩余算法. 小剩余算法处理 $\|S^*\|$ 为零或 $\|S^*\|$ 不太大的问题，大剩余算法处理 $\|S^*\|$ 较大的问题.

5. Newton 方法解最小二乘问题

解最小二乘问题的 Newton 方程为

$$(J_k^{\mathrm{T}} J_k + S_k)d_k = -J_k^{\mathrm{T}} r_k. \tag{5.5}$$

对最小二乘问题, Newton 方法的缺点是每次迭代都要求 S_k, 即计算 m 个 $n\times n$ 对称矩阵. 显然, 对一个算法而言, S_k 的计算是一个沉重的负担. 解决这个问题的方法是或者在 Newton 方程中忽略 S_k, 或者用一阶导数信息近似 S_k. 而要忽略 S_k, 则应在 $r_i(x)$ 接近于 0 或接近于线性时进行. 这就是下面我们要讲的小剩余算法.

§5.2 Gauss-Newton 方法

1. Gauss-Newton 方法

在 Newton 方程 (5.5) 中忽略 S_k 就得到 **Gauss-Newton (GN) 方法**. 该方法也可以这样理解：在点 x_k, 线性化剩余函数 $r_i(x_k+d)$, 我们得到关于 d 的线性最小二乘问题

$$\min_{d\in\mathbb{R}^n} q_k(d) = \frac{1}{2}\|J_k d + r_k\|_2^2, \tag{5.6}$$

其中

$$\begin{aligned} q_k(d) &= \frac{1}{2}(J_k d + r_k)^{\mathrm{T}}(J_k d + r_k) \\ &= \frac{1}{2}d^{\mathrm{T}} J_k^{\mathrm{T}} J_k d + d^{\mathrm{T}}(J_k^{\mathrm{T}} r_k) + \frac{1}{2}r_k^{\mathrm{T}} r_k. \end{aligned} \tag{5.7}$$

这里 $q_k(d)$ 是对 $f(x_k+d)$ 的一种二次近似, 它与 $f(x_k+d)$ 的二次 Taylor 近似的差别在于二次项中少了 S_k.

问题 (5.6) 的极小点 d_k 满足

$$J_k^{\mathrm{T}} J_k d = -J_k^{\mathrm{T}} r_k. \tag{5.8}$$

(5.8) 式称为 **Gauss-Newton 方程**, 由 (5.8) 式得到的方向 d_k 称为 **Gauss-Newton 方向**.

用 Gauss-Newton 方法求解最小二乘问题的算法如下:

算法 5.1 (Gauss-Newton 方法求解最小二乘问题)

步 1 给定 x_0, $\varepsilon > 0$, $k := 0$;

步 2 若终止条件满足, 则停止迭代;

步 3 解 $J_k^{\mathrm{T}} J_k d = -J_k^{\mathrm{T}} r_k$ 得 d_k;

步 4 $x_{k+1} := x_k + \alpha_k d_k$, 其中 α_k 是一维搜索结果, $k := k+1$, 转步 2.

基本 Gauss-Newton 方法是指 $\alpha_k = 1$ 的 Gauss-Newton 方法. 带线搜索的 Gauss-Newton 方法称为**阻尼 Gauss-Newton 方法**.

Gauss-Newton 方法的优点在于它无须计算 $r(x)$ 的二阶导数. 另外, 由 (5.3) 式和 (5.8) 式知

$$d_k^{\mathrm{T}} g_k = d_k^{\mathrm{T}} J_k^{\mathrm{T}} r_k = -d_k{}^{\mathrm{T}} J_k^{\mathrm{T}} J_k d_k = -\|J_k d_k\|^2.$$

这说明, 当 J_k 满秩, g_k 非零时, d_k 是下降方向.

2. 基本 Gauss-Newton 方法的收敛性

定理 5.1 (基本 Gauss-Newton 方法的局部收敛性) 设 $r_i(x) \in C^2 (i = 1, \cdots, m)$, x^* 是最小二乘问题 (5.1) 的最优解, 且 $J^{*\mathrm{T}} J^*$ 正定. 假定由基本 Gauss-Newton 方法迭代产生的点列 $\{x_k\}$ 收敛于 x^*, 则当 $G(x)$ 与 $J(x)^{\mathrm{T}} J(x)$ 在 x^* 的邻域内 Lipschitz 连续时, 有

$$\|h_{k+1}\| \leqslant \| \left(J^{*\mathrm{T}} J^*\right)^{-1} \| \|S^*\| \|h_k\| + O(\|h_k\|^2), \tag{5.9}$$

其中 $h_k = x_k - x^*$.

证明 因为 $f \in C^2$, 且 $G(x)$ 在 x^* 的邻域内 Lipschitz 连续, 当 x_k 充分接近 x^* 时, 由定理 3.5 的证明知

$$g(x_k + d) = g_k + G_k d + O(\|d\|^2).$$

令 $d = -h_k$, 得

$$0 = g^* = g_k - G_k h_k + O(\|h_k\|^2).$$

将 (5.3) 式和 (5.4) 式代入上式, 得

$$J_k^{\mathrm{T}} r_k - (J_k^{\mathrm{T}} J_k + S_k) h_k + O(\|h_k\|^2) = 0. \tag{5.10}$$

因为 $J^{*\mathrm{T}} J^*$ 正定, 当 x_k 充分接近 x^* 时, $J_k^{\mathrm{T}} J_k$ 亦正定. 我们用 $(J_k^{\mathrm{T}} J_k)^{-1}$ 左乘 (5.10) 式, 由 (5.8) 式得

$$-d_k - h_k - (J_k^{\mathrm{T}} J_k)^{-1} S_k h_k + O(\|h_k\|^2) = 0.$$

因为

$$d_k + h_k = x_{k+1} - x_k + x_k - x^* = h_{k+1},$$

所以

$$\begin{aligned}
\|h_{k+1}\| \leqslant & \|(J_k^{\mathrm{T}} J_k)^{-1} S_k\| \|h_k\| + O(\|h_k\|^2) \\
\leqslant & \|(J_k^{\mathrm{T}} J_k)^{-1} S_k - (J^{*\mathrm{T}} J^*)^{-1} S^*\| \|h_k\| \\
& + \|(J^{*\mathrm{T}} J^*)^{-1}\| \|S^*\| \|h_k\| + O(\|h_k\|^2).
\end{aligned} \tag{5.11}$$

在下面关于 $S(x)$ 和 $(J(x)^{\mathrm{T}} J(x))^{-1}$ 在 x^* 的邻域内 Lipschitz 连续的证明中, 对于任意矩阵 $A(x)$, 我们采用记号 $A_x = A(x)$. 因为 G_x 和 $J_x^{\mathrm{T}} J_x$ 在 x^* 的邻域中 Lipschitz 连续, 所以存在 $\beta, \gamma > 0$, 使得对 x^* 邻域内的任意两点 x, y, 有

$$\begin{aligned}
&\|G_x - G_y\| \leqslant \beta \|x - y\|, \\
&\|J_x^{\mathrm{T}} J_x - J_y^{\mathrm{T}} J_y\| \leqslant \gamma \|x - y\|,
\end{aligned}$$

从而

$$\begin{aligned}
\|S_x - S_y\| &= \|G_x - G_y - J_x^{\mathrm{T}} J_x + J_y^{\mathrm{T}} J_y\| \\
&\leqslant \|G_x - G_y\| + \|J_x^{\mathrm{T}} J_x - J_y^{\mathrm{T}} J_y\| \\
&\leqslant (\beta + \gamma) \|x - y\|.
\end{aligned}$$

对 x^* 邻域内的任意点 x, 由 $J^{*\mathrm{T}}J^*$ 的正定性知, 存在 $\xi>0$, 使 $\|(J_x^{\mathrm{T}}J_x)^{-1}\|\leqslant\xi$, 从而

$$\begin{aligned}\|(J_x^{\mathrm{T}}J_x)^{-1}-(J_y^{\mathrm{T}}J_y)^{-1}\|&=\|(J_x^{\mathrm{T}}J_x)^{-1}(J_y^{\mathrm{T}}J_y-J_x^{\mathrm{T}}J_x)(J_y^{\mathrm{T}}J_y)^{-1}\|\\&\leqslant\|(J_x^{\mathrm{T}}J_x)^{-1}\|\|(J_y^{\mathrm{T}}J_y)^{-1}\|\|(J_y^{\mathrm{T}}J_y-J_x^{\mathrm{T}}J_x)\|\\&\leqslant\gamma\xi^2\|x-y\|.\end{aligned}$$

所以 S_x 与 $(J_x^{\mathrm{T}}J_x)^{-1}$ 也在 x^* 的邻域中 Lipschitz 连续.

当 x_k 充分接近 x^* 时, 有

$$\begin{aligned}&\|(J_k^{\mathrm{T}}J_k)^{-1}S_k-(J^{*\mathrm{T}}J^*)^{-1}S^*\|\\&\leqslant\|(J_k^{\mathrm{T}}J_k)^{-1}S_k-(J_k^{\mathrm{T}}J_k)^{-1}S^*\|+\|(J_k^{\mathrm{T}}J_k)^{-1}S^*-(J^{*\mathrm{T}}J^*)^{-1}S^*\|\\&\leqslant(\beta+\gamma)\|(J_k^{\mathrm{T}}J_k)^{-1}\|\|h_k\|+\gamma\xi^2\|S^*\|\|h_k\|\\&\leqslant((\beta+\gamma)\xi+\gamma\xi^2\|S^*\|)\|h_k\|.\end{aligned}$$

将其代入 (5.11) 式, 得

$$\|h_{k+1}\|\leqslant\|(J^{*\mathrm{T}}J^*)^{-1}\|\|S^*\|\|h_k\|+O(\|h_k\|^2).$$

故定理结论成立. □

该定理说明, 若 $x_k\to x^*$, 基本 Gauss-Newton 方法有如下两种情形的收敛速度:

• 二阶收敛速度. 若 $\|S(x^*)\|=0$, 即在零剩余问题或是线性最小二乘问题的情形, 则方法在 x^* 附近具有 Newton 方法的收敛速度.

• 线性收敛速度. 若 $\|S(x^*)\|\neq0$, 则方法的收敛速度是线性的, 收敛速度随 $\|S(x^*)\|$ 的增大而变慢.

由此可见, 基本 Gauss-Newton 方法的收敛速度是与 x^* 处剩余量的大小及剩余函数的线性程度有关的, 即剩余量越小或剩余函数越接近线性, 它的收敛速度就越快; 反之就越慢, 甚至对剩余量很大或剩余函数的非线性程度很强的问题不收敛.

下面的例子说明了剩余函数的非线性性对基本 Gauss-Newton 方法收敛性的影响.

例 5.1 考虑最小二乘问题

$$\min f(x) = \frac{1}{2}[(x+1)^2 + (\lambda x^2 + x - 1)^2], \quad x \in \mathbb{R}.$$

该问题当 $\lambda < 1$ 时有全局解 $x^* = 0$.

下面我们讨论用 Gauss-Newton 方法解该问题时, λ 的取值对方法收敛性和收敛速度的影响.

这里

$$\begin{aligned} J(x) &= (1, 2\lambda x + 1)^{\mathrm{T}}, \\ J(x)^{\mathrm{T}} J(x) &= 1 + (2\lambda x + 1)^2, \\ J(x)^{\mathrm{T}} r(x) &= 2\lambda^2 x^3 + 3\lambda x^2 - 2\lambda x + 2x. \end{aligned}$$

基本 Gauss-Newton 方法的迭代关系为

$$x_{k+1} = x_k - \frac{2\lambda^2 x_k^3 + 3\lambda x_k^2 - 2(\lambda - 1)x_k}{1 + (2\lambda x_k + 1)^2}.$$

若 $\lambda = 0$, 此问题为线性最小二乘问题, 基本 Gauss-Newton 方法即为 Newton 方法, $x_{k+1} = x_k - x_k = 0$. 若 $\lambda \neq 0$, 当 x_k 充分小时, 迭代关系为

$$x_{k+1} = x_k + (\lambda - 1)x_k + O(x_k^2) = \lambda x_k + O(x_k^2).$$

当 $|\lambda| < 1$ 时, $\{x_k\}$ 的收敛速度是线性的. 若 $\lambda < -1$, $\{x_k\}$ 不再收敛. 图 5.1 与图 5.2 给出了 λ 取不同值时迭代序列的收敛情形. □

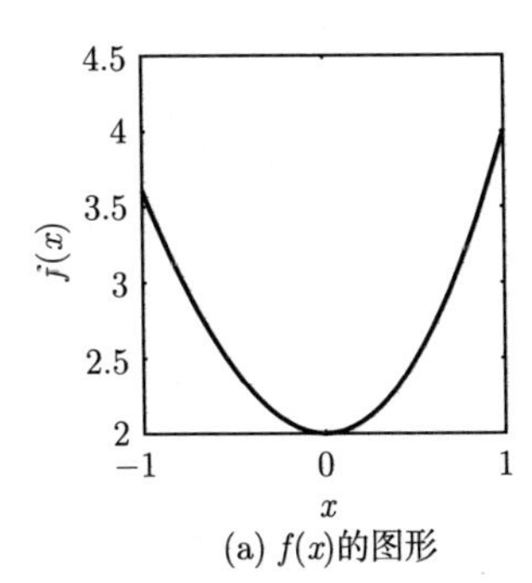

(a) $f(x)$的图形

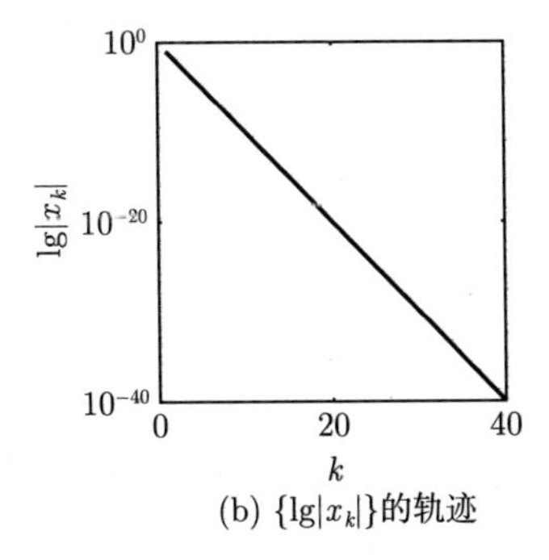

(b) $\{\lg|x_k|\}$的轨迹

图 5.1 $\lambda = 0.1$ 时, $f(x)$ 的图形与 $\{\lg|x_k|\}$ 的轨迹

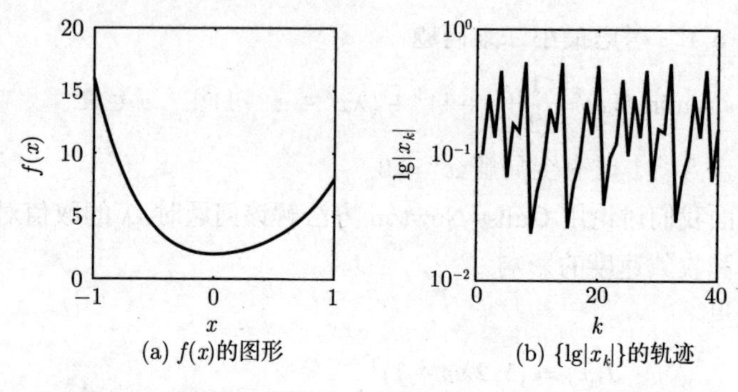

(a) $f(x)$的图形 (b) $\{\lg|x_k|\}$的轨迹

图 5.2 $\lambda = -2$ 时，$f(x)$ 的图形与 $\{\lg|x_k|\}$ 的轨迹

3. 阻尼 Gauss-Newton 方法的收敛性

下面的定理给出了阻尼 Gauss-Newton 方法的全局收敛性.

定理 5.2 (阻尼 Gauss-Newton 方法的全局收敛性) 设在有界水平集 $L(x_0) = \{x|f(x) \leqslant f(x_0)\}$ 上, $r_i(x)$ $(i = 1, \cdots, m)$ 连续可微, $J(x)$ 列满秩, 则对采用 Wolfe 准则的阻尼 Gauss-Newton 方法产生的 $\{x_k\}$, 或者存在 N, 使得 $g_N = 0$, 或者 $g_k \to 0$, $k \to \infty$.

证明 由于 $L(x_0)$ 是有界闭集, 故在 $L(x_0)$ 上, $g(x)$ 一致连续. 由定理 2.8 知, 我们只需证明 d_k 与 $-g_k$ 之间的夹角 θ_k 一致有界.

由于在 $L(x_0)$ 上, $J(x)$ 列满秩, 则存在 $\delta > 0$, 对任给 $z \in \mathbb{R}^n$, 有

$$\|J(x)z\| \geqslant \delta\|z\|. \tag{5.12}$$

由 $r_i(x)$ 在 $L(x_0)$ 上连续可微知, 存在 $\xi > 0$, 使对任意 $x \in L(x_0)$, 有 $\|\nabla r_i(x)\| \leqslant \xi$, $i = 1, \cdots, m$, 从而

$$\|J(x)\|_\infty = \max_{1\leqslant i\leqslant m} \sum_{j=1}^{n} \left|\frac{\partial r_i(x)}{\partial x_j}\right| \leqslant \xi, \quad \forall x \in L(x_0).$$

由范数的等价性知, 存在 $\bar{\xi} > 0$, 使得

$$\|J(x)\| = \|J(x)^{\mathrm{T}}\| \leqslant \bar{\xi}.$$

由 Gauss-Newton 方程可得

$$\cos\theta_k = -\frac{g_k^{\mathrm{T}} d_k}{\|g_k\|\|d_k\|} = -\frac{r_k^{\mathrm{T}} J_k d_k}{\|J_k^{\mathrm{T}} r_k\|\|d_k\|} = \frac{\|J_k d_k\|^2}{\|J_k^{\mathrm{T}} J_k d_k\|\|d_k\|} \geqslant \frac{\delta^2}{\bar{\xi}^2} > 0.$$

由定理 2.8 知, 定理结论成立. □

定理 5.2 的条件要求矩阵 $J(x)$ 列满秩. 如若不然, 则矩阵 $J(x)^{\mathrm{T}}J(x)$ 奇异, 我们不能从 Gauss-Newton 方程求得 d_k.

由问题 (5.6) 和 Gauss-Newton 方程 (5.8) 的等价性, 我们可以求解问题 (5.6) 得到 d_k.

4. 问题 (5.6) 的求解

虽然 Gauss-Newton 方程 (5.8) 与问题 (5.6) 是等价的, 但是二者的求解是有差别的. 这是因为矩阵 J 和矩阵 $J^{\mathrm{T}}J$ 的条件数有如下关系:

定理 5.3 若 $J \in \mathbb{R}^{m\times n}$ 的列向量线性无关, 则

$$\mathrm{cond}^2(J) = \mathrm{cond}(J^{\mathrm{T}}J),$$

其中 $\mathrm{cond}(J) = \|J\|\|J^{\dagger}\|$, $J^{\dagger} = (J^{\mathrm{T}}J)^{-1}J^{\mathrm{T}}$, 这里 $\|\cdot\| = \|\cdot\|_2$(本章下同).

定理的证明见文献 [79].

定理 5.3 说明, Gauss-Newton 方程 (5.8) 的条件数是问题 (5.6) 条件数的平方. 这使得求解 Gauss-Newton 方程的过程增加了对舍入误差的敏感性.

直接求解问题 (5.6) 可以避免求解 Gauss-Newton 方程所带来的问题, 求解的方法为正交化方法. 该方法基于 2 范数的正交不变性, 即对任意正交阵 $Q_k \in \mathbb{R}^{m\times m}$, 有

$$\|J_k d + r_k\| = \|Q_k^{\mathrm{T}}(J_k d + r_k)\|.$$

这样, 求解问题 (5.6) 等价于求解

$$\min \frac{1}{2}\|Q_k^{\mathrm{T}} J_k d + Q_k^{\mathrm{T}} r_k\|^2. \tag{5.13}$$

下面我们考虑如何求 Q_k, 使问题 (5.13) 易于求解.

首先, 对 J_k 进行 QR 分解:

$$J_k = Q_k \begin{bmatrix} R_k \\ 0 \end{bmatrix}, \tag{5.14}$$

其中 $Q_k \in \mathbb{R}^{m\times m}$ 为正交阵, $R_k \in \mathbb{R}^{n\times n}$ 是具有非负对角元的上三角阵, $0 \in \mathbb{R}^{(m-n)\times n}$ 是零矩阵. 对一个矩阵实现 QR 分解最常用的方法是 Householder 变换. 关于如何对矩阵进行 Householder 变换和下面要用到的 Givens 变换的问题, 见附录 II.

假定 J_k 的 QR 分解 (5.14) 已知. 现将 Q_k 分块为

$$Q_k = [Q_1^{(k)} \;\; Q_2^{(k)}],$$

其中 $Q_1^{(k)} \in \mathbb{R}^{m\times n}$, $Q_2^{(k)} \in \mathbb{R}^{m\times(m-n)}$, 并令

$$Q_k^{\mathrm{T}} r_k = \begin{bmatrix} {Q_1^{(k)}}^{\mathrm{T}} \\ {Q_2^{(k)}}^{\mathrm{T}} \end{bmatrix} r_k = \begin{bmatrix} b_1 \\ b_2 \end{bmatrix} \begin{matrix} n \\ m-n \end{matrix},$$

则

$$\begin{aligned} \|J_k d + r_k\|^2 &= \|Q_k^{\mathrm{T}} J_k d + Q_k^{\mathrm{T}} r_k\|^2 \\ &= \left\| \begin{bmatrix} R_k \\ 0 \end{bmatrix} d + Q_k^{\mathrm{T}} r_k \right\|^2 \\ &= \|R_k d + b_1\|^2 + \|b_2\|^2. \end{aligned}$$

由此可知, d_k 是最小二乘问题 (5.6) 的解当且仅当 d_k 是 $R_k d = -b_1$ 的解.

综上所述, 用 QR 分解求最小二乘问题 (5.6) 的解 d_k 的基本步骤如下:

- 计算 J_k 的 QR 分解 (5.14);
- 计算 $b_1 = {Q_1^{(k)}}^{\mathrm{T}} r_k$;
- 求解上三角方程组 $R_k d = -b_1$, 所得解即为 d_k.

§5.3 LMF 方 法

1. LM 方法

Gauss-Newton 方法在迭代中会出现 $J_k^{\mathrm{T}}J_k$ 为奇异的情形. 为了克服这个困难, Levenberg[49] 在 1944 年提出由

$$(J_k^{\mathrm{T}}J_k+\nu_kI)d=-J_k^{\mathrm{T}}r_k \tag{5.15}$$

求得 d_k, 其中 $\nu_k\geqslant 0$. 这个方法由于 1964 年时 Marquardt[53] 的努力而得到广泛应用, 故称为 **LM (Levenberg-Marquardt) 方法**, 其中 (5.15) 式称为 **LM 方程**.

在方程 (5.15) 中, 对任意 $\nu_k>0$, $J_k^{\mathrm{T}}J_k+\nu_kI$ 正定. 从计算的角度出发, 为保证该矩阵充分正定, ν_k 可能需要取得适当的大, $J_k^{\mathrm{T}}J_k+\nu_kI$ 的正定性保证了由方程 (5.15) 得到的方向是下降方向.

LM 方法是一种信赖域型方法, ν_k 的值可以用信赖域方法的思想在迭代中修正得到. 在 §2.5 中, 我们讲过信赖域方法中信赖域半径是如何修正的, 现在只要找出 LM 方程与信赖域问题的关系, 就可以根据修正信赖域半径的方法修正 ν_k 的值.

定理 5.4 (LM 方程与信赖域问题的关系) d_k 为信赖域子问题

$$\min_d \frac{1}{2}\|J_kd+r_k\|^2, \tag{5.16a}$$

$$\text{s.t. } \|d\|^2\leqslant\Delta_k^2,\ \Delta_k>0 \tag{5.16b}$$

的全局极小解的充分必要条件是, 对满足 (5.16b) 式的 d_k, 存在 $\nu_k\geqslant 0$, 使得

$$(J_k^{\mathrm{T}}J_k+\nu_kI)d_k=-J_k^{\mathrm{T}}r_k, \tag{5.17a}$$

$$\nu_k(\Delta_k^2-\|d_k\|^2)=0. \tag{5.17b}$$

证明　*必要性*　由第六章中定理 6.13 关于约束问题的最优性条件知, 存在 $\nu_k \geqslant 0$, 使得 d_k, ν_k 是 Lagrange 函数

$$L(d,\nu) = q_k(d) - \frac{1}{2}\nu(\Delta_k^2 - \|d\|^2)$$

的 KKT 对, 满足

$$\nabla_d L(d_k,\nu_k) = 0 \implies J_k^{\mathrm{T}} r_k + (J_k^{\mathrm{T}} J_k + \nu_k I)d_k = 0,$$

此即 (5.17a) 式. 由互补条件得 $\nu_k(\Delta_k^2 - \|d_k\|^2) = 0$, 此即 (5.17b) 式.

充分性　因为 $J_k^{\mathrm{T}} J_k + \nu_k I$ 半正定, 所以方程 (5.17a) 的解 d_k 是

$$\tilde{q}_k(d) = \frac{1}{2}d^{\mathrm{T}}(J_k^{\mathrm{T}} J_k + \nu_k I)d + d^{\mathrm{T}}(J_k^{\mathrm{T}} r_k) + \frac{1}{2}r_k^{\mathrm{T}} r_k$$

的全局极小点. 由 (5.7) 式有

$$\tilde{q}_k(d) = q_k(d) + \frac{1}{2}\nu_k\|d\|^2.$$

因为任给 $d \in \mathbb{R}^n$, 有 $\tilde{q}_k(d) \geqslant \tilde{q}_k(d_k)$, 所以

$$q_k(d) \geqslant q_k(d_k) + \frac{1}{2}\nu_k(\|d_k\|^2 - \|d\|^2).$$

由 (5.17b) 式知, 若 $\nu_k = 0$, 有 $q_k(d) \geqslant q_k(d_k)$; 若 $\nu_k \neq 0$, 有 $\|d_k\|^2 = \Delta_k^2$. 所以

$$q_k(d) \geqslant q_k(d_k) + \frac{1}{2}\nu_k(\Delta_k^2 - \|d\|^2).$$

这说明, 对任意 $\nu_k \geqslant 0$ 和任意满足 $\|d\|^2 \leqslant \Delta_k^2$ 的 d, d_k 是问题 (5.16) 的全局最优解. □

2. LMF 方法

LM 方程与信赖域问题的关系是 Fletcher[28] 在 1981 年提出的, 故由此建立起来的方法称为 LMF (Levenberg-Marquardt-Fletcher) 方法.

下面我们来考虑 ν_k 的修正方法, 它与信赖域半径 Δ_k 的修正是相关的. 在信赖域方法中, 从 x_k 到 $x_k + d_k$, $f(x)$ 的实际减少量为

$$\Delta f_k = f(x_k) - f(x_k + d_k),$$

由 (5.7) 式给出的 $f(x_k + d)$ 的二次近似函数 $q_k(d)$ 的减少量为

$$\Delta q_k = q_k(0) - q_k(d_k),$$

这里 $q_k(0) = f_k$. 另外, 由 LM 方程与 $d_k^{\mathrm{T}} g_k < 0$ 知

$$\begin{aligned}\Delta q_k &= q_k(0) - q_k(d_k) \\ &= -\frac{1}{2} d_k^{\mathrm{T}} J_k^{\mathrm{T}} J_k d_k - d_k^{\mathrm{T}} (J_k^{\mathrm{T}} r_k) \\ &= \frac{1}{2} d_k^{\mathrm{T}} \left(-J_k^{\mathrm{T}} J_k d_k - \nu_k d_k + \nu_k d_k - 2 J_k^{\mathrm{T}} r_k\right) \\ &= \frac{1}{2} d_k^{\mathrm{T}} \left(-(J_k^{\mathrm{T}} J_k + \nu_k) d_k + \nu_k d_k - 2 J_k^{\mathrm{T}} r_k\right) \\ &= \frac{1}{2} d_k^{\mathrm{T}} (\nu_k d_k - g_k) > 0, \end{aligned} \tag{5.18}$$

其中 $g_k = J_k^{\mathrm{T}} r_k$.

定义

$$\gamma_k = \frac{\Delta f_k}{\Delta q_k}. \tag{5.19}$$

在第 k 步迭代, γ_k 的值可以反映出 $q_k(d_k)$ 近似 $f(x_k + d_k)$ 的好坏. 关于 γ_k 的值如何反映 $q_k(d_k)$ 近似 $f(x_k + d_k)$ 的好坏, 以及如何由此修正 Δ_k 的问题, 我们已经在 §2.5 讨论过.

由 LM 方程知, ν_k 可以控制 $\|d_k\|$ 的大小, 从而可以控制信赖域的大小. 若 ν_k 变大的话, $\|d_k\|$ 会变小, 反之亦然, 所以对 ν_k 大小的修正, 应该与信赖域方法中对 Δ_k 大小的修正相反.

下面给出 **LMF 方法**的步骤:

算法 5.2 (LMF 方法)

步 1 给出 $x_0 \in \mathbb{R}^n$, $\nu_0 > 0$, $\varepsilon > 0$, $k := 0$.

步 2 若终止条件满足, 则输出有关信息, 停止迭代.

步 3 求解方程 (5.15) 得 d_k.

步 4 由 (5.19) 式计算 γ_k.

步 5 *若* $\gamma_k < 0.25$, *则* $\nu_{k+1} := 4\nu_k$; *若* $\gamma_k > 0.75$, *则* $\nu_{k+1} := \nu_k/2$; *否则* $\nu_{k+1} := \nu_k$.

步 6 *若* $\gamma_k \leqslant 0$, *则* $x_{k+1} := x_k$; *否则* $x_{k+1} := x_k + d_k$, $k := k+1$, *转步* 2.

上述算法中 $\nu_0 > 0$ 可以任取. Fletcher[28] 指出, 该算法对 0.25, 0.75 等常数并不敏感.

LMF 方法可以用于求解一般无约束最优化问题. 在修正 Newton 方法中, 我们曾经提到过这个方法. 修正 Newton 方程与信赖域问题的关系如下:

定理 5.5 (修正 Newton 方程与信赖域问题的关系) *考虑一般无约束最优化问题.* d_k *为信赖域子问题*

$$\min_d q_k(d) = f_k + g_k^{\mathrm{T}} d + \frac{1}{2} d^{\mathrm{T}} G_k d, \tag{5.20a}$$

$$\text{s.t. } \|d\|^2 \leqslant \Delta_k^2,\ \Delta_k > 0 \tag{5.20b}$$

的全局极小解的充分必要条件是, 对满足 (5.20b) *的* d_k, *存在* $\nu_k \geqslant 0$, *使得*

$$(G_k + \nu_k I) d_k = -g_k, \tag{5.21a}$$

$$\nu_k(\Delta_k^2 - \|d_k\|^2) = 0, \tag{5.21b}$$

$$G_k + \nu_k I \text{ 半正定}. \tag{5.21c}$$

定理的证明留为作业.

3. 与 LM 方程 (5.15) 等价的最小二乘问题的求解

为避免条件数的扩大, 在 Gauss-Newton 方法中, 我们依据 Gauss-Newton 方程 (5.8) 与线性最小二乘问题 (5.6) 的等价性, 采用了正交化方法解问题 (5.6). 从条件数的角度看, 求解 LM 方程与求解 Gauss-Newton 方程的问题相同. 为使用正交化方法, 下面我们要先建立与 LM 方程等价的线性最小二乘问题.

首先将 LM 方程 (5.15) 写成如下形式:

$$\begin{bmatrix} J_k \\ \sqrt{\nu_k} I \end{bmatrix}^{\mathrm{T}} \begin{bmatrix} J_k \\ \sqrt{\nu_k} I \end{bmatrix} d = -\begin{bmatrix} J_k \\ \sqrt{\nu_k} I \end{bmatrix}^{\mathrm{T}} \begin{bmatrix} r_k \\ 0 \end{bmatrix}.$$

与其等价的最小二乘问题为

$$\min_d \frac{1}{2} \left\| \begin{bmatrix} J_k \\ \sqrt{\nu_k} I \end{bmatrix} d + \begin{bmatrix} r_k \\ 0 \end{bmatrix} \right\|^2.$$

对此问题, 我们可以用正交化方法来求解, 即先对矩阵 $\begin{bmatrix} J_k \\ \sqrt{\nu_k} I \end{bmatrix}$ 进行 QR 分解, 再求解.

下面介绍采用 Householder 变换和 Givens 变换, 分两步完成对 $\begin{bmatrix} J_k \\ \sqrt{\nu_k} I \end{bmatrix}$ 的 QR 分解的方法.

首先, 用 Householder 变换对 J_k 进行 QR 分解. 记 (5.14) 式中的 Q_k 为 $\bar{Q}_k \in \mathbb{R}^{m\times m}$, R_k 为 $\bar{R}_k \in \mathbb{R}^{n\times n}$, 则

$$\left\| \begin{bmatrix} \bar{Q}_k & \\ & I \end{bmatrix}^{\mathrm{T}} \left(\begin{bmatrix} J_k \\ \sqrt{\nu_k} I \end{bmatrix} d + \begin{bmatrix} r_k \\ 0 \end{bmatrix} \right) \right\| = \left\| \begin{bmatrix} \bar{R}_k \\ 0 \\ \sqrt{\nu_k} I \end{bmatrix} d + \begin{bmatrix} \bar{Q}_k^{\mathrm{T}} r_k \\ 0 \end{bmatrix} \right\|,$$

其中 $\bar{R}_k$ 是具有非负对角元的上三角阵. 然后, 用 Givens 变换, 将矩阵 $\begin{bmatrix} \bar{R}_k \\ 0 \\ \sqrt{\nu_k} I \end{bmatrix}$ 化为上三角阵, 即求 $\hat{Q}_k \in \mathbb{R}^{(m+n)\times(m+n)}$, 使得

$$\hat{Q}_k^{\mathrm{T}} \begin{bmatrix} \bar{R}_k \\ 0 \\ \sqrt{\nu_k} I \end{bmatrix} = \begin{bmatrix} R_k \\ 0 \\ 0 \end{bmatrix}.$$

于是, 我们得到

$$Q_k = \begin{bmatrix} \bar{Q}_k & \\ & I \end{bmatrix} \hat{Q}_k,$$

使得

$$\begin{bmatrix} J_k \\ \sqrt{\nu_k} I \end{bmatrix} = Q_k \begin{bmatrix} R_k \\ 0 \end{bmatrix}.$$

下面我们以 $n=3, m=4$ 的问题为例, 说明如何用 Givens 变换求得 $\hat{Q}_k$, 即对形如 $\begin{bmatrix} \bar{R}_k \\ 0 \\ \sqrt{\nu_k} I \end{bmatrix}$ 的矩阵, 经若干次 Givens 变换, 将 (6,2), (7,3) 位置上的元素变为零的过程:

$$\begin{bmatrix} \times & \times & \times \\ 0 & \times & \times \\ 0 & 0 & \oplus \\ 0 & 0 & 0 \\ \times & 0 & 0 \\ 0 & \times & 0 \\ 0 & 0 & \otimes \end{bmatrix} \xrightarrow[G(3,7,\theta_1)]{} \begin{bmatrix} \times & \times & \times \\ 0 & \oplus & \oplus \\ 0 & 0 & \times \\ 0 & 0 & 0 \\ \times & 0 & 0 \\ 0 & \otimes & 0 \\ 0 & 0 & 0 \end{bmatrix} \xrightarrow[G(2,6,\theta_2)]{} \begin{bmatrix} \times & \times & \times \\ 0 & \times & \times \\ 0 & 0 & \oplus \\ 0 & 0 & 0 \\ \times & 0 & 0 \\ 0 & 0 & \ominus \\ 0 & 0 & 0 \end{bmatrix}$$

$$\xrightarrow[G(3,6,\theta_3)]{} \begin{bmatrix} \times & \times & \times \\ 0 & \times & \times \\ 0 & 0 & \times \\ 0 & 0 & 0 \\ \times & 0 & 0 \\ 0 & 0 & 0 \\ 0 & 0 & 0 \end{bmatrix},$$

其中 $G(i,j,\theta)$ 是 Givens 变换, $\oplus$ 为第 i 行中参与变换的元素, $\otimes$ 为第 j 行中欲化为零元的非零元; $\ominus$ 表示原本是零元, 经变换变成了非零的元素, 因而在下一步变换中, 需要将它再变回零元. 经过一系列的 Givens 旋转变换, 我们即得正交阵 $\hat{Q}_k$.

该方法的优点是, 当 J_k 不变, 只有 ν_k 变化时, 方法无须对整

个 $\begin{bmatrix} J_k \\ \sqrt{\nu_k} I \end{bmatrix}$ 重新作 Householder 分解, 只需重算 $\hat{Q}_k$ 即得 Q_k.

§5.4 Dogleg 方法

在这一节中, 我们考虑求解最小二乘问题的信赖域方法, 即信赖域型算法 2.4 的步 3 中求解子问题的方法.

在 LM 方法中, 由 LM 方程得到的方向 d_k^{LM} 会受到 ν_k 取值的影响, 即当 ν_k 很大时, d_k^{LM} 偏向于负梯度方向; 若 ν_k 很小, 则 d_k^{LM} 接近 Gauss-Newton 方向; 否则, d_k^{LM} 介于负梯度方向和 Gauss-Newton 方向之间. 受 LM 方法中参数 ν_k 对方向 d_k^{LM} 影响的启示, 1970 年 Powell[61] 提出解信赖域子问题

$$\min \frac{1}{2}\|J_k d + r_k\|^2, \tag{5.22a}$$

$$\text{s.t. } \|d\| \leqslant \Delta_k,\ \Delta_k > 0 \tag{5.22b}$$

的 **Dogleg 方法**, 其步骤见算法 5.3.

在算法 5.3 中, Gauss-Newton 方向 d_k^{GN} 由 Gauss-Newton 方程给出, $d_k^{\mathrm{SD}} = -J_k^{\mathrm{T}} r_k$, 最速下降方法的步长为

$$\alpha_k = \arg\min q_k(\alpha d_k^{\mathrm{SD}}) = \frac{\|d_k^{\mathrm{SD}}\|^2}{\|J_k d_k^{\mathrm{SD}}\|^2},$$

其中 $q_k(\alpha d_k^{\mathrm{SD}}) \triangleq \frac{1}{2}\|\alpha J_k d_k^{\mathrm{SD}} + r_k\|^2 = \frac{1}{2}\|J_k d_k^{\mathrm{SD}}\|^2\alpha^2 - \|d_k^{\mathrm{SD}}\|^2\alpha + f_k$.

算法 5.3 (Dogleg 方法求解最小二乘信赖域了问题)

步 1 给出 $\Delta_k > 0$, J_k, r_k;

步 2 若 $\|d_k^{\mathrm{GN}}\| \leqslant \Delta_k$, 则 $d_k = d_k^{\mathrm{GN}}$, 输出 d_k, 迭代停止;

步 3 若 $\alpha_k\|d_k^{\mathrm{SD}}\| \geqslant \Delta_k$, 则 $d_k = \dfrac{\Delta_k}{\|d_k^{\mathrm{SD}}\|}d_k^{\mathrm{SD}}$, 输出 d_k, 迭代停止;

步 4 计算 $d_k = (1-\beta)\alpha_k d_k^{\mathrm{SD}} + \beta d_k^{\mathrm{GN}}$, 其中要确定 β 使 $\|d_k\| = \Delta_k$, 输出 d_k, 迭代停止.

Dogleg 方法的意义可用图 5.3 来表示. 下面我们来讨论算法 5.3 中具体做法的目的与意义.

在步 3 中, 选择 d_k 为最速下降方向的理由如下：当 ν_k 很大时, 由 ν_k 与 $\|d_k^{\mathrm{LM}}\|$ 的关系知, Δ_k 应该相对很小, 所以当 $\alpha_k\|d_k^{\mathrm{SD}}\| \geqslant \Delta_k$ 时, 选择 d_k 为最速下降方向.

若 J_k 列满秩, 则 $J_k^{\mathrm{T}}J_k$ 正定, Gauss-Newton 方程有解. 另外, 只要 $r_k \neq 0$, d_k^{SD} 就是下降方向, 故 $\alpha_k > 0$. 由此我们看出, Dogleg 方法适宜于解决 J_k 列满秩的信赖域子问题 (5.22).

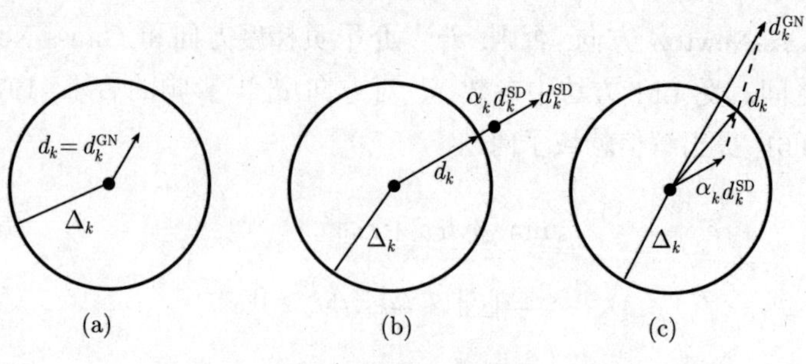

图 5.3　Dogleg 方法

步 4 中, 欲使 $\|d_k\| = \Delta_k$, 即求函数

$$\tilde{q}_k(\beta) = \|\alpha_k d_k^{\mathrm{SD}} + (d_k^{\mathrm{GN}} - \alpha_k d_k^{\mathrm{SD}})\beta\|^2 - \Delta_k^2 \tag{5.23}$$

$$= \|d_k^{\mathrm{GN}} - \alpha_k d_k^{\mathrm{SD}}\|^2\beta^2 + 2\alpha_k d_k^{\mathrm{SD}\,\mathrm{T}}(d_k^{\mathrm{GN}} - \alpha_k d_k^{\mathrm{SD}})\beta + \alpha_k^2\|d_k^{\mathrm{SD}}\|^2 - \Delta_k^2 \tag{5.24}$$

的零点. 由 $\tilde{q}_k(0) = \|\alpha_k d_k^{\mathrm{SD}}\|^2 - \Delta_k^2 < 0$ 和 $\tilde{q}_k(1) = \|d_k^{\mathrm{GN}}\|^2 - \Delta_k^2 > 0$ 知, $\tilde{q}_k(\beta)$ 有一个零点为负, 一个零点在区间 [0,1] 中. 解一元二次方程 $\tilde{q}_k(\beta) = 0$, 即得使 $\|d_k\| = \Delta_k$ 满足的 β.

算法 5.3 可用于求解一般最优化问题, 这时信赖域子问题为

$$\min_d q_k(d), \tag{5.25a}$$

$$\text{s.t. } \|d\| \leqslant \Delta_k,\ \Delta_k > 0, \tag{5.25b}$$

其中

$$q_k(d)=\frac{1}{2}d^{\mathrm{T}}G_kd+g_k^{\mathrm{T}}d+f_k.$$

§5.5 大剩余量问题

Gauss-Newton 方法是在 Newton 方法的 Hesse 矩阵中忽略了二阶项 $S(x)=\sum_{i=1}^{m}r_i(x)\nabla^2r_i(x)$ 而得到的. 对于剩余量大或剩余函数的非线性程度很高的问题, 忽略该项会影响算法的收敛性和收敛速度. 如果不忽略该项, 这一项中含有 m 个二阶导数矩阵, 直接计算该矩阵的计算量太大. 在这种情况下, 合适的做法是像拟 Newton 方法那样, 用一阶导数的信息去构造近似矩阵. 因为最小二乘问题目标函数的 Hesse 矩阵中的 $J^{\mathrm{T}}J$ 仅包含一阶导数信息, 所以我们只需用一阶导数的信息构造 S 的近似矩阵 $\hat{B}$ 即可.

假定在点 x_k 已得 S_k 的近似矩阵 $\hat{B}_k$, 下面我们讨论在点 x_{k+1}, 满足什么条件的 $\hat{B}_{k+1}$ 可以作为 S_{k+1} 的近似矩阵, 使得

$$J_{k+1}^{\mathrm{T}}J_{k+1}+\hat{B}_{k+1}\approx G_{k+1}.$$

根据 S_{k+1} 的结构, 首先考虑 $\nabla^2r_i^{(k+1)}$ 的近似矩阵 $\tilde{B}_i^{(k+1)}$. 若 $\tilde{B}_i^{(k+1)}$ 满足拟 Newton 条件

$$\begin{aligned}\tilde{B}_i^{(k+1)}s_k&=\nabla r_i^{(k+1)}-\nabla r_i^{(k)}\\&=(J_{k+1}-J_k)^{\mathrm{T}}e_i,\end{aligned}$$

这里 $s_k=x_{k+1}-x_k$, e_i 是第 i 个分量为 1, 余者为 0 的 m 维向量, 则

$$r_i^{(k+1)}\widetilde{B}_i^{(k+1)}s_k=r_i^{(k+1)}(J_{k+1}-J_k)^{\mathrm{T}}e_i,$$

从而

$$\sum_{i=1}^{m}r_i^{(k+1)}\widetilde{B}_i^{(k+1)}s_k=(J_{k+1}-J_k)^{\mathrm{T}}r_{k+1},$$

即 $\hat{B}_{k+1}=\sum_{i=1}^{m}r_i^{(k+1)}\widetilde{B}_i^{(k+1)}$ 应满足

$$\hat{B}_{k+1}s_k=\hat{y}_k, \tag{5.26}$$

其中

$$\hat{y}_k=(J_{k+1}-J_k)^{\mathrm{T}}r_{k+1}.$$

那么如何对矩阵 $\hat{B}_k$ 进行修正, 得到满足 (5.26) 式的 $\hat{B}_{k+1}$ 呢? 出于与推导 DFP 公式相同的目的, 在所有对称、满足拟 Newton 条件的矩阵中, 寻找在加权 F 范数意义下与 $\hat{B}_k$ 的差最小的矩阵, 我们得到下面的问题:

$$\begin{aligned}&\min\|W^{-T}(\hat{B}-\hat{B}_k)W^{-1}\|_F,\\&\text{s.t. } \hat{B}=\hat{B}^{\mathrm{T}},\ \hat{B}s_k=\hat{y}_k,\end{aligned}$$

其中 $W\in\mathbb{R}^{n\times n}$, $W^{\mathrm{T}}W$ 满足拟 Newton 条件 $W^{\mathrm{T}}Ws_k=y_k$. 该问题的解为

$$\hat{B}_{k+1}=\hat{B}_k+\frac{(\hat{y}_k-\hat{B}_ks_k)y_k^{\mathrm{T}}+y_k(\hat{y}_k-\hat{B}_ks_k)^{\mathrm{T}}}{y_k^{\mathrm{T}}s_k}-\frac{(\hat{y}_k-\hat{B}_ks_k)^{\mathrm{T}}s_k}{(y_k^{\mathrm{T}}s_k)^2}y_ky_k^{\mathrm{T}},$$

其中

$$\begin{aligned}s_k&=x_{k+1}-x_k,\\y_k&=J_{k+1}^{\mathrm{T}}r_{k+1}-J_k^{\mathrm{T}}r_k,\\\hat{y}_k&=(J_{k+1}-J_k)^{\mathrm{T}}r_{k+1}.\end{aligned}$$

因为在最优解 x^* 处, $S(x^*)$ 不一定正定, 所以也不能要求 $\hat{B}_{k+1}$ 正定. 这个方法是 Dennis, Gay 与 Welsch 于 1981 年 [19] 提出的. 在公认的能有效解决非线性最小二乘问题的软件包 NL2SOL 中, 有该方法的程序.

§5.6 数值试验

在本节中, 我们通过数值试验, 比较 GN 方法与 LMF 方法的有效性. 试验的最优化问题包括第三章数值试验中的两个试验题目以及一个数据拟合的例子, 其中相同的题目这里不再重复给出.

这里的数值试验与第二章数值试验的试验条件相同, GN 方法采用非精确强 Wolfe 线搜索, 其中 $\rho = 10^{-4}$, σ 取 0.1 或 0.9, 算法的终止准则为 $f_{k-1} - f_k \leqslant 10^{-8}$, 迭代次数的上限为 1000. 试验给出的数值结果包括解不同规模问题所需的迭代次数 (ite) 和函数调用次数 (feva).

数值试验 1 (扩展 Rosenbrock 问题)

表 5.1 给出了 σ 取 0.1 和 0.9 时, 分别用 GN 方法和 LMF 方法解不同规模的扩展 Rosenbrock 问题的迭代次数和函数调用次数, 两种方法所得解点 $x^{(k)}$ 处的 $\|g_k\|_\infty$ 与 f_k 均为零. 由表中所给结果可以看

表 5.1 解扩展 Rosenbrock 问题时, GN 方法和 LMF 方法所需的迭代次数和函数调用次数

n	GN 方法 $\sigma = 0.1$		GN 方法 $\sigma = 0.9$		LMF 方法	
	ite	feva	ite	feva	ite	feva
2	18	161	48	142	21	22
10	18	161	48	142	21	22
20	18	161	48	142	21	22
40	18	161	48	142	21	22
60	18	161	48	142	21	22

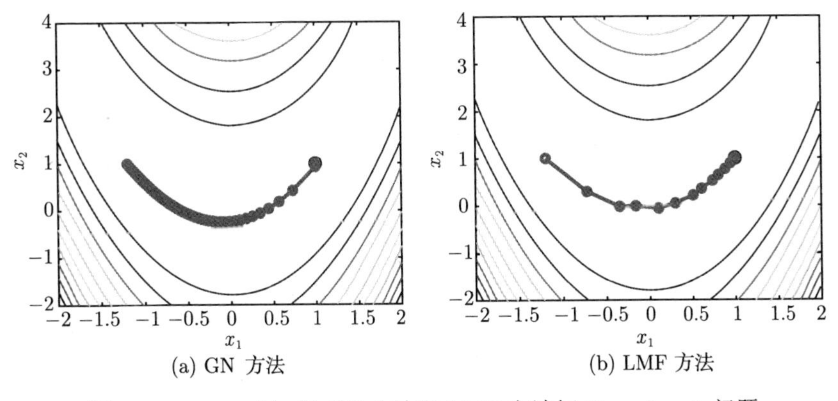

(a) GN 方法　　(b) LMF 方法

图 5.4 $\sigma = 0.9$ 时, 用 GN 方法和 LMF 方法解 Rosenbrock 问题得到的迭代点列 $\{x^{(k)}\}$ 的轨迹

出, 对 σ 取 0.1 或 0.9, GN 方法的结果差别不大. 两种方法相比, LMF 方法的有效性较好. 图 5.4 给出了 σ 取 0.9 时, 分别用 GN 方法与 LMF 方法解 Rosenbrock 问题得到的迭代点列 $\{x^{(k)}\}$ 的轨迹. 将 GN 方法和 LMF 方法的数值结果与表 3.10 和表 3.11 给出的 BFGS 方法和 DFP 方法的数值结果进行比较会发现, GN 方法与 BFGS 方法和 DFP 方法的有效性相差不大, LMF 方法的有效性比 BFGS 方法和 DFP 方法的要好.

数值试验 2 (Biggs EXP6 问题)

表 5.2 给出了 σ 取 0.9 时, 分别用 GN 方法和 LMF 方法解不同规模的 Biggs EXP6 问题的迭代次数、函数调用次数以及解点 $x^{(k)}$ 处的 $\|g_k\|_\infty$, 其中 / 表示算法迭代失败, 函数调用次数后面的 c 表示迭代停止时, $f_{k-1} - f_k \in (10^{-4}, 10^{-2}]$. 对这个问题, GN 方法对 $\sigma = 0.1$ 与 $\sigma = 0.9$ 计算所得的结果没有明显差别, 所以 $\sigma = 0.1$ 时的结果不再给出.

表 5.2 解 Biggs EXP6 问题时, GN 方法和 LMF 方法所需的迭代次数、函数调用次数和解点处的 $\|g_k\|_\infty$

m	GN 方法			LMF 方法		
	ite	feva	$\|g_k\|_\infty$	ite	feva	$\|g_k\|_\infty$
6	5	25	2.45e−02	23	24	1.73e−11
7	9	60	1.69e−03	21	22	4.10e−10
8	2	16	1.16e−00	88	89	3.02e−16
9	12	53c	4.18e−02	80	81	2.09e−16
10	8	40	2.50e−01	77	78	1.15e−16
11	6	27c	1.06e−02	74	75	1.21e−17
12	/	/	/	75	76	3.82e−16
13	/	/	/	76	77	4.12e−16

由表 5.2 中的结果可以看出, 虽然 GN 方法的迭代次数和函数调用次数明显少于 LMF 方法, 但是 GN 方法得到的解的精度比 LMF 方法得到的解的精度低. 为了显示这两种方法解这个问题的差别, 图 5.5 给出了当 $m = 7$ 时, 这两种方法得到的 $\{\|g_k\|_\infty\}$ 和 $\{f_k\}$ 变化的情况.

综合这些信息可以看出, 在这两种方法中, LMF 方法的有效性较好、稳定性较高.

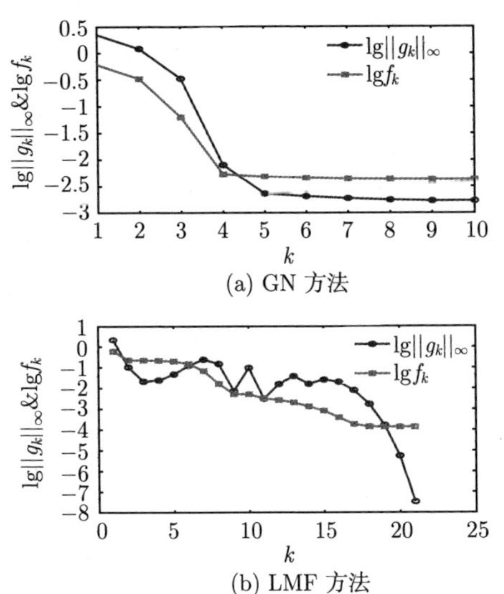

图 5.5 $m=7$ 时, 用 GN 方法与 LMF 方法解 Biggs EXP6 问题得到的 $\{\lg\|g_k\|_\infty\}$ 与 $\{\lg f_k\}$ 的轨迹

数值试验 3 (Osborne 数据拟合问题, 见文献 [55]) Osborne(1972) 给出这样的数据拟合问题

$$\min f(x)=\frac{1}{2}\sum_{i=1}^{65}\big(y_i-\tilde{f}(x;t_i)\big)^2,$$

其中

$$\tilde{f}(x;t)=x_1\mathrm{e}^{-x_5t}+x_2\mathrm{e}^{-x_6(t-x_9)^2}+x_3\mathrm{e}^{-x_7(t-x_{10})^2}+x_4\mathrm{e}^{-x_8(t-x_{11})^2}. \quad (5.27)$$

在数据点集 $\{(t_i,y_i),i=1,\cdots,65\}$ 中, $t_i=0.1(i-1)$, 试验值 y_i 由表 5.3 给出. 初始点选为 $x^{(0)}=(1.3,0.65,0.65,0.7,0.6,3.0,5.0,7.0,2.0,4.5,5.5)^{\mathrm{T}}$. GN 和 LMF 两种方法解该问题所需的迭代次数、函数调用次数见表 5.4. 图 5.6 画出了数据点 $(t_i,y_i)(i=1,\cdots,65)$ 与 LMF 方法所得解 $x^{(k)}$ 处的函数 $\tilde{f}(x^{(k)};t)$ 的曲线.

表 5.3　Osborne 数据拟合问题的试验值

i	y_i	i	y_i	i	y_i	i	y_i	i	y_i
1	1.366	14	0.655	27	0.612	40	0.429	53	0.597
2	1.191	15	0.616	28	0.558	41	0.523	54	0.625
3	1.112	16	0.606	29	0.533	42	0.562	55	0.739
4	1.013	17	0.602	30	0.495	43	0.607	56	0.719
5	0.991	18	0.626	31	0.500	44	0.653	57	0.729
6	0.885	19	0.651	32	0.423	45	0.672	58	0.720
7	0.831	20	0.724	33	0.395	46	0.708	59	0.636
8	0.847	21	0.649	34	0.375	47	0.633	60	0.581
9	0.786	22	0.649	35	0.372	48	0.668	61	0.428
10	0.725	23	0.694	36	0.391	49	0.645	62	0.292
11	0.746	24	0.644	37	0.396	50	0.632	63	0.162
12	0.679	25	0.624	38	0.405	51	0.591	64	0.098
13	0.608	26	0.661	39	0.428	52	0.559	65	0.054

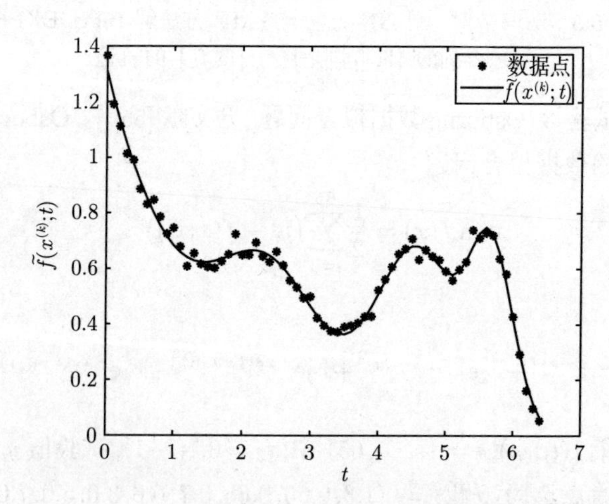

图 5.6　Osborne 数据拟合问题的数据点与由 LMF 方法得到的解 $x^{(k)}$ 处的 $\tilde{f}(x^{(k)};t)$ 的曲线

表 5.4 解 Osborne 数据拟合问题时, GN 方法和 LMF 方法所需的迭代次数与函数调用次数

GN 方法 $\sigma = 0.1$		GN 方法 $\sigma = 0.9$		LMF 方法	
ite	feva	ite	feva	ite	feva
9	35	12	38	15	16

后 记

下面的故事为最小二乘方法的诞生与发展奏出了动人的乐章. 1801 年 1 月 1 日, 意大利天文学家皮亚奇 (G. Piazzi) 发现了谷神星, 但在同年 2 月份, 由于太阳的干扰, 他又找不到这颗小行星了. 此后, 许多著名的天文学家加入到搜寻谷神星的队伍中. 作为一名数学家, 高斯 (C. F. Gauss) 决心用数学的方法找到它. 在几个星期内, 高斯完成了谷神星轨道的预测, 提出了行星轨道的计算方法, 并将结果交给冯 扎克 (von Zach). 1801 年 12 月 31 日, 冯 扎克和欧伯斯 (H. W. M. Olbers) 在接近高斯预测的位置上找回了谷神星. 保证高斯获此成功的关键就在于他在计算过程中使用了最小二乘方法. 关于最小二乘方法的第一篇文章是勒让德 (A. M. Legendre) 在 1806 年发表的.

最小二乘问题的研究工作相当浩大, 在此只能进行简单的介绍.

Å. Björck 在 1996 年发表的著作 [6] 中, 系统地介绍了线性最小二乘方法的研究工作. 该书是迄今为止最全面的关于线性最小二乘问题的综述著作. Lawson 与 Hanson[48] 介绍了线性最小二乘问题的各种算法, 并对这些算法进行了详细的误差分析. 另外, 他们还介绍了解带有简单约束, 如界约束、线性约束的最小二乘问题的算法.

解非线性最小二乘问题的方法在 [19], [21], [28], [58], [81] 等著作中都有详细的介绍.

一般地, 我们认为在数据拟合问题的数据点 (t_i, y_i) 中, y_i 是有误差的. 后来人们提出 t_i 也会有误差的问题, 并称这样的问题为非线

性正交距离回归 (nonlinear orthogonal distance regression). 1987 年, Boggs, Byrd 和 Schnabel[7] 提出了解这种问题的最小二乘方法.

最小二乘方法被大量地应用于解决各种实际问题, 所以了解关于最小二乘方法的成熟的软件是有必要的. 稳健的非线性最小二乘方法的程序包含在 MINPACK, NAG 及 Harwell 软件库中. 欲对最小二乘方法的软件有一个整体的、详细的了解, 可以从第二章提到的 NEOS 网站中寻找答案.

"Dogleg" 一词来源于高尔夫运动. 高尔夫球场由发球台、球道、果岭以及 18 个球洞组成, 其中果岭是球洞周围非常平坦的区域, 球道是从发球台到果岭之间宽阔的草区域. 如果从发球台到果岭中间有障碍, 球手就不能直接从发球台向果岭击球, 而不得不向左或向右拐弯击球. 这样的击球路线很像狗腿的形状, "Dogleg" 一词由此产生. 如果从发球台向果岭击球要拐弯两次, 便有了 "Double Dogleg".

习　题

1. 对最小二乘问题

$$\min f(x)=\frac{1}{2}r(x)^{\mathrm{T}}r(x),$$

其中

$$r_i(x)=x_1+x_2\mathrm{e}^{x_3+t_ix_4}\quad(i=1,\cdots,5),$$

写出 $J(x)$, $\nabla f(x)$, $S(x)$, $\nabla^2 f(x)$.

2. 考虑最小二乘问题

$$\min f(x)=\sum_{i=1}^{2}r_i^2(x),$$

其中

$$r_1(x)=x_1^3-x_2-1,\quad r_2(x)=x_1^2-x_2.$$

(1) 证明：该问题有一全局极小点 $(1.46557, 2.14790)^{\mathrm{T}}$, 它是方程组 $r_1(x)=0$, $r_2(x)=0$ 的解;

(2) 证明：该问题有一局部极小点 $\left(0,-\frac{1}{2}\right)^{\mathrm{T}}$, 它不是 (1) 中方程组的解;

(3) 证明：该问题有一鞍点 $\left(\frac{2}{3},-\frac{7}{54}\right)^{\mathrm{T}}$;

(4) 证明：使用基本 GN 方法, 选初始点为 $(1.5, 2.25)^{\mathrm{T}}$, 方法以二阶收敛速度收敛.

3. 对 Jacobi 矩阵 $J(x)\in\mathbb{R}^{m\times n}(m\geqslant n)$, 证明: 当且仅当 $J(x)^{\mathrm{T}}J(x)$ 非奇异时, $J(x)$ 列满秩.

4. 假定每个剩余函数及其梯度 Lipschitz 连续, 相应的 Lipschitz 常数为 L, 即

$$\|r_j(x_1)-r_j(x_2)\|\leqslant L\|x_1-x_2\|,$$
$$\|\nabla r_j(x_1)-\nabla r_j(x_2)\|\leqslant L\|x_1-x_2\|,$$

其中 $j=1,\cdots,m$, $x_1,x_2\in D$, D 是 $\mathbb{R}^n$ 中紧集. 证明: $J(x)$ 和 $\nabla f(x)$ 在 $x\in D$ 处也 Lipschitz 连续.

5. 设 $r\in\mathbb{R}^m$, $J\in\mathbb{R}^{m\times n}$ 列满秩. 证明 r 到由 J 的列张成的子空间的 Euclidean 投影为 $J(J^{\mathrm{T}}J)^{-1}J^{\mathrm{T}}r$, r 与该空间的夹角 ϕ 的余弦为

$$\cos\phi=\frac{r^{\mathrm{T}}J(J^{\mathrm{T}}J)^{-1}J^{\mathrm{T}}r}{\|J(J^{\mathrm{T}}J)^{-1}J^{\mathrm{T}}r\|\|r\|}.$$

问：该结果可用于何处?

6. 对最小二乘问题, 假定存在 x^*, 使得 $J(x^*)^{\mathrm{T}}r(x^*)=0$; 对充分接近 x^* 的 x, $\nabla r_i(x)$ Lipschitz 连续. 证明：

$$[J(x)-J(x^*)]^{\mathrm{T}}r(x^*)=S(x^*)(x-x^*)+O(\|x-x^*\|^2).$$

7. 对非线性方程组

$$r_1(x)=x_1+x_2-1=0,$$

$$r_2(x) = (2x_1 - 1)^2 + (2x_2 - 1)^2 - \frac{2}{3} = 0,$$

从初始点 $x^{(0)} = \left(\frac{1}{3}, \frac{2}{3}\right)^{\mathrm{T}}$ 出发, 进行三次 Newton 迭代:

$$\text{解 } J_k d = -r_k \text{ 得 } d^{(k)},$$
$$x^{(k+1)} = x^{(k)} + d^{(k)}.$$

根据这三次迭代, 计算方法的收敛速度, 并证明: 若 $x^{(0)}$ 为满足 $r_1(x) = 0$ 且 $x_1 < x_2$ 的任意向量, 则 Newton 方法收敛.

8. 在最小二乘方法中, 设 d_k^{N}, d_k^{GN} 分别为 x_k 处的 Newton 方向

$$d_k^{\mathrm{N}} = -(J_k^{\mathrm{T}} J_k + S_k)^{-1} J_k^{\mathrm{T}} r_k$$

和 Gauss-Newton 方向

$$d_k^{\mathrm{GN}} = -(J_k^{\mathrm{T}} J_k)^{-1} J_k^{\mathrm{T}} r_k.$$

证明:

$$d_k^{\mathrm{GN}} - d_k^{\mathrm{N}} = (J_k^{\mathrm{T}} J_k)^{-1} S_k d_k^{\mathrm{N}}.$$

由此证明: 对最小二乘问题的最优解 x^*, 若 $\nabla^2 f(x^*)$ 非奇异, $\nabla^2 f(x)$ 在 x^* 的邻域中 Lipschitz 连续, x_k 充分接近 x^*, $x_{k+1}^{\mathrm{GN}} = x_k + d_k^{\mathrm{GN}}$, 则

$$\|x_{k+1}^{\mathrm{GN}} - x^*\| \leqslant \|(J_k^{\mathrm{T}} J_k)^{-1}\| \|S_k\| \|x_k - x^*\| + O(\|x_k - x^*\|^2).$$

当 $n = 1$ 时, 可证

$$(x_{k+1}^{\mathrm{GN}} - x^*) - S_k (J_k^{\mathrm{T}} J_k)^{-1} (x_k - x^*) = O(|x_k - x^*|^2).$$

9. 设 d_i 是方程组

$$(J^{\mathrm{T}} J + \nu_i I) d = -J^{\mathrm{T}} r, \quad i = 1, 2$$

的解, 其中 $\nu_1 > \nu_2 > 0$. 证明: $q(d_2) < q(d_1)$, 其中 $q(d) = \frac{1}{2}\|Jd + r\|^2$.

10. 证明定理 5.5.

11. 考虑最小二乘问题 $\min \frac{1}{2} \sum_{i=1}^{m} r_i^2(x)$, $x \in \mathbb{R}^n$, $m > n$. 可分

最小二乘问题是指对 $x = \begin{bmatrix} u \\ v \end{bmatrix}$, 其中 $u \in \mathbb{R}^{n-p}$, $v \in \mathbb{R}^p$, $0 < p < n$, 有 $r(x) = H(v)u - b$, 其中 $H\colon \mathbb{R}^p \to \mathbb{R}^{m\times(n-p)}$, $b \in \mathbb{R}^m$. 设问题的最优解 $x^* = \begin{bmatrix} u^* \\ v^* \end{bmatrix}$. 证明：$u^* = H(v^*)^\dagger b$, 其中 $H^\dagger$ 为 H 的广义逆. 进一步证明：可分最小二乘问题等价于

$$\min_v \frac{1}{2}\|H(v)H(v)^\dagger b - b\|^2.$$

12. 双折 Dogleg 方法是 Dennis 和 Mei[20] 在 1979 年提出来的. 前面讲的 Dogleg 方法是单折 Dogleg 方法, 它是双折 Dogleg 方法的特殊情况. 本题讨论双折 Dogleg 方法的性质.

双折 Dogleg 方法与单折 Dogleg 方法的不同之处在算法 5.3 的第 4 步上, 即 $\|d_k^{\rm GN}\| \geqslant \Delta_k$ 且 $\alpha_k\|d_k^{\rm SD}\| < \Delta_k$ 时, 有下面的做法. 设

$$\begin{aligned}
x_{k+1}^{\rm SD} &= x_k + \alpha_k d_k^{\rm SD}, \\
\tilde{x}_{k+1}^{\rm GN} &= x_k + \eta_k d_k^{\rm GN}, \\
x_{k+1}^{\rm GN} &= x_k + d_k^{\rm GN},
\end{aligned}$$

其中 $\alpha_k = \arg\min q_k(\alpha d_k^{\rm SD})$, $q_k(d)$ 由 (5.7) 式定义, $d_k^{\rm SD} = -g_k$, $d_k^{\rm GN} = -(J_k^{\rm T} J_k)^{-1} g_k$, $g_k = J_k^{\rm T} r_k$, η_k 的选取在下面考虑. 双折 Dogleg 方法的意义见图 5.7.

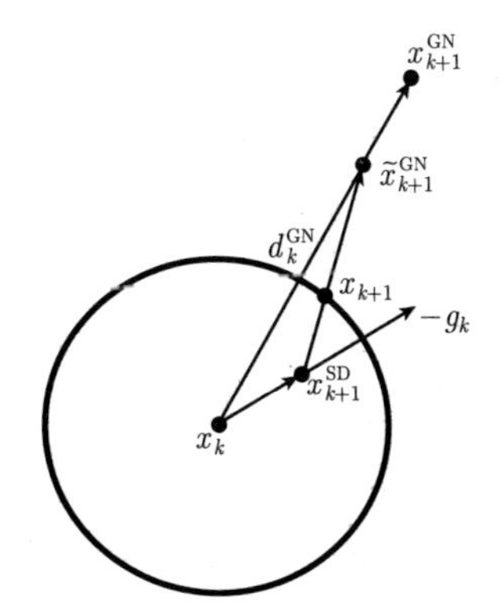

图 5.7　双折 Dogleg 方法示意图

在连接 x_k, x_{k+1}^{SD}, $\tilde{x}_{k+1}^{\mathrm{GN}}$, x_{k+1}^{GN} 的折线上, 双折 Dogleg 方法要满足如下两个性质:

(a) 折线上的点 x 至 x_k 的距离 $\|x-x_k\|$ 单调上升, 当 $\|d_k^{\mathrm{GN}}\| \geqslant \Delta_k$ 时, 折线上有唯一点 x_{k+1} 使 $\|x_{k+1}-x_k\|=\Delta_k$;

(b) $q_k(d)$ 自 x_k 始, 经 x_{k+1}^{SD}, $\tilde{x}_{k+1}^{\mathrm{GN}}$, x_{k+1}^{GN}, 沿折线单调下降.

其中 (a) 所确定的 x_{k+1} 即为双折 Dogleg 方法得到的下一个迭代点.

下面我们讨论如何保证性质 (a), (b) 成立.

(1) 设 $s_k^{\mathrm{SD}}=x_{k+1}^{\mathrm{SD}}-x_k$. 证明: 对任意正定矩阵 $J_k^{\mathrm{T}}J_k$, 有

$$\|s_k^{\mathrm{SD}}\| \leqslant \gamma\|d_k^{\mathrm{GN}}\|,$$

其中

$$\gamma=\frac{\|g_k\|^4}{(g_k^{\mathrm{T}}J_k^{\mathrm{T}}J_kg_k)(g_k^{\mathrm{T}}(J_k^{\mathrm{T}}J_k)^{-1}g_k)}, \quad \gamma \leqslant 1,$$

并且 $\gamma=1$ 当且仅当 $s_k^{\mathrm{SD}}=d_k^{\mathrm{GN}}$. 从而性质 (a) 满足.

(2) 证明: $q_k(d)$ 沿线段

$$x_{k+1}(\lambda)=x_k+s_k^{\mathrm{SD}}+\lambda(\eta_kd_k^{\mathrm{GN}}-s_k^{\mathrm{SD}}), \quad 0\leqslant\lambda\leqslant 1$$

单调下降, 其中 $\eta_k\in(\gamma,1)$. 我们已知 $q_k(d)$ 从 x_k 至 x_{k+1}^{SD} 以及从 $\tilde{x}_{k+1}^{\mathrm{GN}}$ 至 x_{k+1}^{GN} 分别单调下降, 从而性质 (b) 满足.

由上面的讨论知, $\tilde{x}_{k+1}^{\mathrm{GN}}$ 可取为任一点 $x_k+\eta_kd_k^{\mathrm{GN}}$, $\eta_k\in(\gamma,1)$. 单折 Dogleg 方法即取 $\eta_k=1$. 在 Dennis 和 Mei 提出的双折 Dogleg 方法中, 取 $\eta_k=0.8\gamma+0.2$.

上 机 习 题

1999 年, Nielsen[57] 提出如下方法修正 LM 方法中的参数 ν_k:

$$\begin{cases}\text{若 } \gamma_k>0, \text{ 则 } \nu_{k+1}=\max\{1/3,1-(2\gamma_k-1)^3\}\nu_k; \\ \text{若 } \gamma_k\leqslant 0, \text{ 则 } \nu_{k+1}=c\nu_k,\ c:=2c.\end{cases} \tag{5.28}$$

其中 c 的初值取为 2, γ_k 由 (5.19) 式给出. 我们称相应的 LM 方法为 LMN 方法.

为求解可分最小二乘问题 (见本章习题第 11 题) 建立一个算法, 或参考已有文献的算法, 如文献 [69], 编写该算法的程序. 编写 GN 方法, LMF 方法, LMN 方法, Dogleg 方法的程序.

做下面的问题, 比较各方法的有效性:

1. 比较 LMN 方法与 LMF 方法的有效性, 讨论在什么情况下, 使用 LMN 方法会更有效.

2. 对本章数值实验 3 的 Osborne 数据拟合问题, 试扰动几个观察值, 例如 $y_6 = 6.7, y_{11} = 4.5$, 解相应的最小二乘问题. 与数值试验 3 得到的结果进行比较, 试分析最小二乘方法的特点.

3. 解第一章例 1.1(肺功能的测定) 的问题, 初值选为

$$(6.00, 12.30, -5.50, -3.50, 99.60)^{\mathrm{T}}.$$

4. 用最小二乘方法解问题

$$\min \sum_{i=1}^{11}\left(y_i - \tilde{f}(x, t_i)\right)^2,$$

其中

$$\tilde{f}(x,t) = \frac{x_1(t^2 + x_2 t)}{t^2 + x_3 t + x_4},$$

数据 (t_i, y_i) 由表 5.5 给出.

表 5.5 第 4 题的数据

i	t_i	y_i	i	t_i	y_i
1	4.0000	0.1957	7	0.1250	0.0456
2	2.0000	0.1947	8	0.1000	0.0342
3	1.0000	0.1735	9	0.0833	0.0323
4	0.5000	0.1600	10	0.0714	0.0235
5	0.2500	0.0844	11	0.0625	0.0246
6	0.1670	0.0627			

5. 对可分最小二乘问题, 如 Osborne 数据拟合问题, Biggs EXP6 问题, 比较你所给出的解可分最小二乘问题的方法与其他解一般最小二乘问题的方法的有效性.

6. (用最小二乘方法解蒸气和液体的平衡问题 (见文献 [34], [44])) 蒸馏是一种热力学的分离工艺, 它利用混合液体或液–固体系中各组分沸点不同的特点, 使低沸点组分蒸发, 再冷凝以分离整个组分. 组分是确定平衡系统中的所有各项的组成所需要的最少数目的独立物种.

蒸馏是在分裂蒸馏塔中完成的. 假设在分裂蒸馏塔中气体与液体是平衡的, 描述平衡状态的数学模型是包含二元或多元的气液平衡关联式. 关联式依赖于温度、压力和组分的摩尔分数等参数. 一个两元系统的关联式是

$$x_i \nu_i p_i^{\mathrm{sat}} = y_i p, \quad i = 1, 2, \tag{5.29}$$

其中

p : 总压,
x_i : 组分 i 的液相摩尔分数,
y_i : 组分 i 的气相摩尔分数,
p_i^{sat} : 组分 i 在温度 T 时的饱和蒸气压,
ν_i : 组分 i 在温度 T 时的活度系数,

sat 是饱和英文 “saturation” 的缩写, x_i, y_i 满足

$$\sum_i x_i = 1, \tag{5.30a}$$

$$\sum_i y_i = 1. \tag{5.30b}$$

摩尔, 旧称克分子、克原子, 是国际单位制 7 个基本单位之一, 表示物质的量, 符号为 mol. 每 1 mol 任何物质含有阿伏伽德罗常数 (约 6.02×10^{23}) 个微粒. 例如 1 mol 的碳原子含 6.02×10^{23} 个碳原子, 质量为 12 克. 混合物或溶液中的一种物质的摩尔数与各组分的总摩尔数之比, 即

为该组分的摩尔分数. 利用 (5.30a), (5.30b) 式, 我们可以消去 (5.29) 式中的 x_2, y_1 和 y_2, 得到

$$p = x_1\nu_1 p_1^{\text{sat}} + (1-x_1)\nu_2 p_2^{\text{sat}}. \tag{5.31}$$

在 (5.31) 式中, 只要确定了 ν_i 和 $p_i^{\text{sat}}(i=1,2)$, 就确定了 x_1 和 p 的关系.

组分 i 在温度 T 时的饱和蒸气压 p_i^{sat} 可以由安托万 (Antoine) 方程

$$\ln p_i^{\text{sat}} = c_{1,i} - \frac{c_{2i}}{T + c_{3i}}$$

确定. 在水与 (1,4) 二氧杂环乙烷 (dioxane) 的二元系统中, 组分 i 的安托万系数 c_{1i}, c_{2i}, c_{3i} 的值见表 5.6.

表 5.6 安托万系数

i	c_{1i}	c_{2i}	c_{3i}	温度/°C
1 (水)	8.07131	1730.630	233.426	1~100
2 ((1,4) 二氧杂环乙烷)	7.43155	1554.679	240.337	20~105

人们提出了许多不同的模型来计算 (5.31) 式中的 ν_i, 其中之一是 Van Laar 模型:

$$\ln v_1 = a_1\left(\frac{a_2x_2}{a_1x_1+a_2x_2}\right)^2,$$

$$\ln v_2 = a_2\left(\frac{a_1x_1}{a_1x_1+a_2x_2}\right)^2,$$

其中 a_1, a_2 是待定的参数. 这样, (5.31) 式可以表示为

$$\begin{aligned} p(x,a_1,a_2) = {} & x_1\exp\left[a_1\left(\frac{a_2x_2}{a_1x_1+a_2x_2}\right)^2\right]p_1^{\text{sat}} \\ & +(1-x_1)\exp\left[a_2\left(\frac{a_1x_1}{a_1x_1+a_2x_2}\right)^2\right]p_2^{\text{sat}}. \end{aligned} \tag{5.32}$$

用最小二乘方法可以确定 a_1, a_2.

假定对于一组摩尔分数 x_{1i} $(i=1,\cdots,m)$, 我们可以得到相应的总压的实验值 p_i $(i=1,\cdots,m)$, 见表 5.7, 其中 $m=11$, 则我们的最优化问题就是

$$\min f(a_1,a_2)=\sum_{i=1}^{m}\big(p_i-p(x_{1i},a_1,a_2)\big)^2.$$

解此最小二乘问题. 初始点取为 $(1,1)^{\mathrm{T}}$.

表 5.7　水和 (1,4) 二氧杂环乙烷在 20°C 时的气液平衡实验数值

x_{1i}	$p_i/(\mathrm{mmHg})$	x_{1i}	$p_i/(\mathrm{mmHg})$
0.00	28.10	0.60	36.50
0.10	34.40	0.70	35.40
0.20	36.70	0.80	32.90
0.30	36.90	0.90	27.70
0.40	36.80	1.00	17.50
0.50	36.70		

第六章　约束最优化问题的最优性理论

与无约束最优化问题相比, 约束最优化问题的最优性理论要复杂得多, 因为在最优解处, 我们不但要考虑目标函数, 还要考虑约束函数, 最优解是由这二者决定的. 在这一章中, 我们将先考虑一般约束最优化问题的基本概念, 继而考虑它的最优性理论.

§6.1　一般约束最优化问题

1. 约束最优化问题

考虑一般**约束最优化问题**

$$\min f(x), \tag{6.1a}$$

$$\text{s.t. } c_i(x) = 0,\ i \in \mathcal{E}, \tag{6.1b}$$

$$c_i(x) \geqslant 0,\ i \in \mathcal{I}, \tag{6.1c}$$

其中 $x \in \mathbb{R}^n$, $f(x) \in \mathbb{R}$ 为目标函数, $c_i(x) \in \mathbb{R}$ $(i \in \mathcal{E} \cup \mathcal{I})$ 为约束函数, $c_i(x) = 0$ $(i \in \mathcal{E})$ 和 $c_i(x) \geqslant 0$ $(i \in \mathcal{I})$ 分别为等式约束和不等式约束, $\mathcal{E} = \{1, \cdots, m_e\}$ 和 $\mathcal{I} = \{m_e + 1, \cdots, m\}$ 分别是等式约束指标集合和不等式约束指标集合, m, m_e 为正整数, $m_e \leqslant m$. (6.1b) 式和 (6.1c) 式统称为**约束条件**.

在下面的章节中, 我们称仅含等式约束的问题 (6.1) 为等式约束最优化问题, 仅含不等式约束的问题 (6.1) 为不等式约束最优化问题. 若无特殊说明, 我们总假定问题 (6.1) 中的 $f(x)$, $c_i(x)$ $(i \in \mathcal{E} \cup \mathcal{I})$ 连续可微; 对任意约束最优化问题, 记

$$A(x) = [a_1(x), \cdots, a_m(x)], \quad \text{其中} \quad a_i(x) = \nabla c_i(x);$$
$$a_i^* = a_i(x^*), \quad c_i^* = c_i(x^*), \quad A^* = A(x^*).$$

另外, 第二章开始时定义的符号在约束最优化问题中继续使用.

下面给出约束最优化问题 (6.1) 的几个重要概念.

2. 可行域

对约束最优化问题 (6.1), 满足约束条件的点称为**可行点**, 所有可行点的集合称为**可行域**, 记为

$$\mathcal{D}=\{x \mid c_i(x)=0,\ i\in\mathcal{E},\ \ c_i(x)\geqslant 0,\ i\in\mathcal{I}\}.$$

约束最优化问题就是在可行域上求目标函数极值的问题. 问题 (6.1) 可表示为

$$\min_{x\in\mathcal{D}} f(x).$$

例 6.1　约束条件

$$\begin{aligned}&(x_1-1)^2+x_2^2\leqslant 1,\\&x_2^2-x_1+1\leqslant 0\end{aligned}$$

化为标准形式为

$$\begin{aligned}&c_1(x)=1-(x_1-1)^2-x_2^2\geqslant 0,\\&c_2(x)=-1+x_1-x_2^2\geqslant 0,\end{aligned}$$

这里 $\mathcal{I}=\{1,2\}$. 在图 6.1 中, 深灰色区域 $\mathcal{D}$ 为该约束条件对应的问题 (6.1) 的可行域, 实线分别为约束函数 $c_1(x)$ 和 $c_2(x)$.

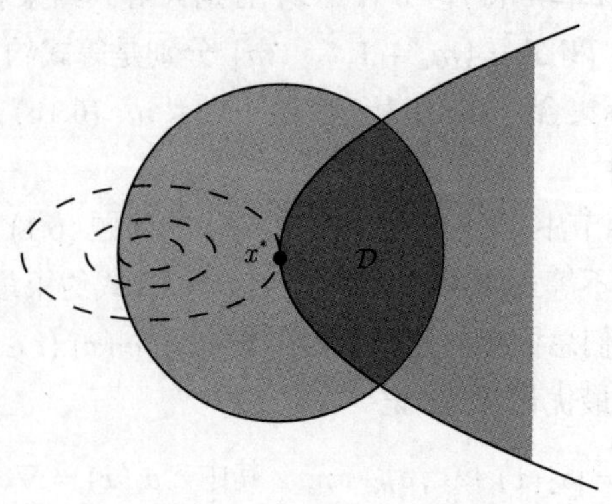

图 6.1　例 6.1 和例 6.3 中最优化问题的可行域与最优解

在约束最优化问题中, 可行域的概念是很重要的. 首先, 最优解是在可行域上的; 其次, 许多方法亦是由在可行域上产生的下降方向得到的.

3. 约束最优化问题的局部解与全局解

定义 6.1 对一般约束最优化问题 (6.1), 若 $x^* \in \mathcal{D}$, 存在 $\varepsilon > 0$, 当 $x \in \mathcal{D}$ 且 $\|x - x^*\| < \varepsilon$ 时, 有

$$f(x) \geqslant f(x^*),$$

则称 x^* 为问题 (6.1) 的局部解; 若 $x^* \in \mathcal{D}$, 存在 $\varepsilon > 0$, 当 $x \in \mathcal{D}$ 且 $0 < \|x - x^*\| < \varepsilon$ 时, 有

$$f(x) > f(x^*),$$

则称 x^* 为问题 (6.1) 的**严格局部解**.

定义 6.2 对一般约束最优化问题 (6.1), 若 $x^* \in \mathcal{D}$, 有

$$f(x) \geqslant f(x^*), \quad \forall\, x \in \mathcal{D},$$

则称 x^* 为问题 (6.1) 的**全局最优解**; 若 $x^* \in \mathcal{D}$, 有

$$f(x) > f(x^*), \quad \forall\, x \in \mathcal{D} \text{ 且 } x \neq x^*,$$

则称 x^* 为问题 (6.1) 的**严格全局最优解**.

例 6.2 问题

$$\begin{aligned} &\min\ x_1^2 + x_2^2, \\ &\text{s.t.}\ \ (x_2 - 1)^2/4 - x_1^2 = 1 \end{aligned}$$

有局部最优解 $(0,3)^{\mathrm{T}}$ 和全局最优解 $(0,-1)^{\mathrm{T}}$. 图 6.2 画出了该最优化问题的目标函数与可行域, 其中虚线为目标函数的等高线, 实线为约束函数, 空心点为局部最优解, 实心点为全局最优解.

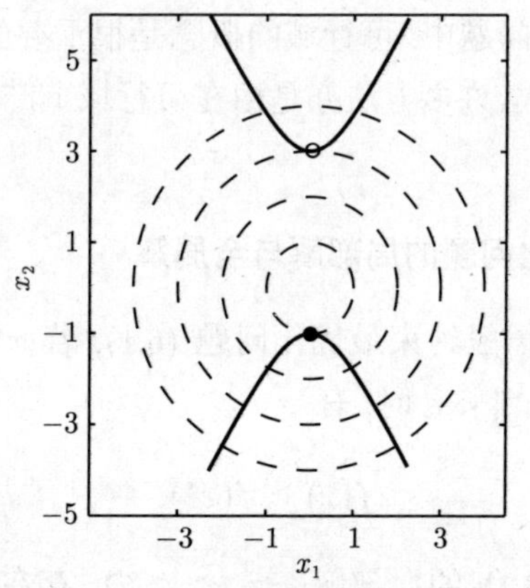

图 6.2　例 6.2 中最优化问题与最优解

4. 起作用约束

约束最优化问题的另一个重要概念是起作用约束. 在点 $x \in \mathcal{D}$, 若 $c_i(x) = 0$, 则称该约束为在点 x 的**起作用约束**、**积极约束**或**有效约束**; 若 $c_i(x) > 0$, 则称该约束为在点 x 的**不起作用约束**、**非积极约束**或**非有效约束**. 不等式约束是否是起作用约束依点 x 而定, 我们用 $\mathcal{I}(x)$ 表示 x 处起作用不等式约束下标集合 (简称**起作用不等式约束集合**), 即

$$\mathcal{I}(x) = \{i \mid c_i(x) = 0, i \in \mathcal{I}\}.$$

显然, 等式约束都是起作用约束. 在点 x 处的起作用约束下标集合 (简称**起作用约束集合**) 记为

$$\mathscr{A}(x) = \{i \mid c_i(x) = 0, i \in \mathcal{E} \cup \mathcal{I}\},$$

或者 $\mathscr{A}(x) = \mathcal{E} \cup \mathcal{I}(x)$. 特别地, 记 $\mathscr{A}^* = \mathscr{A}(x^*)$, $\mathcal{I}^* = \mathcal{I}(x^*)$.

我们之所以说起作用约束是一个重要的问题, 是因为在局部最优解 x^* 处, 若 $\mathscr{A}^*$ 已知, 则不起作用约束都可省略, 问题 (6.1) 可以化为等式约束最优化问题

$$\begin{aligned} &\min f(x), \\ &\text{s.t.}\ \ c_i(x) = 0,\ i \in \mathscr{A}^*. \end{aligned}$$

显然 $\mathscr{A}^*$ 是不知道的, 但若在迭代点 x_k 处使用起作用约束的思想, 我们可以建立将在第八章介绍的起作用集方法.

例 6.3 问题

$$\begin{aligned} &\min\ x_1^2+x_2^2, \\ &\text{s.t.}\ \ (x_1-1)^2+x_2^2\leqslant 1, \\ &\qquad x_2^2-x_1+1\leqslant 0 \end{aligned}$$

的最优解是 $x^*=(1,0)^{\mathrm{T}}$. 因为点 x^* 处, $\mathcal{I}^*=\{2\}$, 从而去掉约束中的第 1 个约束 $(x_1-1)^2+x_2^2\leqslant 1$, 问题的解不变, 见图 6.1, 其中虚线为目标函数的等高线, 实心点为问题的解.

5. 凸规划问题

设 $f(x)$ 为凸函数, $c_i(x)(i\in\mathcal{I})$ 为凹函数, 则称

$$\begin{aligned} &\min f(x), \\ &\text{s.t.}\ c_i(x)\geqslant 0,\ \ i\in\mathcal{I} \end{aligned}$$

为**凸规划问题**.

等式约束 $c_i(x)=0$ 等价于两个不等式约束 $c_i(x)\geqslant 0$ 和 $c_i(x)\leqslant 0$, 所以凸规划问题中的等式约束函数必为线性函数. 一般地, 若 $f(x)$ 为凸函数, $c_i(x)(i\in\mathcal{I})$ 为凹函数, $c_i(x)(i\in\mathcal{E})$ 为线性函数, 则问题 (6.1) 为凸规划问题.

可以证明, 等式约束函数是线性函数, 不等式约束函数是凹函数的约束所构成的可行域为凸集. 也就是说, 凸规划问题是求凸函数在凸集上的极值问题. 凸规划问题是约束最优化问题的特殊情形, 它的最优解均为全局最优解.

定理 6.3 (凸规划问题的最优解) *凸规划问题的局部最优解必为全局最优解.*

定理的证明留为作业.

6. 约束最优化问题一阶最优性条件的初步认识

这里我们将通过两个简单的约束最优化问题的例子, 建立对约束最优化问题一阶最优性条件的初步认识.

例 6.4　考虑约束最优化问题

$$\min f(x) = x_1^2 + x_2^2, \tag{6.2a}$$

$$\text{s.t. } 1-(x_1-1)^2-(x_2-1)^2=0, \tag{6.2b}$$

见图 6.3.

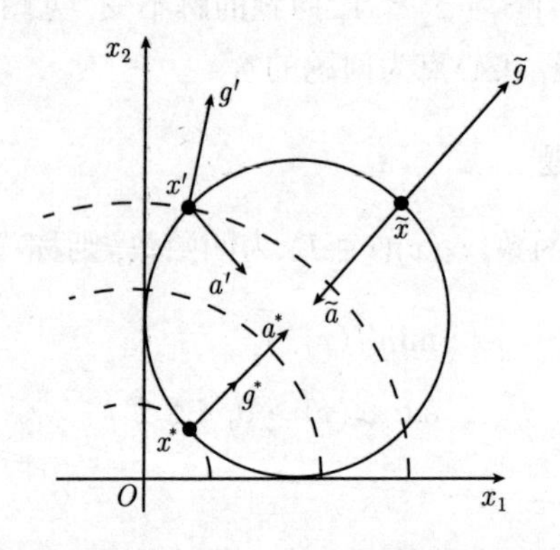

图 6.3　问题 (6.2) 在不同可行点处的 g 与 a

易知该问题的最优解为 $x^* = \left(1-\dfrac{\sqrt{2}}{2}, 1-\dfrac{\sqrt{2}}{2}\right)^{\mathrm{T}}$. 在点 x^* 处, $g^*=(2-\sqrt{2},2-\sqrt{2})^{\mathrm{T}}$, $a^*=(\sqrt{2},\sqrt{2})^{\mathrm{T}}$, g^* 与 a^* 共线, 从而有 $g^*=\lambda^*a^*$, 其中 $\lambda^*=\sqrt{2}-1$. 在这个例子中, 在极大点 $\widetilde{x} = \left(1+\dfrac{\sqrt{2}}{2}, 1+\dfrac{\sqrt{2}}{2}\right)^{\mathrm{T}}$ 处, $\tilde{g}$ 与 $\tilde{a}$ 也共线; 而在其他点处, g 与 a 并不共线. 这说明 $g=\lambda a$ 只是最优解的一个必要条件, 像无约束最优化问题稳定点的条件一样, 稳定点的类型还需要利用二阶条件做进一步的判断.

等式约束最优化问题与不等式约束最优化问题的最优性条件是有

差别的. 将上面问题的等式约束改为不等式约束, 得到

$$\min f(x) = x_1^2 + x_2^2, \tag{6.3a}$$

$$\text{s.t. } 1 - (x_1 - 1)^2 - (x_2 - 1)^2 \geqslant 0, \tag{6.3b}$$

见图 6.4. 与等式约束最优化问题一样, 在最优解 x^* 处, g^* 与 a^* 共线, 从而有一阶最优性条件 $g^* = \lambda^* a^*$, 其中 $g^* = (2-\sqrt{2}, 2-\sqrt{2})^{\mathrm{T}}$, $a^* = (\sqrt{2}, \sqrt{2})^{\mathrm{T}}, \lambda^* = \sqrt{2} - 1 > 0$. 它与等式约束最优化问题一阶最优性条件的差别在于, 在等式约束最优化问题的最优解处, λ 没有非负要求, 因为若将问题 (6.2) 的约束写成 $(x_1 - 1)^2 + (x_2 - 1)^2 - 1 = 0$, 则有 $a^* = (-\sqrt{2}, -\sqrt{2})^{\mathrm{T}}, \lambda^* = 1 - \sqrt{2} < 0$. 对不等式约束最优化问题而言, 如果在点 x^* 处这个约束起作用, 那么 λ^* 是非负的. 如果 λ^* 不是非负的会导致什么结果呢? 比如在点 $\tilde{x} = \left(1 + \dfrac{\sqrt{2}}{2}, 1 + \dfrac{\sqrt{2}}{2}\right)^{\mathrm{T}}$ 处, $\tilde{g} = (2+\sqrt{2}, 2+\sqrt{2})^{\mathrm{T}}, \tilde{a} = (-\sqrt{2}, -\sqrt{2})^{\mathrm{T}}$, $\tilde{g}$ 与 $\tilde{a}$ 共线, $\tilde{\lambda} = -\sqrt{2} - 1 < 0$. 此时, 满足 $\tilde{a}^{\mathrm{T}} d > 0$ 的 d 指向可行域内部, 有 $\tilde{g}^{\mathrm{T}} d < 0$, 即 d 是下降方向, $f(x)$ 可以沿着这个方向在可行域内减小. 在最优解 x^* 处, 不会出现这种情况, 因 g^* 与 a^* 共线, $\lambda^* > 0$. 满足 $a^{*\mathrm{T}} d > 0$ 的 d 指向可行域内部, 但 $g^{*\mathrm{T}} d > 0$, d 不是下降方向. □

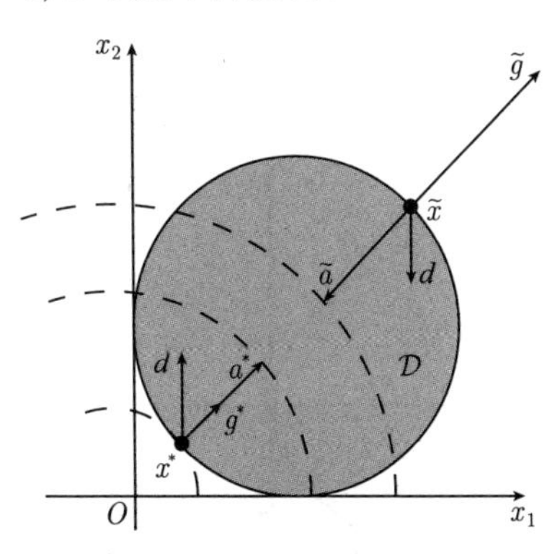

图 6.4　问题 (6.3) 在不同可行点处的 g 与 a

上面所举的例子中只有一个约束, 对于一般约束最优化问题, 一阶

最优性条件 $g^*=\lambda^* a^*$ 成为

$$g^*=\sum_{i\in\mathcal{E}\cup\mathcal{I}^*}\lambda_i^* a_i^*,\quad \lambda_i^*\geqslant 0,\ i\in\mathcal{I}^*,\tag{6.4}$$

其中如所讨论的那样, 要求点 x^* 处的起作用不等式约束对应的 λ^* 非负.

本章伊始, 我们就谈到了约束最优化问题的最优性理论并非像无约束最优化问题的那样简单, 因为约束条件的存在使得问题复杂化了. 下面这个例子说明, 在最优解 x^* 处, 并非对任意约束函数, 一阶最优性条件 (6.4) 都会满足.

例 6.5 考虑问题

$$\begin{aligned}&\min f(x)=x_2,\\ &\text{s.t. } c_1(x)=-x_1-x_2^2\geqslant 0,\\ &\qquad c_2(x)=x_1=0.\end{aligned}$$

该问题的最优解为 $x^*=(0,0)^{\mathrm{T}}$. 另外,

$$g^*=\begin{bmatrix}0\\1\end{bmatrix},\quad a_1^*=\begin{bmatrix}-1\\0\end{bmatrix},\quad a_2^*=\begin{bmatrix}1\\0\end{bmatrix}.$$

显然在该点处, 条件 (6.4) 不成立, 见图 6.5. □

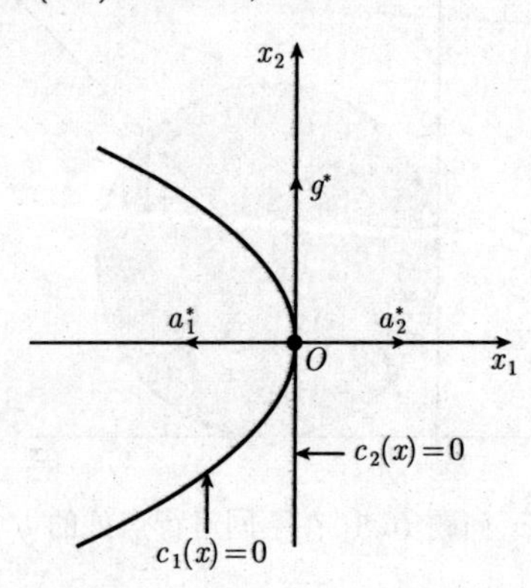

图 6.5 在最优解 x^* 处, 条件 (6.4) 不成立的例子

这个例子说明, 在最优解处, 若要最优性条件 (6.4) 满足, 约束函数需要满足某些条件. 我们称这些条件为**约束规范条件**或**约束限制条件**. 在下面几节内容中, 我们将先讨论约束规范条件, 进而从理论上给出约束最优化问题的一阶与二阶最优性条件.

§6.2 约束规范条件

在这一节中, 我们首先学习与约束规范条件有关的几种方向及其性质, 在此基础上, 给出几种约束规范条件.

1. 两种可行方向及其关系

定义 6.4 设 x 为问题 (6.1) 的可行点, 存在可行点序列 $\{x_k\}$, 有 $x_k \to x$, $x_k \neq x$. 记

$$x_k = x + \alpha_k d_k,$$

其中 $\|d_k\| = 1$, $\alpha_k > 0$. 因为 $x_k \to x$, 所以 $\alpha_k \to 0$. 若 $d_k \to d$, 则称 $\{d_k\}$ 为**可行方向点列**, d 为 x 处的**可行方向**. 记 $\mathscr{F} = \mathscr{F}(x)$ 为 x 处全体可行方向组成的集合.

根据 d 的定义, 在有些教科书中, d 亦称为**序列可行方向**.

下面我们来看一个可行方向的例子.

例 6.6 考虑问题 (6.2) 在点 $x = (1-\cos\theta, 1-\sin\theta)^{\mathrm{T}}$ 处的可行方向, 其中 $\theta = \pi/4$.

令 $x_k = (1-\cos\theta_k, 1-\sin\theta_k)^{\mathrm{T}}$, 其中 $\theta_k = \dfrac{\pi}{4} + \dfrac{1}{k}$. 易知 x_k 是可行点, $\theta_k \to \theta$, 从而

$$\begin{aligned}
\|x_k - x\|^2 &= (\cos\theta - \cos\theta_k)^2 + (\sin\theta - \sin\theta_k)^2 \\
&= 2 - 2(\cos\theta\cos\theta_k + \sin\theta\sin\theta_k) \\
&= 2 - 2\cos(\theta - \theta_k) = 4\sin^2\frac{\theta - \theta_k}{2}.
\end{aligned}$$

进一步, 我们有

$$d_k = \frac{x_k - x}{\|x_k - x\|} = \frac{1}{-2\sin\dfrac{\theta - \theta_k}{2}}(\cos\theta - \cos\theta_k, \sin\theta - \sin\theta_k)^{\mathrm{T}}$$

$$= \frac{1}{-2\sin\dfrac{\theta - \theta_k}{2}}\left(-2\sin\frac{\theta + \theta_k}{2}\sin\frac{\theta - \theta_k}{2}, 2\cos\frac{\theta + \theta_k}{2}\sin\frac{\theta - \theta_k}{2}\right)^{\mathrm{T}}$$

$$= \left(\sin\frac{\theta + \theta_k}{2}, -\cos\frac{\theta + \theta_k}{2}\right)^{\mathrm{T}},$$

当 $k \to \infty$ 时, 有 $d_k \to d = (\sin\theta, -\cos\theta)^{\mathrm{T}}$, 知 $d \in \mathscr{F}(x)$. 这里不再计算 x 处其他可行方向. □

定义 6.5　设 x 为问题 (6.1) 的可行点, 定义

$$\begin{aligned}\mathcal{F} &= \mathcal{F}(x) \\ &= \{d \mid \|d\| = 1,\ a_i^{\mathrm{T}} d = 0,\ i \in \mathcal{E}; a_i{}^{\mathrm{T}} d \geqslant 0,\ i \in \mathcal{I}(x)\}\end{aligned}$$

为在 x 处的**线性化可行方向集合**, 元素 d 为**线性化可行方向**.

考虑 $x \in \mathcal{D} = \{x \mid c_1(x) \geqslant 0, c_2(x) = 0\}$ 处的线性化可行方向集合:

$$\mathcal{F}(x) = \{d \mid a_1{}^{\mathrm{T}} d \geqslant 0, a_2{}^{\mathrm{T}} d = 0\}.$$

图 6.6 中灰色区域为满足 $a_1{}^{\mathrm{T}} d \geqslant 0$ 的 d 的集合, 粗黑线表示 $\mathcal{F}(x)$.

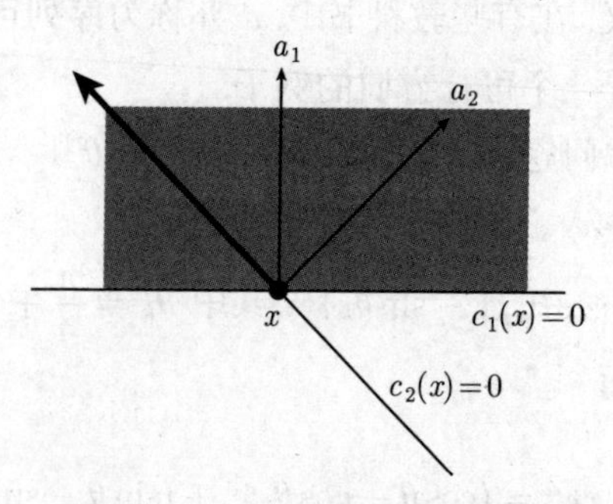

图 6.6　x 处的线性化可行方向

线性化可行方向的概念是如何得到的呢? 考虑问题 (6.1). 假定 $x \in \mathcal{D}$, d 是 x 处的可行增量, 有 $x + d \in \mathcal{D}$. 由等式约束函数 $c_i(x)$ 在点 x

处的一阶 Taylor 近似

$$c_i(x+d) \approx c_i(x) + a_i(x)^{\mathrm{T}} d, \quad i \in \mathcal{E}$$

以及 x 与 $x+d$ 处的可行性 $c_i(x+d) = c_i(x) = 0$, 得到

$$a_i(x)^{\mathrm{T}} d = 0, \quad i \in \mathcal{E}. \tag{6.5}$$

由不等式约束函数 $c_i(x)(i \in \mathcal{I}(x))$ 在点 x 处的一阶 Taylor 近似

$$c_i(x+d) \approx c_i(x) + a_i(x)^{\mathrm{T}} d, \quad i \in \mathcal{I}(x),$$

以及 x 与 $x+d$ 处的可行性 $c_i(x) = 0$ 和 $c_i(x+d) \geqslant 0$, 得到

$$a_i(x)^{\mathrm{T}} d \geqslant 0, \quad i \in \mathcal{I}(x). \tag{6.6}$$

(6.5) 式与 (6.6) 式分别为等式约束与不等式约束对应的线性化可行方向要满足的条件.

例 6.7 Kuhn 和 Tucker[46] 给出了下面两个约束:

$$x_1^3 \geqslant x_2,$$
$$x_2 \geqslant 0,$$

其对应的可行域见图 6.7.

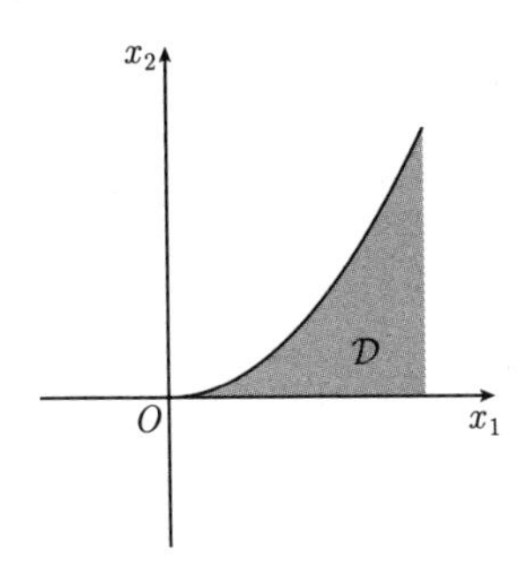

图 6.7 例 6.7 问题的可行域

设 $x = (0,0)^{\mathrm{T}}$, $\{x^{(k)}\}$ 为 $x_1^3 = x_2$ 上满足 $x_2 > 0$ 的点列, $x^{(k)} \to x$, 则

$$d_k = \frac{x^{(k)} - x}{\|x^{(k)} - x\|} \to (1,0)^{\mathrm{T}} = d, \quad d \in \mathscr{F}.$$

在点 $x=(0,0)^{\mathrm{T}}$ 处, 有 $a_1=(0,-1)^{\mathrm{T}}$, $a_2=(0,1)^{\mathrm{T}}$, 则

$$\begin{aligned}\mathcal{F}&=\{d \mid a_1^{\mathrm{T}}d\geqslant 0, a_2^{\mathrm{T}}d\geqslant 0, \|d\|=1\}\\&=\{(d_1,0)^{\mathrm{T}} \mid |d_1|=1\}.\end{aligned}$$

□

从上面的例子可以看出集合 $\mathscr{F}$ 与 $\mathcal{F}$ 的关系, 这就是下面的引理要阐述的.

引理 6.6 ($\mathscr{F}$ 与 $\mathcal{F}$ 的关系)　$x\in\mathcal{D}$ 处的可行方向集合 $\mathscr{F}(x)$ 与线性化可行方向集合 $\mathcal{F}(x)$ 有如下关系:

$$\mathscr{F}(x)\subseteq\mathcal{F}(x).$$

证明　设 $d\in\mathscr{F}(x)$, 则有可行点列 $\{x_k\}$ 满足

$$x_k=x+\alpha_k d_k\to x,$$

使得 $\alpha_k\to 0$, $d_k\to d$. 下面我们证明 $d\in\mathcal{F}(x)$.

由 Taylor 公式有

$$c_i(x_k)=c_i(x)+\alpha_k a_i^{\mathrm{T}}d_k+o(\alpha_k).$$

因为

$$\begin{aligned}c_i(x_k)&=0=c_i(x),\quad i\in\mathcal{E},\\c_i(x_k)&\geqslant 0=c_i(x),\quad i\in\mathcal{I}(x),\end{aligned}$$

则有

$$\begin{aligned}a_i^{\mathrm{T}}d_k+o(1)&=0,\quad i\in\mathcal{E},\\a_i^{\mathrm{T}}d_k+o(1)&\geqslant 0,\quad i\in\mathcal{I}(x).\end{aligned}$$

令 $k\to\infty$, 则 $d_k\to d$, $o(1)\to 0$, 得

$$\begin{aligned}{a_i}^{\mathrm{T}}d&=0,\quad i\in\mathcal{E},\\{a_i}^{\mathrm{T}}d&\geqslant 0,\quad i\in\mathcal{I}(x),\end{aligned}$$

即 $d\in\mathcal{F}(x)$.

□

$\mathcal{F}(x) \subseteq \mathscr{F}(x)$ 不一定成立. 在例 6.7 中, $d = (-1,0)^{\mathrm{T}} \in \mathcal{F}$. 然而, 因为对任意可行点 $x^{(k)}$, 有 $x_1^{(k)} \geqslant 0$, 故不存在可行点列 $\{x^{(k)}\}$, $x^{(k)} = x + \alpha_k d_k$, 使得 $d_k \to d$, 所以 $d = (-1,0)^{\mathrm{T}} \notin \mathscr{F}$.

2. 约束规范条件

引入可行方向和线性化可行方向的目的是建立约束规范条件, 从而建立最优性条件. 约束规范条件有多种, 常用的一种为 **KT(Kuhn-Tucker) 约束规范条件**(见文献 [46]):

$$\mathcal{F} = \mathscr{F}. \tag{6.7}$$

该约束规范条件是不易检验的, 但可以证明下面条件之一成立:

$$\mathscr{A} \text{ 中所有约束为线性约束}, \tag{6.8a}$$

$$\{a_i, i \in \mathscr{A}\} \text{ 线性无关}, \tag{6.8b}$$

则 KT 约束规范条件成立. (6.8a) 和 (6.8b) 这两个条件是容易检验的. 关于这些条件的详细讨论, 见文献 [28]. 注意, 在例 6.5 中, 最优解 $x^* = (0,0)^{\mathrm{T}}$ 处的 a_1^* 与 a_2^* 是线性相关的.

另一种约束规范条件为正则性假设, 它是建立在可行方向和下降方向的基础之上的.

定义 6.7 定义

$$\mathscr{D} = \mathscr{D}(x) = \{d \mid d^{\mathrm{T}} g < 0, d \in \mathbb{R}^n\}$$

为 $f(x)$ 在 x 处的**下降方向集合**, 其中的元素 d 称为 x 处的**下降方向**.

正则性假设为

$$\mathscr{F} \cap \mathscr{D} = \mathcal{F} \cap \mathscr{D}. \tag{6.9}$$

正则性假设只考虑可行方向集合与线性化可行方向集合中下降方向的部分, 显然这个条件比 KT 约束规范条件弱, 即若 KT 约束规范条件成立, 则正则性假设成立. 但反之不一定成立. 请看下面的例子.

例 6.8 问题

$$\min x_1^2 + x_2,$$
$$\text{s.t } x_1^3 \geqslant x_2,$$
$$x_2 \geqslant 0$$

的最优解为 $x = (0,0)^{\mathrm{T}}$. 由例 6.7 知

$$\mathcal{F} = \{(d_1, 0)^{\mathrm{T}} \mid |d_1| = 1\}.$$

另外, $g = (0,1)^{\mathrm{T}}$, 由 $g^{\mathrm{T}}d = d_2 < 0$ 知

$$\mathscr{D} = \{d \mid d = (d_1, d_2)^{\mathrm{T}}, d_2 < 0\}.$$

所以 $\mathcal{F} \cap \mathscr{D} = \varnothing$. 由引理 6.6 知 $\mathscr{F} \subseteq \mathcal{F}$, 故 $\mathscr{F} \cap \mathscr{D} = \varnothing$, 即正则性假设成立. 对这个问题, 由例 6.7 知 $\mathscr{F} \neq \mathcal{F}$, 故 KT 约束规范条件不成立. □

根据可行方向和下降方向的概念, 可建立下面最优性的必要条件.

定理 6.8 (一阶必要条件) 若 x^* 为问题 (6.1) 的局部最优解, 则

$$\mathscr{F}^* \cap \mathscr{D}^* = \varnothing, \tag{6.10}$$

其中 $\mathscr{F}^* = \mathscr{F}(x^*), \mathscr{D}^* = \mathscr{D}(x^*)$.

证明 我们要证对任给 $d \in \mathscr{F}^*$, $d \notin \mathscr{D}^*$.

由 $\mathscr{F}^*$ 的定义, 存在可行点列 $\{x_k\}$, $x_k = x^* + \alpha_k d_k$, 使得 $\alpha_k \to 0$, $d_k \to d$.

由 Taylor 公式有

$$f_k = f^* + \alpha_k g^{*\mathrm{T}} d_k + o(\alpha_k).$$

由于 x^* 是局部最优解, 当 k 充分大时, 有 $f_k \geqslant f^*$, 即

$$g^{*\mathrm{T}} d_k + o(1) \geqslant 0.$$

令 $k \to \infty$, 得 $g^{*\mathrm{T}} d \geqslant 0$, 所以 $d \notin \mathscr{D}^*$. □

该定理说明, 在最优解 x^* 处不存在可行的下降方向. 由此给出了最优解处问题的几何特征. 下面要考虑的一阶必要条件描述了最优解处问题的代数特征.

3. 约束最优化问题一阶最优性条件的进一步认识

问题 (6.1) 在最优解 x^* 处不存在可行的下降方向, 在正则性假设下, 也不存在线性化的可行下降方向. 从这个角度出发可以推出 (6.4) 式. 对等式约束最优化问题, 在 x^* 处不存在线性化的可行下降方向是指线性化的可行方向条件 ${a_i^*}^{\mathrm{T}}d = 0\,(i \in \mathcal{E})$ 和下降方向条件 ${g^*}^{\mathrm{T}}d < 0$ 不会同时成立. 而只有当 g^* 是 $a_i^*\,(i \in \mathcal{E})$ 的线性组合, 即

$$g^* = \sum_{i\in\mathcal{E}} \lambda_i^* a_i^* \tag{6.11}$$

时, 它们才不会同时成立. 对不等式约束最优化问题而言, 若不存在 d, 使线性化可行方向条件 ${a_i^*}^{\mathrm{T}}d \geqslant 0\,(i \in \mathcal{I}^*)$ 和下降方向条件 ${g^*}^{\mathrm{T}}d < 0$ 同时成立, 则只有

$$g^* = \sum_{i\in\mathcal{I}^*} \lambda_i^* a_i^*, \quad \lambda_i^* \geqslant 0,\ i \in \mathcal{I}^*. \tag{6.12}$$

下面解释为何要求 $\lambda_i^*\,(i \in I^*)$ 非负. 考虑只有一个不等式约束的情形. 在 x^* 处, 有 $g^* = \lambda^* a^*$, 假定 ${a^*}^{\mathrm{T}}d > 0$. 若 $\lambda^* < 0$, 则 ${g^*}^{\mathrm{T}}d = \lambda^* {a^*}^{\mathrm{T}}d < 0$, d 是问题在 x^* 处的线性化可行下降方向, 这与 x^* 是最优解矛盾. 结合 (6.11) 式和 (6.12) 式, 我们可以得到一般约束最优化问题最优解处的必要条件 (6.4). 需要说明的是, 在 (6.4) 式中, 我们只考虑了 x^* 处的起作用约束. 我们将在下一节考虑 (6.4) 式的一般情形.

§6.3 约束最优化问题的一阶最优性条件

在上面讨论的基础上, 我们在这一节从理论上推出一阶最优性条件.

1. Farkas 引理及其推论

从下面的分离定理, 我们可以得到 Farkas 引理; 再由 Farkas 引理, 我们便可以得到约束最优化问题的一阶最优性条件.

引理 6.9 (分离定理)　设 C 是 m 个 n 维向量 $a_1, a_2, \cdots, a_m$ 生成的集合:

$$C=\left\{v \,\middle|\, v=\sum_{i=1}^{m}\lambda_i a_i,\ \lambda_i \geqslant 0,\ i=1,\cdots,m\right\}. \tag{6.13}$$

如果 n 维向量 $g \notin C$, 则存在一个法向量为 d 的超平面 Π 分离 g 与 C, 使得

$$g^{\mathrm{T}}d<0,$$
$$a_i^{\mathrm{T}}d \geqslant 0, \quad i=1,\cdots,m.$$

引理的证明见文献 [73]. 分离定理的几何意义是明显的, 它说明 C 位于超平面 Π 的一侧, 而 g 位于 Π 的另一侧, 见图 6.8.

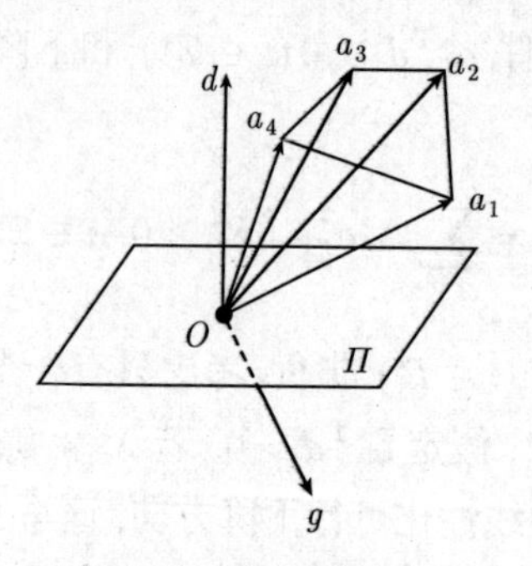

图 6.8　分离定理的意义

引理 6.10 (Farkas 引理)　给定任意 n 维向量 $a_1, a_2, \cdots, a_m$ 与 g, 则集合

$$\mathscr{D}_1=\{d \mid g^{\mathrm{T}}d<0,\ a_i^{\mathrm{T}}d \geqslant 0,\ i=1,\cdots,m\}$$

为空集的充分必要条件是, 存在 $\lambda_i \geqslant 0\,(i=1,\cdots,m)$, 使得

$$g=\sum_{i=1}^{m}\lambda_i a_i,$$

证明　充分性　设 $\lambda_i \geqslant 0\ (i=1,\cdots,m)$. 对满足 $a_i^{\mathrm{T}}d \geqslant 0$ $(i=1,\cdots,m)$ 的 d, 有

$$g^{\mathrm{T}}d=\sum_{i=1}^{m}\lambda_i a_i^{\mathrm{T}}d \geqslant 0,$$

故 $\mathscr{D}_1$ 为空集.

必要性 假定 $g \notin C$, C 由 (6.13) 式定义. 由分离定理, 存在以 d 为法向量的超平面, 使得

$$
\begin{aligned}
&g^{\mathrm{T}} d<0, \\
&a_i^{\mathrm{T}} d \geqslant 0, \quad i=1, \cdots, m .
\end{aligned}
$$

所以 $d \in \mathscr{D}_1$, 即 $\mathscr{D}_1$ 非空, 与已知条件矛盾. 故 $g \in C$. □

Farkas 引理可以叙述成多种形式, 例如下面这种形式:

引理 6.11 (择一定理) 假定 $A=(a_1, \cdots, a_m) \in \mathbb{R}^{n \times m}$, $g \in \mathbb{R}^n$, 下列结论有一个且只有一个成立:

(1) 线性系统 $g=A \lambda$, $\lambda \geqslant 0$ 有解 $\lambda \in \mathbb{R}^m$;

(2) 线性系统 $g^{\mathrm{T}} d<0$, $A^{\mathrm{T}} d \geqslant 0$ 有解 $d \in \mathbb{R}^n$.

Farkas 引理中的 $\mathscr{D}_1$ 是不等式约束最优化问题的线性化可行下降方向集合. 下面的引理要将这个集合推广至一般约束最优化问题的线性化可行下降方向集合.

引理 6.12 (Farkas 引理的推论) 集合

$$
\mathscr{D}_2=\{d \mid g^{\mathrm{T}} d<0, a_i^{\mathrm{T}} d=0,\ i \in \mathcal{E} ; a_i^{\mathrm{T}} d \geqslant 0,\ i \in \mathcal{I}(x)\}
$$

为空集的充分必要条件是, 存在 λ_i, $i \in \mathscr{A}=\mathcal{E} \cup \mathcal{I}(x)$, 使得

$$
g=\sum_{i \in \mathscr{A}} \lambda_i a_i, \quad \lambda_i \geqslant 0,\ i \in \mathcal{I}(x).
$$

证明 因为 $a_i^{\mathrm{T}} d=0\ (i \in \mathcal{E})$ 可写为

$$
\left.\begin{array}{r}
a_i^{\mathrm{T}} d \geqslant 0, \\
-a_i^{\mathrm{T}} d \geqslant 0,
\end{array}\right. \quad i \in \mathcal{E},
$$

由 Farkas 引理知, 存在 $\lambda_i^{+} \geqslant 0$, $\lambda_i^{-} \geqslant 0\,(i \in \mathcal{E})$, $\lambda_i \geqslant 0\,(i \in \mathcal{I}(x))$, 使得

$$
\begin{aligned}
g &= \sum_{i\in\mathcal{E}} \lambda_i^+ a_i - \sum_{i\in\mathcal{E}} \lambda_i^- a_i + \sum_{i\in\mathcal{I}(x)} \lambda_i a_i \\
&= \sum_{i\in\mathcal{E}} (\lambda_i^+ - \lambda_i^-) a_i + \sum_{i\in\mathcal{I}(x)} \lambda_i a_i \\
&= \sum_{i\in\mathscr{A}} \lambda_i a_i,
\end{aligned}
$$

其中 $\lambda_i = \lambda_i^+ - \lambda_i^-, i \in \mathcal{E}$. □

2. 约束最优化问题解的一阶必要条件

约束最优化问题最优性条件的核心就是下面要介绍的一阶必要条件, 它是由 Farkas 引理的推论 (引理 6.12) 得到的.

定理 6.13 (一阶必要条件)　若 x^* 为问题 (6.1) 的局部解, 且在 x^* 处正则性假设成立, 则存在 Lagrange 乘子 $\lambda^* \in \mathbb{R}^m$, 使得 x^*, λ^* 满足

$$\nabla_x L(x^*, \lambda^*) = 0 \Longrightarrow g(x^*) = \sum_{i=1}^{m} \lambda_i^* a_i(x^*), \tag{6.14a}$$

$$c_i(x^*) = 0, \quad i \in \mathcal{E}, \tag{6.14b}$$

$$c_i(x^*) \geqslant 0, \quad i \in \mathcal{I}, \tag{6.14c}$$

$$\lambda_i^* \geqslant 0, \quad i \in \mathcal{I}, \tag{6.14d}$$

$$\lambda_i^* c_i(x^*) = 0, \quad i \in \mathcal{E} \cup \mathcal{I}, \tag{6.14e}$$

其中

$$L(x, \lambda) = f(x) - \sum_{i=1}^{m} \lambda_i c_i(x) \tag{6.15}$$

为 Lagrange 函数.

证明　由定理 6.8 与正则性假设知, 在最优解 x^* 处, $\mathscr{F}^* \cap \mathscr{D}^* = \varnothing$, 即在 x^* 处, 无线性化的可行下降方向. 由 Farkas 引理的推论知, 在 x^*

处, 有

$$g^* = \sum_{i \in \mathscr{A}^*} \lambda_i^* a_i^*, \quad \lambda_i^* \geqslant 0, i \in \mathcal{I}^*.$$

令

$$\lambda_i^* = 0, \quad i \in \mathcal{I} \setminus \mathcal{I}^*,$$

便得到

$$g^* = \sum_{i \in \mathcal{E} \cup \mathcal{I}} \lambda_i^* a_i^*,$$

$$\lambda_i^* c_i(x^*) = 0, \quad i \in \mathcal{E} \cup \mathcal{I},$$

从而 (6.14a), (6.14d), (6.14e) 三式成立. 由 x^* 是问题 (6.1) 的最优解知, (6.14b) 式和 (6.14c) 式成立. □

关于该定理, 我们有如下的说明:

• 条件 (6.14) 称为 **Karush-Kuhn-Tucker 条件**, 简称为 **KKT 条件**. 满足 KKT 条件的点 x^* 称为 **KKT 点**, 相应的 λ^* 称为 **Lagrange 乘子**, x^*, λ^* 统称为 **KKT 对**.

• 条件 (6.14e) 称为**互补条件**, 当 $\lambda_i^* > 0\,(i \in \mathcal{I}^*)$ 时称为**严格互补条件**. 互补条件说明 λ_i, c_i 不可能同时非零. 图 6.9 给出了互补条件的几种情形, 其中虚线为目标函数 $f(x)$ 的等高线, 灰色区域为可行域, 实心点为问题 (6.1) 的最优解. 图中 (a) 为约束强有效的情形, 这时由于约束的存在, $f(x)$ 的极小点与约束最优化问题的最优解是不同的; (b) 为约束弱有效的情形, 这时 $f(x)$ 的极小点在可行域的边界上; (c) 为约束无效的情形, 这时 $f(x)$ 的极小点在可行域的内部.

• 若 $\{a_i^*, i \in \mathscr{A}^*\}$ 线性无关, 则 λ^* 唯一. 证明留为作业.

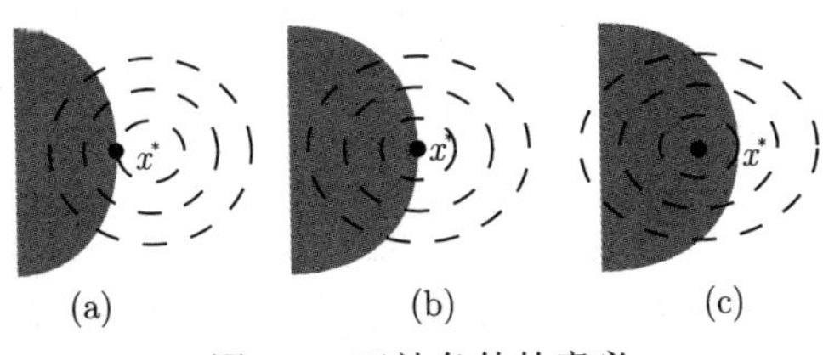

图 6.9 互补条件的意义

3. 约束最优化问题解的一阶充分条件

定理 6.14 (一阶充分条件)　设 $x^* \in \mathcal{D}$. 如果

$$g^{*\mathrm{T}} d > 0, \quad d \in \mathscr{F}^*, \tag{6.16}$$

则 x^* 是问题 (6.1) 的严格局部最优解.

证明　若 x^* 不是严格局部最优解, 则存在一个序列 $\{x_k\}$, 其中 $x_k \in \mathcal{D}$, 使得

$$f(x_k) \leqslant f(x^*),$$
$$x_k \to x^*, \quad x_k \neq x^*.$$

定义 $d_k = \dfrac{x_k - x^*}{\|x_k - x^*\|}$. 由于 $\{\|d_k\|\}$ 有界, 故 $\{d_k\}$ 有收敛子列. 不妨设该子列为 $\{d_k\}$, 且 $d_k \to d$. 由可行方向的定义知 $d \in \mathscr{F}^*$. 另外,

$$f(x_k) - f(x^*) = g^{*\mathrm{T}}(x_k - x^*) + o(\|x_k - x^*\|) \leqslant 0,$$

从而

$$g^{*\mathrm{T}} d_k + o(1) \leqslant 0.$$

令 $k \to \infty$, 得 $g^{*\mathrm{T}} d \leqslant 0$, 与 (6.16) 式矛盾. □

由引理 6.6 我们得到定理 6.14 的如下推论:

推论 6.15 (一阶充分条件的扩展)　设 $x^* \in \mathcal{D}$. 如果

$$g^{*\mathrm{T}} d > 0, \quad d \in \mathcal{F}^*, \tag{6.17}$$

则 x^* 是问题 (6.1) 的严格局部最优解.

§6.4　约束最优化问题的二阶最优性条件

1. 二阶条件的讨论

在 $x^* \in \mathcal{D}$ 处, 由一阶充分条件 (6.16) 式知, 对 $\forall d \in \mathscr{F}^*$, 若 $g^{*\mathrm{T}} d > 0$ 成立, 则 x^* 是一个严格局部最优解; 由一阶必要条件 (6.10) 式知, 若 $\exists d \in \mathscr{F}^*$, 满足 $g^{*\mathrm{T}} d < 0$, 即在 x^* 处有可行下降方向, 则 x^* 不是局

部最优解. 这就是说, 根据 x^* 处可行方向均是上升方向还是有下降方向, 我们可以判断 x^* 是否是最优解. 然而, 对于满足 ${g^*}^{\mathrm{T}}d=0$ 的可行方向, 我们无法判断 x^* 是否是最优解. 下面我们考虑如何解决这个问题.

注意到在 KKT 点 x^* 处有

$$ {g^*}^{\mathrm{T}}d=\sum_{i\in\mathcal{E}\cup\mathcal{I}}\lambda_i^*{a_i^*}^{\mathrm{T}}d\geqslant 0,\quad d\in\mathcal{F}^*, \tag{6.18}$$

基于上面的讨论与 $\mathscr{F}^*\subseteq\mathcal{F}^*$, 我们知道只需在 KKT 点 x^* 处, 对满足

$$ {g^*}^{\mathrm{T}}d=0,\quad d\in\mathcal{F}^* \tag{6.19}$$

的 d, 利用 Lagrange 函数的二阶信息进一步讨论 x^* 的最优性问题.

首先, 我们要确定集合 $\{d\mid {g^*}^{\mathrm{T}}d=0,d\in\mathcal{F}^*\}$, 它是 $\mathcal{F}^*$ 的子集.

定义 6.16 在 x^* 处, 定义线性化可行方向子集 $\mathcal{F}_1^*$ 为

$$\begin{aligned}\mathcal{F}_1^*=\big\{d\mid d\neq 0,{a_i^*}^{\mathrm{T}}d\geqslant 0,\lambda_i^*=0,i\in\mathcal{I}^*;\\ {a_i^*}^{\mathrm{T}}d=0,\lambda_i^*>0,i\in\mathcal{I}^*;{a_i^*}^{\mathrm{T}}d=0,\ i\in\mathcal{E}\big\}.\end{aligned}$$

注意到对于不起作用约束, 有

$$\lambda_i^*=0,\quad i\in\mathcal{I}\setminus\mathcal{I}^*,$$

由 KKT 条件得

$$ {g^*}^{\mathrm{T}}d=\sum_{i\in\mathcal{E}\cup\mathcal{I}}\lambda_i^*{a_i^*}^{\mathrm{T}}d=0,\quad d\in\mathcal{F}_1^*.$$

对应于集合 $\mathcal{F}_1^*$, 我们可以定义相应的可行方向子集 $\mathscr{F}_1^*$.

定义 6.17 设 x^* 为最优化问题的可行点, 存在可行点序列 $\{x_k\}$, $x_k\to x^*$, $x_k\neq x^*$; $x_k=x^*+\alpha_k d_k$ 为满足

$$\begin{aligned}&c_i(x_k)\geqslant 0,\quad \lambda_i^*=0,\quad i\in\mathcal{I}^*,\\ &c_i(x_k)=0,\quad \lambda_i^*>0,\quad i\in\mathcal{I}^*,\\ &c_i(x_k)=0,\qquad\qquad\quad\ \ i\in\mathcal{E}\end{aligned}$$

的可行点列, 且 $\|d_k\| = 1$, $\alpha_k \to 0$, $d_k \to d$. 称 d 为 x^* 处的**可行方向**, 由这样的 d 构成的集合 $\mathscr{F}_1^*$ 为 x^* 处对应于 $\mathcal{F}_1^*$ 的**可行方向集合**.

与 $\mathscr{F}^* \subseteq \mathcal{F}^*$ 的关系一样, 我们可以证明 $\mathscr{F}_1^* \subseteq \mathcal{F}_1^*$. 进一步, 我们定义下面的二阶约束规范条件.

定义 6.18　**二阶约束规范条件**定义为

$$\mathscr{F}_1^* = \mathcal{F}_1^*.$$

2. 约束最优化问题解的二阶充分必要条件

定理 6.19 (二阶必要条件)　设 x^* 为问题 (6.1) 的局部最优解, 在 x^* 处正则性假设成立, 从而存在 λ^*, 使得 KKT 条件满足. 若对该乘子 λ^*, $\mathscr{F}_1^* = \mathcal{F}_1^*$, 则有

$$d^{\mathrm{T}} W^* d \geqslant 0, \quad d \in \mathcal{F}_1^*, \tag{6.20}$$

其中

$$W^* = \nabla_x^2 L(x^*, \lambda^*) = \nabla^2 f(x^*) - \sum_{i=1}^m \lambda_i^* \nabla^2 c_i(x^*).$$

证明　设 $d \in \mathcal{F}_1^*$, 则 $d \in \mathscr{F}_1^*$, 存在可行点列 $\{x_k\}$, 其中 $x_k = x^* + \alpha_k d_k$, $\alpha_k \to 0$, $d_k \to d$. 一方面, 由 $\mathscr{F}_1^*$ 的定义知

$$L(x_k, \lambda^*) = f(x_k) - {\lambda^*}^{\mathrm{T}} c(x_k) = f(x_k);$$

另一方面, 由 KKT 条件有

$$\begin{aligned} L(x_k, \lambda^*) &= L(x^*, \lambda^*) + \alpha_k \nabla_x L(x^*, \lambda^*)^{\mathrm{T}} d_k + \frac{1}{2}\alpha_k^2 d_k^{\mathrm{T}} W^* d_k + o(\alpha_k^2) \\ &= f(x^*) + \frac{1}{2}\alpha_k^2 d_k^{\mathrm{T}} W^* d_k + o(\alpha_k^2). \end{aligned}$$

因为 x^* 是局部最优解, 当 k 充分大时, 有 $f(x_k) \geqslant f(x^*)$. 由上面 $L(x_k, \lambda^*)$ 的两个表达形式得

$$d_k^{\mathrm{T}} W^* d_k + o(1) \geqslant 0.$$

令 $k \to \infty$, 得 $d^{\mathrm{T}} W^* d \geqslant 0$, $d \in \mathcal{F}_1^*$. □

定理 6.20 (二阶充分条件) 设 x^*, λ^* 为问题 (6.1) 的 KKT 对. 若有

$$d^{\mathrm{T}} W^* d > 0, \quad d \in \mathcal{F}_1^*, \tag{6.21}$$

则 x^* 是问题 (6.1) 的严格局部最优解.

证明 假定 x^* 不是严格局部最优解, 则存在可行点列 $\{x_k\}$, $x_k \to x^*$, 使得

$$f(x_k) \leqslant f(x^*).$$

记

$$x_k = x^* + \alpha_k d_k,$$

其中 $\|d_k\| = 1$, 当 $k \to \infty$ 时, $\alpha_k \to 0$. 由于 $\{\|d_k\|\}$ 有界, 故 $\{d_k\}$ 有收敛子列. 不妨设该子列就是 $\{d_k\}$, 有 $d_k \to d$, $d \in \mathscr{F}^*$. 由 Taylor 展式得

$$f(x_k) = f(x^*) + \alpha_k {g^*}^{\mathrm{T}} d_k + o(\alpha_k).$$

而 $f(x_k) \leqslant f(x^*)$, 则

$${g^*}^{\mathrm{T}} d_k + o(1) \leqslant 0.$$

令 $k \to \infty$, 得

$${g^*}^{\mathrm{T}} d \leqslant 0. \tag{6.22}$$

由 $d \in \mathscr{F}^*$ 知 $d \in \mathcal{F}^*$, 从而有

$$c_i(x_k) = c_i(x^*) + \alpha_k {a_i^*}^{\mathrm{T}} d_k + o(\alpha_k) = 0, \quad i \in \mathcal{E},$$

$$c_i(x_k) = c_i(x^*) + \alpha_k {a_i^*}^{\mathrm{T}} d_k + o(\alpha_k) \geqslant 0, \quad i \in \mathcal{I}^*$$

令 $k \to \infty$, 得

$${a_i^*}^{\mathrm{T}} d = 0, \quad i \in \mathcal{E}, \tag{6.23a}$$

$${a_i^*}^{\mathrm{T}} d \geqslant 0, \quad i \in \mathcal{I}^*. \tag{6.23b}$$

下面就 d 的两种情形进行讨论:

(1) 若 $d \notin \mathcal{F}_1^*$, 则存在 $i \in \mathcal{I}^*$, 使得 $\lambda_i^* > 0$, $a_i^{*\mathrm{T}} d > 0$, 从而对满足条件 (6.23) 的 d 有

$$g^{*\mathrm{T}} d = \sum_{i=1}^{m} \lambda_i^* a_i^{*\mathrm{T}} d > 0.$$

这与 (6.22) 式矛盾.

(2) 若 $d \in \mathcal{F}_1^*$, 由 x_k 的可行性得

$$\begin{aligned} L(x_k, \lambda^*) &= f(x_k) - \sum_{i=1}^{m} \lambda_i^* c_i(x_k) \\ &\leqslant f(x_k). \end{aligned}$$

由 KKT 条件有

$$L(x_k, \lambda^*) = f(x^*) + \frac{1}{2}\alpha_k^2 d_k^{\mathrm{T}} W^* d_k + o(\alpha_k^2).$$

因为 $f(x_k) \leqslant f(x^*)$, 令 $k \to \infty$, 得

$$d^{\mathrm{T}} W^* d \leqslant 0.$$

这与定理假设矛盾.

由 (1) 与 (2) 的结果知, x^* 是问题 (6.1) 的严格局部最优解. □

若定理 6.20 中 $\mathcal{F}_1^* = \varnothing$, 由前面的讨论知 KKT 点 x^* 是最优解.

3. 根据最优性理论求约束最优化问题的最优解

例 6.9　求出问题

$$\begin{aligned} &\min f(x) = 4x_1 - 3x_2, \\ &\text{s.t. } 4 - x_1 - x_2 \geqslant 0, \\ &\qquad x_2 + 7 \geqslant 0, \\ &\qquad -(x_1 - 3)^2 + x_2 + 1 \geqslant 0 \end{aligned}$$

的 KKT 点, 并判断其是否是最优解.

解 该问题目标函数的等高线与可行域见图 6.10, 其中虚线为等高线, 实线为约束函数, 灰色区域为可行域. 该问题的 Lagrange 函数是

$$\begin{aligned}L(x,\lambda)=&4x_1-3x_2-\lambda_1(4-x_1-x_2)-\lambda_2(x_2+7)\\&-\lambda_3\big(-(x_1-3)^2+x_2+1\big),\end{aligned}$$

KKT 条件为

$$\begin{aligned}&\frac{\partial L}{\partial x_1}=4+\lambda_1+2\lambda_3(x_1-3)=0,\\&\frac{\partial L}{\partial x_2}=-3+\lambda_1-\lambda_2-\lambda_3=0,\\&4-x_1-x_2\geqslant 0,\\&x_2+7\geqslant 0,\\&-(x_1-3)^2+x_2+1\geqslant 0,\\&\lambda_1(4-x_1-x_2)=\lambda_2(x_2+7)=\lambda_3\big(-(x_1-3)^2+x_2+1\big)=0,\\&\lambda_i\geqslant 0,\quad i=1,2,3.\end{aligned}$$

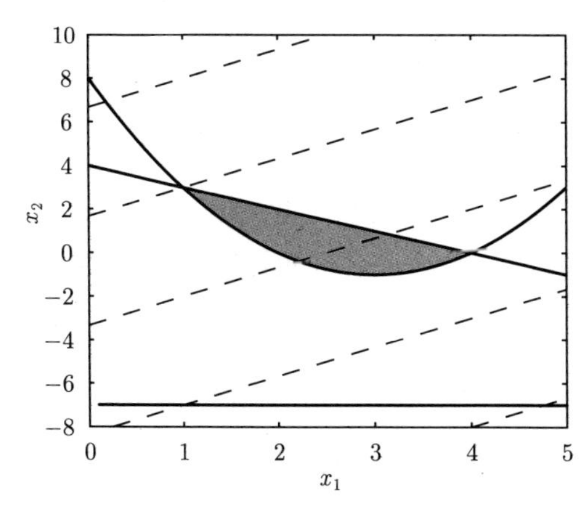

图 6.10 例 6.9 问题中目标函数的等高线与可行域

解此方程组, 得 KKT 点 $x^*=(1,3)^{\mathrm{T}}$, $\lambda^*=\left(\frac{16}{3},0,\frac{7}{3}\right)^{\mathrm{T}}$.

下面我们根据二阶条件, 判断 x^* 是否是最优解. 在 x^* 处, 有 $\mathcal{I}^*=\{1,3\}$, $a_1^*=(-1,-1)^{\mathrm{T}}$, $a_3^*=(4,1)^{\mathrm{T}}$. 由

$$\mathcal{F}_1^*=\{d\mid d\neq 0, a_i^{*\mathrm{T}}d=0, i=1,3\}$$

得 $\mathcal{F}_1^*=\varnothing$, 所以 x^* 为严格局部最优解. □

下面我们求解第一章中的一种成本最小化问题.

例 6.10 (成本最小化问题)　某产商欲用 n 种原材料制造一种产品, 假定每种原材料的单价为 $c_i\,(i=1,\cdots,n)$, 这种产品的既定产量为 b, $h(x)$ 为生产函数. 问: 在满足产品需求的基础上, 如何确定每种原材料的用量, 使花费最小?

解　设第 i 种原材料的用量为 x_i, 此问题的最优化模型为

$$\begin{aligned}&\min c^{\mathrm{T}}x,\\ &\text{s.t. } h(x)=b,\\ &\quad x\geqslant 0,\end{aligned}$$

其中 $x=(x_1,\cdots,x_n)^{\mathrm{T}}$, $c=(c_1,\cdots,c_n)^{\mathrm{T}}$.

Cobb-Douglas 生产函数的一般形式为

$$h(x)=x_1^{a_1}\cdots x_n^{a_n},\quad a_i>0,\ i=1,\cdots,n.$$

特别地, 我们取 $n=2$, $a_1=a_2=1$, 则 Cobb-Douglas 生产函数的特殊形式为 $h(x)=x_1x_2$, 成本最小化问题为

$$\begin{aligned}&\min c_1x_1+c_2x_2,\\ &\text{s.t. } x_1x_2=b,\\ &\quad x_1\geqslant 0,\\ &\quad x_2\geqslant 0.\end{aligned}$$

假定 $c_1 > 0, c_2 > 0, b > 0$. 下面我们求出这个问题的 KKT 点, 并判断其是否为最优解.

该问题的 Lagrange 函数为

$$L(x,\lambda) = c_1x_1 + c_2x_2 - \lambda_1(x_1x_2 - b) - \lambda_2x_1 - \lambda_3x_2,$$

其 KKT 条件为

$$\begin{aligned}
&\frac{\partial L}{\partial x_1} = c_1 - \lambda_1x_2 - \lambda_2 = 0,\\
&\frac{\partial L}{\partial x_2} = c_2 - \lambda_1x_1 - \lambda_3 = 0,\\
&x_1x_2 = b,\\
&x_i \geqslant 0, \quad i = 1,2,\\
&\lambda_2x_1 = 0,\\
&\lambda_3x_2 = 0,\\
&\lambda_i \geqslant 0, \quad i = 2,3.
\end{aligned}$$

解之, 得 KKT 点 $x^* = \left(\sqrt{\frac{c_2b}{c_1}}, \sqrt{\frac{c_1b}{c_2}}\right)^{\mathrm{T}}$, $\lambda^* = \left(\sqrt{\frac{c_1c_2}{b}}, 0, 0\right)^{\mathrm{T}}$.

下面我们来判断这个点是否是最优解. 在 x^* 处, 有

$$\mathcal{F}_1^* = \{d \mid d \neq 0, a_1^{*\mathrm{T}}d = 0\} = \left\{\left(-\frac{c_2}{c_1}d_2, d_2\right)^{\mathrm{T}} \middle| d_2 \neq 0\right\}$$

及

$$W^* = \begin{bmatrix} 0 & -\lambda_1^* \\ -\lambda_1^* & 0 \end{bmatrix},$$

所以

$$d^{\mathrm{T}}W^*d = 2c_2\sqrt{\frac{c_2}{bc_1}}d_2^2 > 0, \quad d \in \mathcal{F}_1^*.$$

故 x^* 是最优解. □

在这个成本最小化问题中, 最优值在产量线 $x_1x_2 = b$ 与最低等成本线 (等高线) 相切的点达到.

4. 约束最优化问题最优性条件的几何意义

下面我们仅对 $n=2, m=1$ 情形的等式约束最优化问题

$$\begin{aligned}&\min f(x),\\&\text{s.t. } c(x)=0\end{aligned}$$

解释最优性条件的几何意义 (见文献 [22]).

假定 λ^* 已知, 该问题的 Lagrange 函数为

$$L(x,\lambda^*)=f(x)-\lambda^*c(x).$$

一阶最优性条件

$$\nabla_x L(x^*,\ \lambda^*)=0$$

说明函数 $L(x,\ \lambda^*)$ 的图形在 x^* 处的切平面是水平的. 图 6.11 的四种情形均满足这个条件.

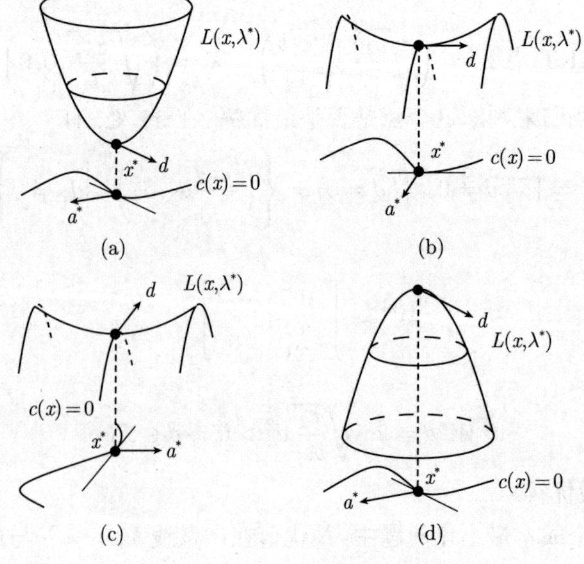

图 6.11 最优性条件的几何意义

由二阶条件知, 约束 $c(x) = 0$ 在 x^* 处的切线方向为 d, 满足 $a^{*\mathrm{T}}d = 0$; $L(x, \lambda^*)$ 在 x^* 处沿 d 的二阶方向导数取正值, 即有

$$d^{\mathrm{T}}\nabla_{xx}^2 L(x, \lambda^*)d > 0, \quad a^{*\mathrm{T}}d = 0.$$

图 6.11 中只有情形 (a), (b) 满足这个条件, 即对这四种情形, x^* 都是 KKT 点, 但只有情形 (a), (b) 的 x^* 是最优解. 有趣的是在情形 (b), 若不考虑约束, x^* 是一个鞍点; 如果有约束, 如情形 (b), x^* 就是问题的最优解. 这是无约束最优化问题与约束最优化问题的不同之处.

后　记

Farkas 引理是匈牙利数学家 Farkas[24] 于 1902 年提出来的. KT 条件是 Kuhn 和 Tucker[46] 于 1951 年给出的. 此后, 人们相继提出了不同的约束规范条件, Mangasarian 在他的关于最优化理论的经典著作 [51] 中, 详细、全面地讨论了这些约束规范条件.

1951 年, 当 Kuhn 和 Tucker[46] 提出 KT 条件时, 他们对 Karush 在 1939 年所做的类似工作的硕士论文毫不知情, 因为 Karush 的工作并未发表. 1974 年, Takayama 在他的数学经济学的著作 [75] 中谈到了 Karush 的工作, 这时 Karush 的工作才被人们所知晓. 此后, Kuhn 和 Tucker 提出在 KT 条件上加上 Karash 的名字, 人们才将 KT 条件称为 KKT 条件. 这也是为什么现在有人称这个条件为 KT 条件, 也有人称其为 KKT 条件的原因.

习　题

1. 证明定理 6.3.

2. 考虑极小–极大问题

$$\min f(x) = \max_{i=1,\cdots,m} r_i(x),$$

其中 $r_i(x)(i=1,\cdots,m)$ 为连续可微函数. 重新构造此问题, 使其成为光滑问题. 若 $f(x)=\min\limits_{i=1,\cdots,m} r_i(x)$, 也可以将其构造为光滑问题吗?

3. 重新构造非光滑问题 $\min\|r(x)\|_1$ 使其成为光滑问题, 其中 $r(x):\mathbb{R}^n\to\mathbb{R}^m$ 为连续可微向量函数.

4. 证明: 若 $\{a_i(x^*), i\in\mathscr{A}^*\}$ 线性无关, 则 $\mathcal{F}^*=\mathscr{F}^*$.

5. 若在点 x^* 处 KKT 条件满足, $\{a_i(x^*), i\in\mathscr{A}^*\}$ 线性无关, 证明: x^* 对应的 Lagrange 乘子 λ^* 唯一.

6. 对等式约束最优化问题, 若从约束 $c(x)=0$ 中能得到 $x_1=\varphi(x_2)$, 其中 $c(x)\in\mathbb{R}^m$, $x_1\in\mathbb{R}^m$, $x_2\in\mathbb{R}^{n-m}$, 则等式约束最优化问题 $\min f(x_1,x_2)$ 可以化为无约束最优化问题

$$\min\psi(x_2)=f(\varphi(x_2),x_2).$$

(1) 设 $g=\begin{bmatrix}g_1\\g_2\end{bmatrix}$, $A=\begin{bmatrix}A_1\\A_2\end{bmatrix}$, 求出 $\nabla\varphi$ 和 $\nabla\psi$;

(2) 设 A^* 列满秩, 证明: Lagrange 乘子 λ^* 可唯一地表示为 $\lambda^*=A^{*\dagger}g^*$, 其中 $A^{*\dagger}$ 是 A^* 的广义逆, 或是 $A_1^*\lambda^*=g_1^*$ 的解.

7. 对不等式约束最优化问题, 在什么条件下, KKT 条件是充分条件、必要条件、充分必要条件? 请举例说明.

8. **MF (Mangasarian-Fromovitz) 约束规范**是这样定义的: 若在 x^* 处, 存在 $d\in\mathbb{R}^n$, 使得

$$\begin{aligned}&{a^*}^{\mathrm{T}}d=0,\quad i\in\mathcal{E},\\&{a^*}^{\mathrm{T}}d>0,\quad i\in\mathcal{I}^*,\end{aligned}$$

且 $\{a_i^*, i\in\mathcal{E}\}$ 线性无关, 则称在 x^* 处 MF 约束规范满足. 证明: 对约束 $x_1^3\geqslant x_2$, $x_2\geqslant 0$, 在 $x^*=(0,0)^{\mathrm{T}}$ 处, MF 约束规范不满足, 线性无关约束规范 ($\{a_i^*, i\in\mathscr{A}^*\}$ 线性无关) 也不满足.

9. 证明：约束

$$(x_1-1)^2+(x_2-1)^2 \leqslant 2,$$
$$(x_1-1)^2+(x_2+1)^2 \leqslant 2,$$
$$x_1 \geqslant 0,$$

在 $x^*=(0,0)^{\mathrm{T}}$ 处满足 MF 约束规范, 但不满足线性无关约束规范.

10. 求下列问题的 KKT 点, 判断这些 KKT 点是否是最优解：

(1) $\min\,(x_1-1)^2+(x_2-2)^2,$

　s.t. $(x_1-1)^2-5x_2=0;$

(2) $\min\,(x_1+x_2)^2+2x_1+x_2^2,$

　s.t. $x_1+3x_2 \leqslant 4,$

　　$2x_1+x_2 \leqslant 3,$

　　$x_1 \geqslant 0,$

　　$x_2 \geqslant 0.$

11. 求出最小化

$$f(x)=x_1^2+4x_2^2+16x_3^2$$

在约束 $c(x)=0$ 下的所有 KKT 点, 其中 $c(x)$ 分别为

(1) $c(x)=x_1-1;$

(2) $c(x)=x_1x_2-1=0;$

(3) $c(x)=x_1x_2x_3-1=0.$

判断这些 KKT 点是否是最优解.

12. 某工厂用两种原料生产一种产品, 这两种原料的数量分别为 $x_1>0, x_2>0$, 该产品产量为 y, 原料与产量的生产关系为

$$y=x_1^{1/4}x_2^{1/4}.$$

已知该产品出售单价为 $c_y>0$. 工厂现有两种原料的存储分别为 K_1 与 K_2, 不够的原料可以在市场上以单价 $c_1>0$ 和 $c_2>0$ 购得, 不用的原料也能以同样的价格在市场上出售.

(1) 以收益最大为目标建立问题, 求出该问题的 KKT 点.

(2) 设 $c_y = c_1 = c_2 = 1$, $K_1 = 4$, $K_2 = 0$, 求出 y 的最优值.

(3) 设 $c_y = c_1 = c_2 = 1$, $K_1 = 0$, $K_2 = 4$, 现在 y 的最优值和 (2) 中 y 的最优值有区别吗? 请解释原因.

13. 考虑问题

$$\begin{aligned} &\max f(x) = \sum_{i=1}^{n} f_i(x_i), \\ &\text{s.t. } x_i \geqslant 0,\ i = 1, \cdots, n, \\ &\qquad \sum_{i=1}^{n} x_i = 1, \end{aligned}$$

其中 f_i 可微. 设 x^* 是问题的最优解. 证明: 存在 μ^*, 使得

$$\begin{aligned} f_i'(x_i^*) = \mu^*, \quad x_i^* > 0, \\ f_i'(x_i^*) \geqslant \mu^*, \quad x_i^* = 0. \end{aligned}$$

14. 对凸规划问题, **Slater 约束规范**为: 存在 $\tilde{x} \in D$, 使得 $c_i(\tilde{x}) > 0, i \in I$. 证明: 若凸规划问题满足 Slater 约束规范, 则可行点 x^* 为最优解的充分必要条件是 x^* 为 KKT 点.

第七章　罚函数方法

将复杂的问题化为较简单的问题去解决, 是最基本的解决问题的方法, 迭代方法正是利用这种思想建立起来的. 例如, 在求解无约束最优化问题时, Newton 方法就是在 x_k 处, 将 $f(x_k+d)$ 用二次函数 $q_k(d)$ 近似, 从而将求迭代方向的极小化问题化为解线性方程组的问题来求解的. 对约束最优化问题而言, 最基本的解决方法自然就是将其化为一系列无约束最优化问题来求解. 在这一章中, 我们将考虑求解约束最优化问题的罚函数方法.

§7.1　外点罚函数方法

1. 等式约束最优化问题的外点罚函数方法

首先考虑仅含等式约束的最优化问题

$$\min f(x), \tag{7.1a}$$

$$\text{s.t. } c_i(x)=0,\ \ i\in\mathcal{E}. \tag{7.1b}$$

罚函数方法是将约束最优化问题 (7.1) 转换为无约束最优化问题去求解, 其中无约束最优化问题的目标函数包含问题 (7.1) 的目标函数与约束函数, 且含约束函数部分有如下特点：在某点, 若约束均满足, 则该项为零; 若有的约束不满足, 则该项为正, 意即对其进行惩罚.

对等式约束最优化问题 (7.1), 定义**罚函数** (见文献 [15]) 为

$$\mathrm{P_E}(x,\sigma)=f(x)+\frac{1}{2}\sigma\sum_{i\in\mathcal{E}}c_i^2(x), \tag{7.2}$$

其中等式右端第二项称为**惩罚项**, $\sigma>0$ 称为**罚因子**, $\mathrm{P_E}$ 的 P 表

示 penalty (惩罚), 下标 E 表示 equality (等式). 因为该函数的惩罚项是针对非可行点的, 所以该函数称为**外点罚函数**, 亦称为**二次罚函数**.

该罚函数的特点如下:

• 对非可行点而言, 当 σ 变大时, 惩罚项在罚函数中的比重加大, 我们对函数 $\mathrm{P_E}(x,\sigma)$ 求极小, 相当于迫使其极小点向可行域靠近;

• 在可行域中, $c_i(x)=0\,(i\in\mathcal{E})$, $\mathrm{P_E}(x,\sigma)$ 的极小点与约束最优化问题 (7.1) 的最优解相同.

利用外点罚函数来求解约束最优化问题 (7.1) 的算法如下:

算法 7.1 (外点罚函数方法)

步 1 给定 $\sigma_1>0, \varepsilon_1>0, \varepsilon>0, x_0, k:=1$.

步 2 以 x_{k-1} 为初始点, 求 $x(\sigma_k)=\arg\min \mathrm{P_E}(x,\sigma_k)$; 求解该无约束最优化问题的算法当 $\|\nabla \mathrm{P_E}(x(\sigma_k),\sigma_k)\|\leqslant\varepsilon_1$ 时停止.

步 3 当 $\|c(x(\sigma_k))\|\leqslant\varepsilon$, 迭代停止.

步 4 $x_k:=x(\sigma_k)$, 选 $\sigma_{k+1}>\sigma_k$, $k:=k+1$, 转步 2.

关于算法 7.1 的说明如下:

• 算法的步 2 为内层子迭代, 我们可用某一合适的求解无约束最优化问题的方法迭代求解 $\min \mathrm{P_E}\,(x,\sigma_k)$, 用 $x(\sigma_{k-1})$ 作为这一子迭代的初始点. 在第 $k-1$ 步迭代得到的在点 $x(\sigma_{k-1})$ 的其他信息, 亦可代入第 k 步迭代中.

• 在算法的步 2 中, 我们假定 $\mathrm{P_E}(x,\sigma_k)$ 的局部极小点 $x(\sigma_k)$ 是存在的. 若非如此, 增大 σ_k 后重新求解.

• 如何选取递增序列 $\{\sigma_k\}$ 的问题直接影响到算法的有效性. 如果我们让该序列增长很快, 这会影响无约束子问题的求解, 因为每一步无约束最优化问题的解是下一步无约束最优化问题的初始点. 而如果我们让该序列增长缓慢, 无约束最优化问题固然可以更好地求解, 然而迭代的速度必然会受到影响. 一般地, 我们可选该序列为 $\{10^k\}$.

例 7.1 考虑等式约束最优化问题

$$\begin{aligned} &\min x_1^2 + x_2^2, \\ &\text{s.t. } x_1 - x_2 + 1 = 0. \end{aligned} \tag{7.3}$$

该问题的最优解为 $x^* = \left(-\dfrac{1}{2}, \dfrac{1}{2}\right)^{\mathrm{T}}$, 罚函数为

$$\mathrm{P_E}(x,\sigma) = x_1^2 + x_2^2 + \frac{\sigma}{2}(x_1 - x_2 + 1)^2.$$

罚函数的极小点为 $\dfrac{\sigma}{2(1+\sigma)}(-1,1)^{\mathrm{T}}$.

图 7.1 给出了 $\mathrm{P_E}(x,\sigma)$ 对不同 σ 的等高线, 其中实心点表示问题 (7.3) 的最优解, 空心点表示 $\mathrm{P_E}(x,\sigma)$ 的极小点, σ 的取值分别为 5,

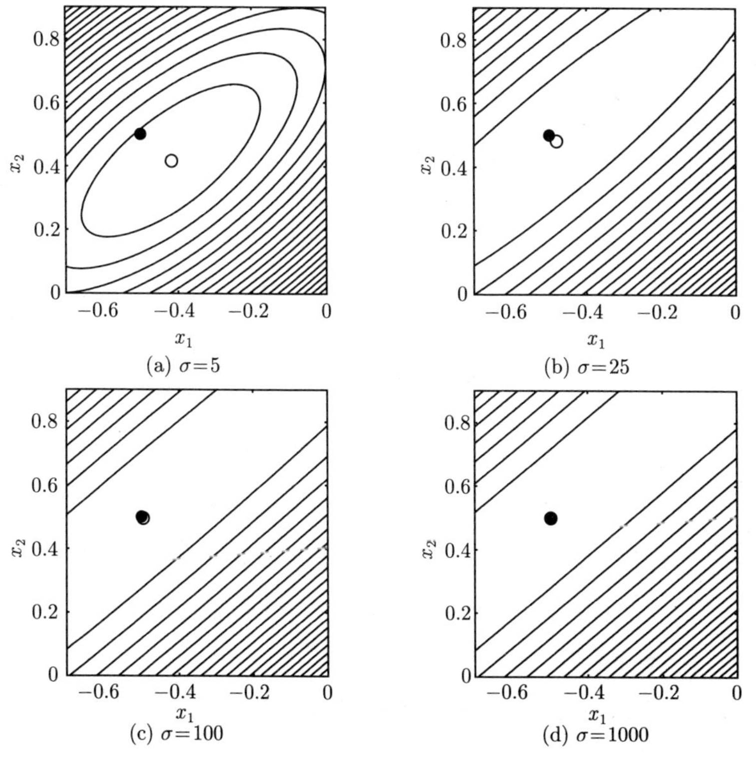

图 7.1 $\mathrm{P_E}(x,\sigma)$ 对不同 σ 的等高线与最优解

25, 100, 1000. 由该图我们可以看出, 随着 σ 的增大, $\mathrm{P_E}(x,\sigma)$ 的极小点趋于原问题的最优解. □

2. 方法的收敛性

在下面的内容中, 我们使用如下记号:

$$x_k = x(\sigma_k) = \arg\min \mathrm{P_E}(x,\sigma_k),$$

$$f_k = f(x(\sigma_k)),$$

$$c_k = c(x(\sigma_k)).$$

定理 7.1 (外点罚函数方法的收敛性 1) 假定 $f(x)$ 在可行域上有下界, 并且算法 7.1 步 2 中能计算出 $\mathrm{P_E}(x,\sigma_k)$ 的全局极小点 $x(\sigma_k)$. 若序列 $\{\sigma_k\}$ 满足 $\sigma_{k+1} \geqslant \sigma_k$, 则

$$\mathrm{P_E}(x_k,\sigma_k) \leqslant \mathrm{P_E}(x_k,\sigma_{k+1}), \tag{7.4a}$$

$$c_k^{\mathrm{T}} c_k \geqslant c_{k+1}^{\mathrm{T}} c_{k+1}, \tag{7.4b}$$

$$f_k \leqslant f_{k+1}, \tag{7.4c}$$

且当 $\sigma_k \to \infty$ 时有

$$c_k \to 0, \tag{7.4d}$$

$$\{x_k\}\text{的任何聚点 } x^* \text{ 为问题 (7.1) 的全局最优解.} \tag{7.4e}$$

证明 注意到 x_k 是 $\mathrm{P_E}(x,\sigma_k)$ 的全局极小点及 $\sigma_{k+1} \geqslant \sigma_k$, 有

$$\mathrm{P_E}(x_k,\sigma_k) \leqslant \mathrm{P_E}(x_{k+1},\sigma_k) \leqslant \mathrm{P_E}(x_{k+1},\sigma_{k+1}) \leqslant \mathrm{P_E}(x_k,\sigma_{k+1}), \tag{7.5}$$

由该不等式的两端得到 (7.4a) 式. 该不等式内层和外层分别相减, 得

$$(\sigma_{k+1}-\sigma_k)c_k^{\mathrm{T}} c_k \geqslant (\sigma_{k+1}-\sigma_k)c_{k+1}^{\mathrm{T}} c_{k+1}.$$

由此得到 (7.4b) 式.

由 (7.5) 式中的第一个不等式和 (7.4b) 式得

$$0 \leqslant \frac{1}{2}\sigma_k(c_k^{\mathrm{T}} c_k - c_{k+1}^{\mathrm{T}} c_{k+1}) \leqslant f_{k+1} - f_k,$$

此即 (7.4c) 式.

因为 x_k 是 $\mathrm{P_E}(x,\sigma_k)$ 的全局极小点, 有

$$\mathrm{P_E}(x_k,\sigma_k) \leqslant \mathrm{P_E}(x,\sigma_k), \quad x \in \mathcal{D}, \tag{7.6}$$

其中 $\mathcal{D} = \{x \mid c_i(x) = 0,\ i \in \mathcal{E}\}$. 由 $f(x)$ 在可行域上有下界及 $f(x) = \mathrm{P_E}(x,\sigma_k)(x \in \mathcal{D})$ 知, $\mathrm{P_E}(x,\sigma_k)$ 在可行域上也有下界, 从而

$$\mathrm{P_E}(x_k,\sigma_k) \leqslant \inf_{x\in\mathcal{D}} \mathrm{P_E}(x,\sigma_k),$$

即

$$f(x_k) + \frac{1}{2}\sigma_k c_k^{\mathrm{T}} c_k \leqslant \inf_{x\in\mathcal{D}} \mathrm{P_E}(x,\sigma_k). \tag{7.7}$$

令 $\sigma_k \to \infty$, 由 (7.4c) 式知 $\{f_k\}$ 非减, 必有 $c_k \to 0$, 从而得 (7.4d) 式.

不失一般性, 设 $x_k \to x^*$, x^* 是可行点, 则

$$f(x^*) \geqslant \inf_{x\in\mathcal{D}} f(x). \tag{7.8}$$

因 $\mathrm{P_E}(x,\sigma_k) = f(x)(x \in \mathcal{D})$, 由 (7.7) 式知

$$f(x_k) \leqslant \inf_{x\in\mathcal{D}} f(x).$$

令 $k \to \infty$, 得到

$$f(x^*) \leqslant \inf_{x\in\mathcal{D}} f(x), \tag{7.9}$$

综合 (7.8) 式和 (7.9) 式知, x^* 是约束最优化问题 (7.1) 的全局最优解. □

上面的关于外罚函数算法的收敛定理要求罚函数的全局极小点, 对很多问题而言, 这一点是很难做到的. 下面的定理则没有这种要求.

定理 7.2 (外点罚函数方法的收敛性 2) 在算法 7.1 中, 若在步 2 有 $\|\nabla \mathrm{P_E}(x_k,\sigma_k)\| \leqslant \varepsilon_k$, 而

$$\lim_{k\to\infty} \varepsilon_k = 0, \quad \sigma_k \to \infty,$$

对 $\{x_k\}$的任何极限点 x^*, $\{a_i(x^*), i \in \mathcal{E}\}$ 线性无关, 则 x^* 是等式约束

最优化问题 (7.1) 的 KKT 点, 且

$$\lim_{k\to\infty}(-\sigma_k c_i(x_k)) = \lambda_i^*, \quad i \in \mathcal{E}, \tag{7.10}$$

其中 λ^* 是 x^* 相应的 Lagrange 乘子.

证明　先证 x^* 是问题 (7.1) 的可行点. 因为

$$\nabla_x \mathrm{P_E}(x_k,\sigma_k) = g(x_k) + \sum_{i\in\mathcal{E}} \sigma_k c_i(x_k) a_i(x_k), \tag{7.11}$$

由算法 7.1 步 2 中求子问题 $\min \mathrm{P_E}(x,\sigma_k)$ 的算法的终止准则有

$$\left\| g(x_k) + \sum_{i\in\mathcal{E}} \sigma_k c_i(x_k) a_i(x_k) \right\| \leqslant \varepsilon_k.$$

上式可化为

$$\left\| \sum_{i\in\mathcal{E}} c_i(x_k) a_i(x_k) \right\| \leqslant \frac{1}{\sigma_k}\Big[\varepsilon_k + \|g(x_k)\|\Big].$$

令 $k\to\infty$, 有 $\sigma_k\to\infty$, 则

$$\sum_{i\in\mathcal{E}} c_i(x^*) a_i(x^*) = 0.$$

因为 $\{a_i(x^*), i\in\mathcal{E}\}$ 线性无关, 所以

$$c_i(x^*) = 0, \quad i\in\mathcal{E}.$$

故 x^* 是可行点.

下面证明 x^* 是问题 (7.1) 的 KKT 点. 令

$$A(x) = [a_1(x), \cdots, a_m(x)], \tag{7.12a}$$

$$\lambda_k = -\sigma_k c(x_k), \tag{7.12b}$$

则 (7.11) 式可写成

$$A_k \lambda_k = g(x_k) - \nabla_x \mathrm{P_E}(x_k, \sigma_k). \tag{7.13}$$

对足够大的 k, A_k 列满秩, 因而 $A_k^{\mathrm{T}} A_k$ 非奇异. (7.13) 式两边左乘 A_k^{T}, 得

$$\lambda_k = \left(A_k^{\mathrm{T}} A_k\right)^{-1} A_k^{\mathrm{T}} \big(g(x_k) - \nabla_x \mathrm{P_E}(x_k, \sigma_k)\big).$$

因 $\|\nabla_x \mathrm{P_E}(x_k, \sigma_k)\| \leqslant \varepsilon_k$, 而 $\lim\limits_{k \to \infty} \varepsilon_k = 0$, 故

$$\lim_{k \to \infty} \lambda_k = ({A^*}^{\mathrm{T}} A^*)^{-1} {A^*}^{\mathrm{T}} g^* \triangleq \lambda^*.$$

令 $k \to \infty$, 由 (7.13) 式得到

$$g^* - A^* \lambda^* = 0,$$

所以 x^* 是 KKT 点, λ^* 是相应的 Lagrange 乘子. □

3. 算法的数值困难

当 $\sigma_k \to \infty$ 时, 算法 7.1 中步 2 对无约束最优化问题的求解变得越来越困难, 这是因为随着 $\sigma_k \to \infty$, Hesse 矩阵 $\nabla_x^2 \mathrm{P_E}(x_k, \sigma_k)$ 的条件数越来越恶化. 由 (7.12) 式知, $\nabla_x^2 \mathrm{P_E}(x_k, \sigma_k)$ 可表示为

$$\nabla_x^2 \mathrm{P_E}(x_k, \sigma_k) = \nabla_x^2 L(x_k, \lambda_k) + \sigma_k A_k A_k^{\mathrm{T}},$$

其中 $L(x, \lambda) = f(x) - \lambda^{\mathrm{T}} c(x)$ 为问题 (7.1) 的 Lagrange 函数. 矩阵 $\sigma_k A_k A_k^{\mathrm{T}}$ 的秩为 m, 这里假定 $m < n$. 随着 $\sigma_k \to \infty$, $\nabla_x^2 \mathrm{P_E}(x_k, \sigma_k)$ 有 m 个特征值趋于无穷, 而其余的 $n - m$ 个特征值保持有界. 由矩阵条件数的定义知, 当 $\sigma \to \infty$ 时, $\nabla_x^2 \Gamma_{\mathrm{E}}(x_k, \sigma_k)$ 的条件数趋于无穷. 这就是说, 当 σ 足够大时, 由于舍入误差的影响, 算法即使继续迭代, x_k 的精度也不会有多大的改善了.

对例 7.1, 有

$$\nabla_x^2 \mathrm{P_E}(x_k, \sigma_k) = \begin{bmatrix} 2 + \sigma & -\sigma \\ -\sigma & 2 + \sigma \end{bmatrix},$$

当 $\sigma = 5, 25, 100, 1000$ 时, 该矩阵的条件数分别为 6, 26, 101, 1001. 从图 7.1 我们也可以看出, 随着 σ_k 的增大, $\nabla_x^2 \mathrm{P_E}(x_k, \sigma_k)$ 变得越来越病态.

4. 不等式约束及一般约束最优化问题的外点罚函数

对不等式约束最优化问题

$$\min f(x), \tag{7.14a}$$

$$\text{s.t. } c_i(x) \geqslant 0, \ \ i \in \mathcal{I}, \tag{7.14b}$$

其外点罚函数定义为

$$\mathrm{P_I}(x, \sigma) = f(x) + \frac{1}{2}\sigma \sum_{i \in \mathcal{I}} \big[\min\{c_i(x), 0\}\big]^2,$$

其中等式右端第二部分为惩罚项, $\sigma > 0$ 为罚因子, $\mathrm{P_I}$ 的下标 I 表示 inequality (不等式). 如果定义

$$\tilde{c}_i(x) = \min\{c_i(x), 0\}, \tag{7.15}$$

则我们可以将此罚函数写成

$$\mathrm{P_I}(x, \sigma) = f(x) + \frac{1}{2}\sigma \sum_{i \in \mathcal{I}} \tilde{c}_i^2(x).$$

例 7.2 考虑不等式约束最优化问题

$$\begin{aligned} &\min x_1^2 + x_2^2, \\ &\text{s.t. } x_1 - x_2 + 1 \leqslant 0. \end{aligned} \tag{7.16}$$

该问题的最优解为 $x^* = \left(-\frac{1}{2}, \frac{1}{2}\right)^{\mathrm{T}}$, 外点罚函数为

$$\begin{aligned} \mathrm{P_I}(x, \sigma) &= x_1^2 + x_2^2 + \frac{\sigma}{2}\big(\min\{-x_1 + x_2 - 1, 0\}\big)^2, \\ &= \begin{cases} x_1^2 + x_2^2, & x_1 - x_2 + 1 \leqslant 0, \\ x_1^2 + x_2^2 + \frac{1}{2}\sigma(-x_1 + x_2 - 1)^2, & x_1 - x_2 + 1 > 0, \end{cases} \end{aligned}$$

所以

$$\frac{\partial \mathrm{P_I}(x,\sigma)}{\partial x_1}=\begin{cases}2x_1, & x_1-x_2+1\leqslant 0,\\ 2x_1+\sigma(x_1-x_2+1), & x_1-x_2+1>0,\end{cases}$$

$$\frac{\partial \mathrm{P_I}(x,\sigma)}{\partial x_2}=\begin{cases}2x_2, & x_1-x_2+1\leqslant 0,\\ 2x_2-\sigma(x_1-x_2+1), & x_1-x_2+1>0,\end{cases}$$

当 $x_1-x_2+1>0$ 时, 外点罚函数的极小点为 $\dfrac{\sigma}{2(1+\sigma)}(-1,1)^{\mathrm{T}}$.

图 7.2 给出了外点罚函数对不同 σ 的等高线 $\mathrm{P_I}(x,\sigma)=c$. 当 $c>1/2$ 时, 等高线由两部分曲线组成: 在可行域内, 等高线是一族圆的一部分; 在可行域外, 等高线是一族椭圆的一部分. 当 $c\leqslant 1/2$ 时, 等高线是一族椭圆. 图中实心点表示问题 (7.16) 的最优解, 空心点表示 $\mathrm{P_I}(x,\sigma)$ 的极小点, 虚线表示可行域的边界, σ 的取值分别为 $5,25,100,1000$. 由该图我们可以看出, 随着 σ 的增大, $\mathrm{P_I}(x,\sigma)$ 的极小点趋于原问题的最优解. □

对一般约束最优化问题, 将等式约束和不等式约束的惩罚项均考虑在内, 我们得到如下的外点罚函数:

$$\mathrm{P_{EI}}(x,\sigma)=f(x)+\frac{1}{2}\sigma\Big[\sum_{i\in\mathcal{E}}c_i^2(x)+\sum_{i\in I}\tilde{c}_i^2(x)\Big],$$

其中 $\tilde{c}_i(x)$ 如 (7.15) 式定义. 进一步, 如果定义

$$\bar{c}_i(x)=\begin{cases}c_i(x), & i\in\mathcal{E},\\ \tilde{c}_i(x), & i\in\mathcal{I},\end{cases}$$

则 $\mathrm{P_{EI}}(x,\sigma)$ 可写成

$$\mathrm{P_{EI}}(x,\sigma)=f(x)+\frac{1}{2}\sigma||\bar{c}(x)||^2.$$

一般约束最优化问题的外点罚函数算法及其数值表现与等式约束最优化问题的类似, 这里不再赘述. 在定理 7.1 中, 若外点罚函数为 $\mathrm{P_{EI}}(x,\sigma)$, 定理结果依然成立.

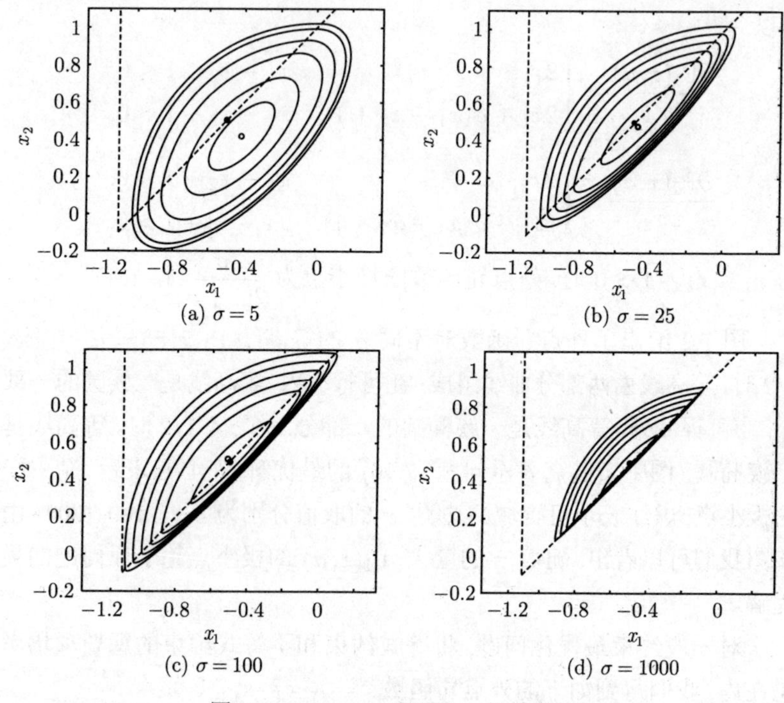

图 7.2　$\mathrm{P_I}(x,\sigma)$ 对不同 σ 的等高线

§7.2　障碍函数方法

障碍函数方法与外点罚函数方法都是把约束最优化问题化为无约束最优化问题来求解的方法. 它们的不同之处在于：外点罚函数方法中无约束最优化问题的最优解序列由可行域外部逼近约束最优化问题的最优解, 而障碍函数方法中无约束最优化问题的最优解序列由可行域内部逼近约束最优化问题的最优解, 所以这类方法适宜于解决不等式约束最优化问题.

1. 不等式约束最优化问题的障碍函数方法

考虑不等式约束最优化问题 (7.14). 该问题的**倒数障碍函数**定义

为

$$\mathrm{B_I}(x,\mu)=f(x)+\mu\sum_{i\in\mathcal{I}}c_i(x)^{-1}, \tag{7.17}$$

这里 $\mu>0$ 称为**障碍因子**, $\mathrm{B_I}$ 的 B 代表 barrier (障碍), 其下标 I 代表 inverse (倒数); **对数障碍函数**定义为

$$\mathrm{B_L}(x,\mu)=f(x)-\mu\sum_{i\in\mathcal{I}}\ln c_i(x), \tag{7.18}$$

这里 $\mu>0$ 为障碍因子, $\mathrm{B_L}$ 的下标 L 代表自然对数. 我们将倒数障碍函数和对数障碍函数统称为**障碍函数**. 障碍函数的特点如下:

- 障碍函数亦称为**内点罚函数** (下面将内点罚函数和外点罚函数统称为罚函数, 记为 $\mathrm{B}(x,\mu)$), 该函数的极小点为严格可行点, 即满足 $c_i(x)>0\,(i\in\mathcal{I})$ 的点;
- 当障碍函数的极小点序列从可行域内部接近可行域的边界时, 至少某一约束接近于起作用, 此时障碍项会无限增大, 以防止迭代点跃出可行域;
- 因为约束最优化问题的最优解可能落在边界上, 为了使障碍函数的极小点序列能够接近可行域的边界, 允许 $\mu\to 0$, 以减少障碍项的数值.

利用障碍函数求解不等式约束最优化问题 (7.14) 的算法如下:

算法 7.2 (障碍函数方法)

步 1　给定初始内点 x_0, μ_1, $\varepsilon_1>0$, $\varepsilon>0$, $k:=1$.

步 2　以 x_{k-1} 为初始点, 求 $x(\mu_k)=\arg\min \mathrm{B}(x,\mu_k)$, 其迭代当 $\|\nabla_x \mathrm{B}(x(\mu_k),\mu_k)\|\leqslant\varepsilon_1$ 时停止.

步 3　当 $\mu_k\sum\limits_{i\in\mathcal{I}}c_i(x(\mu_k))^{-1}\leqslant\varepsilon$ 时, 迭代停止; 否则 $x_k=x(\mu_k)$, 选 $\mu_{k+1}<\mu_k$, $k:=k+1$, 转步 2.

关于算法 7.2 的说明如下:

• 算法 7.2 的初始点 x_0 在可行域内部, 所以在开始这个算法之前, 要先求一个可行内点.

• 可以证明: 若 $f(x)$ 在可行域 $\mathcal{D}$ 上有下界, 对 $\varepsilon > 0$, 算法 7.2 或有限终止, 或对倒数障碍函数及对数障碍函数分别有

$$\lim_{k\to\infty} \mu_k \sum_{i\in\mathcal{I}} c_i(x_k)^{-1} = 0,$$

$$\lim_{k\to\infty} \mu_k \sum_{i\in\mathcal{I}} \ln c_i(x_k) = 0,$$

并且

$$\lim_{k\to\infty} f(x_k) = \inf_{x\in \mathrm{int}(\mathcal{D})} f(x),$$

其中 $\mathrm{int}(\mathcal{D}) = \{x \mid c_i(x) > 0, i \in \mathcal{I}\}$, 则算法产生的序列 $\{x_k\}$ 的聚点是不等式约束最优化问题的最优解. 证明留为作业. 所以算法 7.2 步 3 中的终止准则是以倒数障碍函数为例的终止准则. 若算法使用对数障碍函数, 则终止准则应为 $\left|\mu_k \sum_{i\in\mathcal{I}} \ln c_i(x_k)\right| \leqslant \varepsilon$.

例 7.3 考虑问题

$$\begin{aligned} &\min x_1^2 + x_2^2, \\ &\text{s.t. } x_1 - x_2 + 1 \leqslant 0. \end{aligned} \tag{7.19}$$

该问题的最优解为 $x^* = \left(-\dfrac{1}{2}, \dfrac{1}{2}\right)^{\mathrm{T}}$, 对数障碍函数为

$$\mathrm{B_L}(x,\mu) = x_1^2 + x_2^2 - \mu\ln(-x_1 + x_2 - 1).$$

图 7.3 给出了 $\mathrm{B_L}(x,\mu)$ 随 μ 变化的等高线的情形, 其中实心点表示问题 (7.19) 的最优解, 空心点表示 $\mathrm{B_L}(x,\mu)$ 的极小点, μ 的取值分别为 $0.1, 0.05, 0.01, 0.001$. 由图我们可以看出, 随着 μ 的减小, $\mathrm{B_L}(x,\mu)$ 的极小点趋于原问题的最优解. □

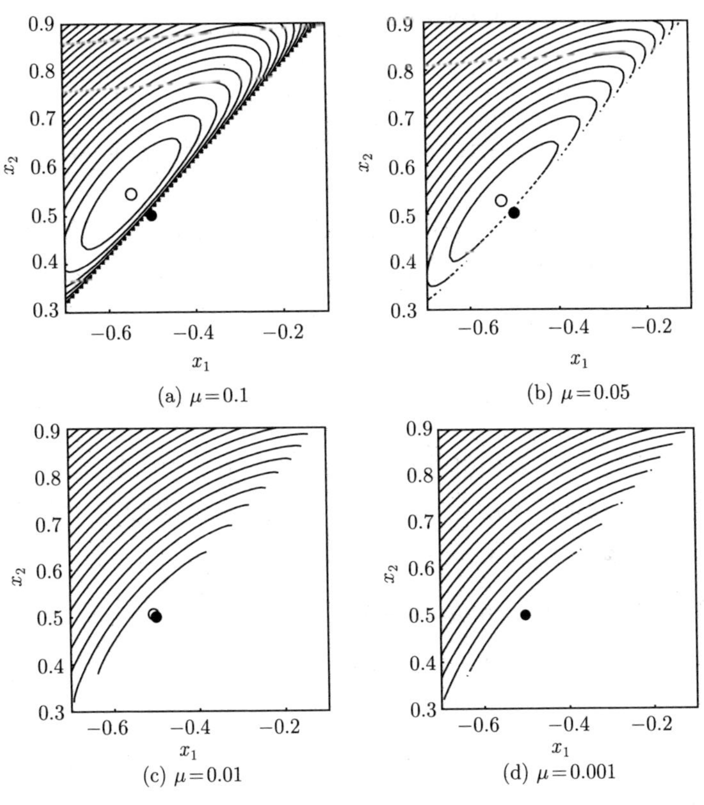

图 7.3 $\mathrm{B_L}(x,\mu)$ 随 μ 变化的等高线

2. 数值困难

与外点罚函数方法一样, 障碍函数方法当 $\mu\to 0$ 时, 其无约束最优化问题会变得越来越难以精确求解. 以对数障碍函数为例, 在点 x_k,μ_k 处有

$$\begin{aligned}\nabla_x^2\mathrm{B_L}(x_k,\mu_k)=\nabla^2 f(x_k)-\sum_{i\in\mathcal{I}}\frac{\mu_k}{c_i(x_k)}\nabla^2 c_i(x_k)\\+\sum_{i\in\mathcal{I}}\frac{\mu_k}{c_i^2(x_k)}a_i(x_k)a_i(x_k)^{\mathrm{T}}.\end{aligned}$$

令

$$\lambda_i^{(k)} = \frac{\mu_k}{c_i(x_k)}, \tag{7.20}$$

则有

$$\nabla_x^2 \mathrm{B_L}(x_k, \mu_k) = \nabla_x^2 L(x_k, \lambda_k) + \sum_{i \in \mathcal{I}} \frac{1}{\mu_k} (\lambda_i^{(k)})^2 a_i(x_k) a_i(x_k)^{\mathrm{T}}.$$

当 $\mu_k \to 0$ 时, $\nabla_x^2 \mathrm{B_L}(x_k, \mu_k)$ 的条件数与 $\nabla_x^2 \mathrm{P_E}(x_k, \sigma_k)$ 的条件数情形相同. 从图 7.3 我们也可以看出, 随着 μ_k 的减小, $\nabla_x^2 \mathrm{B_L}(x_k, \mu_k)$ 变得越来越病态.

§7.3　等式约束最优化问题的增广 Lagrange 函数方法

在下面两节中, 我们将讨论如何克服罚函数方法的弱点, 在罚函数和 Lagrange 函数的基础上, 建立增广 Lagrange 函数或称为乘子罚函数的方法. 方法的建立还是从等式约束最优化问题 (7.1) 开始考虑.

1. 建立增广 Lagrange 函数的思想

由前面的讨论知, 外点罚函数方法的主要问题是由 $\sigma_k \to \infty$ 所引起的无约束最优化问题的病态性造成的. 如果我们可以构造某种函数, 不要求 $\sigma_k \to \infty$, 或者说只要 σ_k 足够大, 这个函数的极小点就是原问题的最优解, 则病态问题可以避免.

如何构造这种函数呢? 因为这种函数是无约束最优化问题的目标函数, 我们可以根据无约束最优化问题的目标函数在解点应满足的条件, 去构造满足这些条件的函数. 设这种函数为 $\phi(x, \sigma)$, 其中 $\sigma > 0$ 是给定的参数. 我们希望通过求解

$$\min_x \ \phi(x, \sigma),$$

得到原问题的最优解 x^*. 在 x^* 处, $\phi(x, \sigma)$ 应满足无约束最优化问题的一、二阶充分条件

$$\nabla_x \phi(x^*, \sigma) = 0, \tag{7.21}$$

$$\frac{\partial^2 \phi(x^*,\sigma)}{\partial d^2} > 0, \quad d \in \mathbb{R}^n \backslash \{0\}, \tag{7.22}$$

其中 d 为 x^* 处任意的方向.

首先我们要看已知的函数是否满足这两个条件, 若不满足, 再考虑可否将其进行改造, 使之满足这两个条件.

对罚函数 $\mathrm{P_E}(x,\sigma)$, 因 x^* 是可行点, 有

$$\nabla \mathrm{P_E}(x^*,\sigma) = \nabla f(x^*) + \sigma \sum_{i\in\mathcal{E}} a_i(x^*) c_i(x^*) = \nabla f(x^*).$$

对约束强有效的情形, $\nabla f(x^*) \neq 0$, 故 x^* 不是无约束最优化问题的最优解. 在罚因子固定的情形下, 一般不可能通过求罚函数的极小点得原问题的最优解.

再看 Lagrange 函数 $L(x,\lambda)$. 如果它存在 KKT 点 x^* 与相应的 Lagrange 乘子 λ^*, 在这个点处条件 (7.21) 自然满足.

对二阶条件, 仅以含一个等式约束的问题为例, 见图 6.11(b). 对这个问题, 条件 (7.22) 不成立. $L(x,\lambda^*)$ 在 x^* 处仅沿约束 $c(x)=0$ 的切线方向 d 的二阶方向导数取正值, 沿其他方向的二阶方向导数取负值. 就这一点而言, 可以对 Lagrange 函数进行改造, 使在 x^* 附近, 沿方向 d 的函数曲面保持不动, 其余部分的函数曲面向上拉起, 使函数曲面在 x^* 处沿任意方向的二阶方向导数均为正. 这相当于当变量离开约束时, 就加大 $L(x,\lambda^*)$ 的函数值, 这正是构造罚函数的思想. 利用这种思想, 我们建立下面的增广 Lagrange 函数.

2. 增广 Lagrange 函数

我们在 Lagrange 函数上增加一个惩罚项, 便得到**增广 Lagrange 函数**

$$\Phi(x,\lambda,\sigma) = f(x) - \lambda^{\mathrm{T}} c(x) + \frac{1}{2}\sigma \sum_{i\in\mathcal{E}} c_i^2(x). \tag{7.23}$$

该函数也可以理解为是在罚函数的基础上增加了乘子项而得到的, 故又称为**乘子罚函数**.

在下面的例子中, 我们可以看到增广 Lagrange 函数随 σ 增大的变化.

例 7.4 考虑问题

$$\min f(x) = 2x_1^2 - x_2^2 + x_1 - x_2, \tag{7.24a}$$

$$\text{s.t. } x_1 - x_2 = 0 \tag{7.24b}$$

的增广 Lagrange 函数随 σ 增大的变化.

问题 (7.24) 的 Lagrange 函数为

$$L(x,\lambda) = 2x_1^2 - x_2^2 + x_1 - x_2 - \lambda(x_1 - x_2),$$

KKT 对为 $x^* = (0,0)^{\mathrm{T}}, \lambda^* = 1$. 在 λ^* 处, $L(x,\lambda^*) = 2x_1^2 - x_2^2$ 为非正定函数.

问题 (7.24) 在 λ^* 处的增广 Lagrange 函数为

$$\begin{aligned}\Phi(x,\lambda^*,\sigma) &= 2x_1^2 - x_2^2 + \frac{1}{2}\sigma(x_1 - x_2)^2 \\ &= \left(2 + \frac{\sigma}{2}\right)x_1^2 - \sigma x_1 x_2 + \left(\frac{\sigma}{2} - 1\right)x_2^2.\end{aligned} \tag{7.25}$$

当 $\sigma > 4$ 时, Φ 为正定函数.

图 7.4 画出了在 $\lambda^* = 1$, $\sigma = 0, 1, 4, 10$ 时, 增广 Lagrange 函数 (7.25) 的图形, 其中实心点为问题 (7.24) 的最优解, 黑实线为约束限制在增广 Lagrange 函数上. 由该图可以看出, 当 $\sigma = 10$ 时, 增广 Lagrange 函数的极小点就是问题 (7.24) 的最优解. 可见, 在 Lagrange 函数上增加惩罚项的作用与我们所期望的吻合. □

在例 7.4 中, 我们假定 λ^* 是已知的. 然而, 实际上 λ^* 需要通过迭代求出. 下面我们来考虑如何确定它的迭代格式.

在第 k 步迭代, 当 σ_k, λ_k 给定时, 由

$$\min_x \ \Phi(x,\lambda_k,\sigma_k)$$

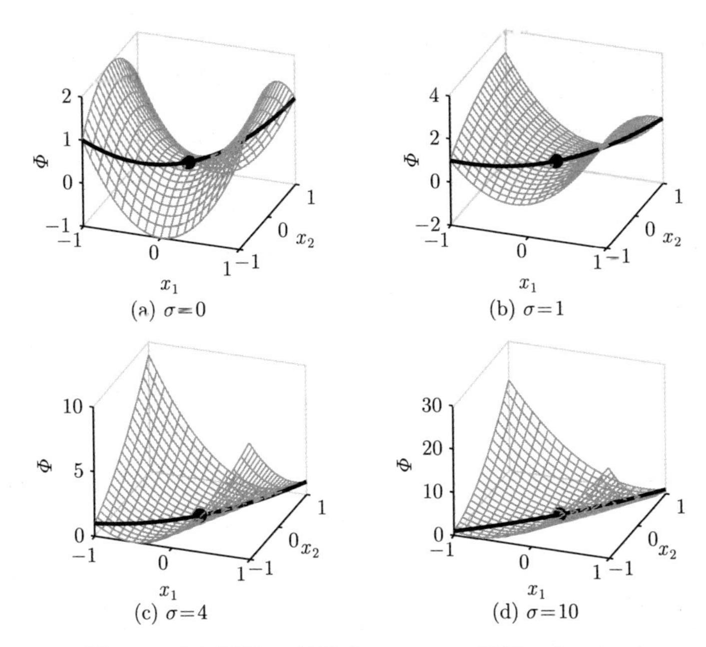

(a) $\sigma=0$ (b) $\sigma=1$

(c) $\sigma=4$ (d) $\sigma=10$

图 7.4 对应不同 σ 的增广 Lagrange 函数 $\Phi(x,\lambda^*,\sigma)$

可得 x_k, x_k 满足

$$\nabla_x \Phi(x_k,\lambda_k,\sigma_k)=0,$$

即

$$\nabla f(x_k)+A(x_k)\big[-\lambda_k+\sigma_k c(x_k)\big]=0, \tag{7.26}$$

这里 $A(x_k)=\big[a_1(x_k),\cdots,a_m(x_k)\big]$. 当 σ_k 足够大时, 根据下面的定理 7.4, 应有

$$\nabla f(x_k)\approx\nabla f(x^*),\quad A(x_k)\approx A(x^*).$$

比较 (7.26) 式和 KKT 条件 $\nabla f(x^*)-A^*\lambda^*=0$, 可得

$$\lambda^*\approx\lambda_k-\sigma_k c(x_k). \tag{7.27}$$

由此我们得到求 λ^* 的迭代格式

$$\lambda_{k+1} = \lambda_k - \sigma_k c(x_k). \tag{7.28}$$

实际上, 比较罚函数与增广 Lagrange 函数的乘子关系 (7.10) 式与 (7.27) 式, 可以看出罚函数方法与增广 Lagrange 函数方法的差别. 当 k 充分大时, 由 (7.10) 式我们可得

$$c_i(x_k) \approx -\frac{1}{\sigma_k}\lambda_i^*, \quad i \in \mathcal{E}, \tag{7.29}$$

而由 (7.27) 式可得

$$c_i(x_k) \approx -\frac{1}{\sigma_k}(\lambda_i^* - \lambda_i^{(k)}), \quad i \in \mathcal{E}. \tag{7.30}$$

比较这两个式子可以发现, 只要 σ_k 充分大, λ_k 充分接近 λ^*, 乘子罚函数方法得到的 x_k 比罚函数方法得到的 x_k 更接近于可行点.

算法 7.3 (增广 Lagrange 函数方法)

步 1　给定初始点 $x_0, \lambda_1, \sigma_1 > 0, \rho > 1, \varepsilon > 0, \varepsilon_1 > 0, k = 1$.

步 2　以 x_{k-1} 为初始点, 求解

$$\min_x \ \Phi(x, \lambda_k, \sigma_k)$$

得 x_k, 它满足

$$\|\nabla_x \Phi(x_k, \lambda_k, \sigma_k)\| < \varepsilon_1.$$

步 3　$\lambda_{k+1} = \lambda_k - \sigma_k c(x_k)$.

步 4　若 $\|c(x_k)\| \leqslant \varepsilon$, 则迭代停止, 得近似解 x_k, λ_{k+1}; 否则 $k := k+1$, 取 $\sigma_{k+1} = \rho\sigma_k$, 转步 2.

3. 等式约束最优化问题解的充分条件和必要条件

下面的定理给出了等式约束最优化问题解的充分条件和必要条件, 从中我们可以看出算法 7.3 步 4 中终止准则的由来.

引理 7.3　设 $A \in \mathbb{R}^{n\times n}$, $B \in \mathbb{R}^{m\times n}$, 对满足 $Bd = 0, d \neq 0$ 的 d, $d^{\mathrm{T}}Ad > 0$ 的充分必要条件是存在 $\sigma^* \geqslant 0$, 使得对任给 $\sigma \geqslant \sigma^*$ 和 $d \neq 0$, 有 $d^{\mathrm{T}}(A + \sigma B^{\mathrm{T}}B)d > 0$.

引理证明见文献 [78].

定理 7.4 设 x^* 是等式约束最优化问题 (7.1) 的严格局部最优解, λ^* 是相应的 Lagrange 乘子, 在 x^*, λ^* 处最优性的二阶充分条件 (6.21) 满足, 则存在 $\sigma^* \geqslant 0$, 对任给 $\sigma \geqslant \sigma^*$, x^* 是增广 Lagrange 函数 $\Phi(x,\lambda^*,\sigma)$ 的严格局部极小点; 反之, 若 $c_i(x^*) = 0\,(i = 1,\cdots,m)$, x^* 是 $\Phi(x,\lambda^*,\sigma)$ 的局部极小点, 则 x^* 是等式约束最优化问题 (7.1) 的局部最优解.

证明 由 $\Phi(x,\lambda,\sigma)$ 的定义知

$$\nabla_x \Phi(x,\lambda,\sigma) = \nabla_x L(x,\lambda) + \sigma A(x)c(x), \tag{7.31}$$

$$\nabla_x^2 \Phi(x,\lambda,\sigma) = \nabla_x^2 L(x,\lambda) + \sigma A(x)A(x)^{\mathrm{T}} + \sigma \sum_{i\in\mathcal{E}} c_i(x)\nabla^2 c_i(x). \tag{7.32}$$

因为 x^* 是等式约束最优化问题的严格局部最优解, 由 KKT 条件与 x^* 的可行性有

$$\nabla_x \Phi(x^*,\lambda^*,\sigma) = \nabla_x L(x^*,\lambda^*) = 0,$$
$$\nabla_x^2 \Phi(x^*,\lambda^*,\sigma) = \nabla_x^2 L(x^*,\lambda^*) + \sigma A(x^*)A(x^*)^{\mathrm{T}};$$

由约束最优化问题的二阶最优性充分条件有

$$d^{\mathrm{T}}\nabla_x^2 L(x^*,\lambda^*)d > 0, \quad A(x^*)^{\mathrm{T}}d = 0, \quad d \neq 0.$$

由引理 7.3 知, 存在 $\sigma^* \geqslant 0$, 对任给 $\sigma \geqslant \sigma^*$, 有 $\nabla_x^2 L(x^*,\lambda^*) + \sigma A(x^*)A(x^*)^{\mathrm{T}}$ 正定, 从而 x^* 是 $\min \Phi(x^*,\lambda^*,\sigma)$ 的严格局部最优解.

反之, 已知 x^* 是可行点, 设 x 与 x^* 充分接近, $x \in \mathcal{D}$, 则有

$$\Phi(x^*,\lambda^*,\sigma) \leqslant \Phi(x,\lambda^*,\sigma).$$

由 x^* 与 x 的可行性知

$$\Phi(x^*,\lambda^*,\sigma) = f(x^*),$$
$$\Phi(x,\lambda^*,\sigma) = f(x),$$

则对与 x^* 充分接近的 $x \in \mathcal{D}$, 有

$$f(x^*) \leqslant f(x),$$

即 x^* 是问题 (7.1) 的局部最优解. □

例 7.5 考虑例 7.4 的问题, 其增广 Lagrange 函数为

$$\Phi(x,\lambda,\sigma) = f(x) - \lambda(x_1 - x_2) + \frac{1}{2}\sigma(x_1 - x_2)^2.$$

对 $\lambda^* = 1$, 有

$$\begin{aligned}
&\Phi(x,\lambda^*,\sigma) = 2x_1^2 - x_2^2 + \frac{1}{2}\sigma(x_1 - x_2)^2,\\
&\frac{\partial \Phi}{\partial x_1} = (4+\sigma)x_1 - \sigma x_2,\\
&\frac{\partial \Phi}{\partial x_2} = (\sigma - 2)x_2 - \sigma x_1.
\end{aligned}$$

当 $\sigma > 4$ 时, $\nabla_x^2 \Phi(x,\lambda^*,\sigma)$ 正定, 显然 $x^* = (0,0)^{\mathrm{T}}$ 是 $\Phi(x,\lambda^*,\sigma)$ 的严格局部极小点. 反之, $\Phi(x,\lambda,\sigma)$ 的极小点为

$$x_1 = \frac{1-\lambda}{\sigma - 4}, \quad x_2 = 2\frac{1-\lambda}{\sigma-4}.$$

若要满足约束条件, 只有 $\lambda = 1$, 即 $x_1^* = x_2^* = 0$ 是约束最优化问题的最优解.

§7.4　一般约束最优化问题的增广 Lagrange 函数方法

对一般约束最优化问题 (6.1), 我们可以将其中的不等式约束化为等式约束, 再用求解等式约束最优化问题的增广 Lagrange 函数方法来求解.

1. 化一般约束最优化问题为等式约束最优化问题

引入松弛变量 $s_i\ (i \in \mathcal{I})$, 则问题 (6.1) 变为如下**松弛问题**:

$$\min F(x,s) = f(x), \tag{7.33a}$$

$$\text{s.t. } c_i(x) = 0,\ i \in \mathcal{E}, \tag{7.33b}$$

$$c_i(x) - s_i = 0, \ i \in \mathcal{I}, \tag{7.33c}$$

$$s_i \geqslant 0, \ i \in \mathcal{I}. \tag{7.33d}$$

若暂不考虑松弛变量的非负约束 (7.33d), (7.33) 就是等式约束最优化问题, 对应的增广 Lagrange 函数为

$$\bar{\Phi}(x, s, \lambda, \sigma) = f(x) - \sum_{i \in \mathcal{E}} \lambda_i c_i(x) + \frac{1}{2}\sigma \sum_{i \in \mathcal{E}} c_i^2(x) + \sum_{i \in \mathcal{I}} \bar{\phi}_i,$$

其中

$$\bar{\phi}_i = -\lambda_i \left(c_i(x) - s_i\right) + \frac{1}{2}\sigma \left(c_i(x) - s_i\right)^2.$$

所以带松弛变量非负约束的增广 Lagrange 函数最优化问题为

$$\min_{x,s} \bar{\Phi}(x, s, \lambda, \sigma), \tag{7.34a}$$

$$\text{s.t. } s_i \geqslant 0, \ i \in \mathcal{I}. \tag{7.34b}$$

问题 (7.34) 是一类有特殊约束的最优化问题, 可以用专门的方法解之. 引入松弛变量后, 我们的问题增加了 $m - m_e$ 个变量. 若能将问题 (7.34) 简化, 消去这 $m - m_e$ 个松弛变量, 则问题仍可限制在 n 维空间上, 同时又消去了约束 (7.34b). 下面我们就来讨论问题 (7.34) 的化简.

2. 问题的化简

化简的关键在于问题 (7.34) 等价于

$$\min_{x} \min_{s} \ \bar{\Phi}(x, s, \lambda, \sigma), \tag{7.35a}$$

$$\text{s.t. } s_i \geqslant 0, \ i \in \mathcal{I}. \tag{7.35b}$$

如果可以从问题

$$\min_{s} \ \bar{\Phi}(x, s, \lambda, \sigma), \tag{7.36a}$$

$$\text{s.t. } s_i \geqslant 0, \ i \in \mathcal{I} \tag{7.36b}$$

中解析求出 $s(x)$, 将其代入 $\bar{\Phi}$ 中, 就可以消去 s, 得到

$$\Phi(x,\lambda,\sigma)=\bar{\Phi}(x,s(x),\lambda,\sigma),$$

这样问题 (7.34) 就可化简为

$$\min_{x} \Phi(x,\lambda,\sigma).$$

要做到这一点是不难的, 因为在问题 (7.36a) 中, $\bar{\Phi}(x,s,\lambda,\sigma)$ 是关于 s 的凸函数, $\bar{\Phi}$ 关于 s 的稳定点即为极小点, 满足 $\nabla_s \bar{\Phi}(x,s,\lambda,\sigma)=0$, 即

$$\frac{\partial \bar{\phi}_i}{\partial s_i}=\lambda_i-\sigma c_i(x)+\sigma s_i=0, \quad i\in\mathcal{I}.$$

由此解出 s, 得

$$s_i=c_i(x)-\eta_i, \quad i\in\mathcal{I},$$

这里 $\eta_i=\lambda_i/\sigma$. 考虑到 s_i 的非负约束, 问题 (7.36) 的解析解应为

$$s_i=\max\left\{c_i(x)-\eta_i,0\right\}, \quad i\in\mathcal{I}. \tag{7.37}$$

设 $\phi_i(x,\lambda,\sigma)=\bar{\phi}_i(x,s(x),\lambda,\sigma)$, 下面我们讨论 $\phi_i(x,\lambda,\sigma)$ 的表达式. 由 (7.37) 式得

$$c_i(x)-s_i=\begin{cases}\eta_i, & c_i(x)-\eta_i\geqslant 0,\\ c_i(x), & c_i(x)-\eta_i<0\end{cases} \tag{7.38}$$

或

$$c_i(x)-s_i=\min\left\{c_i(x),\eta_i\right\}. \tag{7.39}$$

将 (7.38) 式代入 $\bar{\phi}_i$ 中, 消去 s_i, 得

$$\phi_i=\begin{cases}-\dfrac{1}{2}\sigma\eta_i^2, & c_i(x)-\eta_i\geqslant 0,\\ \dfrac{1}{2}\sigma\left[(c_i(x)-\eta_i)^2-\eta_i^2\right], & c_i(x)-\eta_i<0,\end{cases} \tag{7.40}$$

由 (7.39) 式知, ϕ_i 亦可表示为

$$\phi_i=\frac{1}{2}\sigma\left[(\min\left\{c_i(x)-\eta_i,0\right\})^2-\eta_i^2\right].$$

由此, 我们得到化简了的增广 Lagrange 函数

$$\Phi(x,\lambda,\sigma) \triangleq f(x) - \sum_{i\in\mathcal{E}} \lambda_i c_i(x) + \frac{1}{2}\sigma \sum_{i\in\mathcal{E}} c_i^2(x) + \sum_{i\in\mathcal{I}} \phi_i(x,\lambda,\sigma), \quad (7.41)$$

其中 ϕ_i 由 (7.40) 式定义.

3. 乘子迭代格式与停止准则

假定在第 k 步迭代已知 x_k, λ_k 和 σ_k, 下面我们来求 λ_{k+1}. 由等式约束的迭代格式 (7.28) 有

$$\lambda_i^{(k+1)} = \lambda_i^{(k)} - \sigma_k c_i(x_k), \qquad i \in \mathcal{E}, \quad (7.42)$$

$$\lambda_i^{(k+1)} = \lambda_i^{(k)} - \sigma_k \left[c_i(x_k) - s_i^{(k)}\right], \quad i \in \mathcal{I}. \quad (7.43)$$

由 (7.38) 式和 (7.39) 式知, (7.43) 式为

$$\lambda_i^{(k+1)} = \begin{cases} 0, & c_i(x_k) - \eta_i^{(k)} \geqslant 0, \\ \lambda_i^{(k)} - \sigma_k c_i(x_k), & c_i(x_k) - \eta_i^{(k)} < 0 \end{cases}$$

或

$$\lambda_i^{(k+1)} = -\sigma_k \min\left\{c_i(x_k) - \eta_i^{(k)}, 0\right\},$$

其中 $\eta_i^{(k)} = \dfrac{\lambda_i^{(k)}}{\sigma_k}$.

由等式约束最优化问题的终止准则, 我们有

$$\left[\sum_{i\in\mathcal{E}} c_i^2(x_k) + \sum_{i\in\mathcal{I}} \left(c_i(x_k) - s_i^{(k)}\right)^2\right]^{1/2} \leqslant \varepsilon.$$

根据 (7.39) 式, 简化后的终止准则为

$$\left[\sum_{i\in\mathcal{E}} c_i^2(x_k) + \sum_{i\in\mathcal{I}} \min\left\{c_i(x_k), \eta_i^{(k)}\right\}^2\right]^{1/2} \leqslant \varepsilon.$$

一般约束最优化问题的乘子罚函数方法的迭代步骤同算法 7.3, 这里不再赘述.

§7.5　数值试验

在本节中, 我们通过数值试验, 比较罚函数方法与乘子罚函数方法的有效性, 两算法中求无约束最优化问题最优解的内迭代使用 BFGS 方法与非精确强 Wolfe 线搜索, 在强 Wolfe 线搜索准则中取 $\rho = 10^{-4}$, $\sigma = 0.9$. 内、外迭代的终止准则均为 $|f_{k-1} - f_k| \leqslant 10^{-8}$.

数值试验 (罚函数方法的数值试验)

下面的问题选自文献 [43], 其中等式约束最优化问题的初始点是非可行点, 不等式约束最优化问题的初始点是可行点.

问题 1

$$\begin{aligned} &\min f(x) = -1, \\ &\text{s.t. } x_1^2 + x_2^2 - 25 = 0, \\ &\qquad x_1 x_2 - 9 = 0. \end{aligned}$$

该问题的最优解为

$$x^* = (a, 9/a)^{\mathrm{T}},\ (-a, -9/a)^{\mathrm{T}},\ (b, 9/b)^{\mathrm{T}},\ (-b, -9/b)^{\mathrm{T}},$$

其中 $a = \sqrt{\dfrac{25+\sqrt{301}}{2}}$, $b = \sqrt{\dfrac{25-\sqrt{301}}{2}}$, 选取 $x^{(0)} = (2, 1)^{\mathrm{T}}$.

问题 2

$$\begin{aligned} &\min f(x) = -x_1, \\ &\text{s.t. } x_2 - x_1^3 - x_3^2 = 0, \\ &\qquad x_1^2 - x_2 - x_4^2 = 0. \end{aligned}$$

该问题的最优解为 $x^* = (1, 1, 0, 0)^{\mathrm{T}}$, 选取 $x^{(0)} = (2, 2, 2, 2)^{\mathrm{T}}$.

问题 3

$$\begin{aligned} &\min f(x) = \frac{1}{2}x_1^2 + x_2^2 - x_1 x_2 - 7x_1 - 7x_2, \\ &\text{s.t. } 25 - 4x_1^2 - x_2^2 \geqslant 0. \end{aligned}$$

该问题的最优解为 $x^* = (2, 3)^{\mathrm{T}}$, 选取 $x^{(0)} = (0, 0)^{\mathrm{T}}$.

表 7.1 给出了用不同罚函数方法求解这三个问题所需的外迭代次数 (ite), 函数调用次数 (feva), 算法终止时的 μ_k 以及 $\|x^{(k)}-x^*\|_\infty$, 当函数的罚因子为 σ_k 时, $\sigma_k=1/\mu_k$, 初始 $\mu_0=1$, $\mu_{k+1}=\mu_k/10$. 从表中的结果可以看出, 用增广 Lagrange 函数方法得到的解点的绝对误差不低于外点罚函数方法或障碍函数方法得到的解点的绝对误差; 对问题 2, 增广 Lagrange 函数方法迭代终止时的罚因子 (σ_k) 小于外点罚函数方法迭代终止时的罚因子; 对问题 3, 增广 Lagrange 函数方法迭代终止时的罚因子 (μ_k) 大于障碍函数方法迭代终止时的罚因子.

表 7.1　罚函数方法与增广 Lagrange 函数方法的运算结果

问题	方法	ite	feva	μ_k	$\|x^{(k)}-x^*\|_\infty$
问题 1	外点罚函数方法	4	76	1.0e − 03	2.7076e − 01
	增广 Lagrange 函数方法	5	68	1.0e − 04	2.7076e − 01
问题 2	外点罚函数方法	10	137	1.0e − 10	1.1502e − 08
	增广 Lagrange 函数方法	6	93	1.0e − 06	4.8881e − 12
问题 3	障碍函数方法	9	178	1.0e − 09	3.9048e − 06
	增广 Lagrange 函数方法	4	274	1.0e − 04	9.4892e − 06

后　记

平方罚函数方法是在 1943 年由 Courant[15] 提出来的, 此后这类方法有了长足的发展. 特别应该指出的是, Karmarkar[45] 于 1984 年提出的内点方法, 开创了研究多项式时间复杂性算法的新纪元. 作为内点方法之一的路径跟踪方法, 就是通过对数障碍函数建立中心路径的. 无疑，罚函数在这个方法中起到了重要的作用.

我们称仅含变量的上、下界约束的最优化问题为**界约束最优化问题**. 问题 (7.34) 即为界约束最优化问题, 可以用文献 [14] 中提出的方法求解.

当罚因子 σ 或 μ 取到合适的值时, 相应罚函数的极小点即是约束最优化问题的最优解. 我们称这样的罚函数为**精确罚函数**. 增广 Lagrange 函数即为一类精确罚函数. 另外, 还有 L_1 精确罚函数

$$\Phi_1(x,\sigma)=f(x)+\sigma\|\bar{c}(x)\|_1,$$

其中

$$\bar{c}_i(x)=\begin{cases} c_i(x), & i\in\mathcal{E}, \\ \min\{0,c_i(x)\}, & i\in\mathcal{I}. \end{cases} \tag{7.44}$$

L_1 精确罚函数是非光滑的, 可以用非光滑最优化方法求其极小点. L_1 精确罚函数还有其他用途, 例如在第九章的序列二次规划方法中, 我们会用 L_1 精确罚函数作为价值函数.

习 题

1. 对问题

$$\begin{aligned} &\min -x_1x_2x_3, \\ &\text{s.t. } 72-x_1-2x_2-2x_3=0, \end{aligned}$$

考虑外点罚函数方法. 求出 $x(\sigma)$ 的显式表达式. 当 $\sigma\to\infty$ 时, 求出问题的最优解和相应的 Lagrange 乘子. 给出 σ 的取值范围, 使矩阵 $\nabla_x^2 \mathrm{P_E}(x(\sigma),\sigma)$ 正定.

2. 对问题

$$\begin{aligned} \min\ & x_2^2-3x_1, \\ \text{s.t. } & x_1+x_2=1, \\ & x_1-x_2=0, \end{aligned}$$

应用外点罚函数方法. 当 $\sigma\to\infty$ 时, 求出问题的最优解和相应的 Lagrange 乘子.

3. 考虑问题

$$\begin{aligned} \min\ & x,\ x\in\mathbb{R}, \\ \text{s.t. } & x^2\geqslant 0, \\ & x+1\geqslant 0. \end{aligned}$$

写出该问题的对数障碍函数 $\mathrm{B_L}(x,\mu)$, 并求出其局部极小点. 对任意 $\{\mu_k\}$, $\mu_k \to 0$, 求出相应的局部极小点序列 $\{x(\mu_k)\}$ 的极限点.

4. 对问题

$$\begin{aligned} &\min 2x_1 + 3x_2, \\ &\text{s.t. } 1 - 2x_1^2 - x_2^2 \geqslant 0, \end{aligned}$$

考虑对数障碍函数方法. 当 $\mu \to 0$ 时, 求出问题的最优解和相应的 Lagrange 乘子.

5. 对不等式约束最优化问题 (7.14), 若 $f(x)$ 在可行域 $\mathcal{D}$ 上有下界, 且算法 7.2 步 2 中能计算出障碍函数的全局极小点, 证明: 对 $\varepsilon > 0$, 算法 7.2 或有限终止, 或对倒数障碍函数, 有

$$\lim_{k\to\infty} \mu_k \sum_{i\in\mathcal{I}} [c_i(x_k)]^{-1} = 0,$$

对对数障碍函数, 有

$$\lim_{k\to\infty} \mu_k \sum_{i\in\mathcal{I}} \ln c_i(x_k) = 0,$$

并且

$$\lim_{k\to\infty} f(x_k) = \inf_{x\in \mathrm{int}(\mathcal{D})} f(x),$$

其中 $\mathrm{int}(\mathcal{D}) = \{x \mid c_i(x) > 0, i \in \mathcal{I}\}$, 算法 7.2 产生的序列 $\{x_k\}$ 的聚点是该不等式约束最优化问题的最优解.

6. 令 $c_k \to c^*$, $A_k \to A^*$, 其中 $A_k \in \mathbb{R}^{n\times m}\ (m < n)$, $\mathrm{rank}(A^*) = m$. 证明: 如果 $0 < \beta < \sigma_n$, 其中 σ_n 为 ${A^*}^{\mathrm{T}} A^*$ 的最小特征值的非负平方根, 则对充分大的 k, 有

$$\| A_k c_k \|_2 \geqslant \beta \| c_k \|_2 .$$

7. 对倒数障碍函数 $\mathrm{B_I}(x,\mu)$, 证明: 在点 $x^{(k)}$ 处, Lagrange 乘子估计为 $\lambda_i^{(k)} = \dfrac{\mu_k}{(c_i^{(k)})^2}$, $i \in \mathcal{I}$. 由此证明对 $x^{(k)} \to x^*, \lambda^{(k)} \to \lambda^*$, 若 $i \notin \mathcal{I}^*$,

则 $\lambda_i^{(k)} \to 0$, 且 x^*, λ^* 为 KKT 对.

8. 给出倒数障碍函数的 Hesse 矩阵, 说明当起作用约束的数目在 1 到 $n-1$ 之间时, 随着 $\mu \to 0$, Hesse 矩阵趋于病态. 问: 起作用约束相应的 $\lambda_i^* = 0$ 意味着什么?

9. 对问题

$$\begin{aligned}&\min \frac{1}{1+x^2},\ x \in \mathbb{R},\\&\text{s.t. } x \geqslant 1,\end{aligned}$$

考虑障碍函数方法. 证明: 对任何 $\mu > 0$, $\mathrm{B_I}(x,\mu)$ 和 $\mathrm{B_L}(x,\mu)$ 均无下界.

10. 考虑不等式约束最优化问题

$$\min f(x), \tag{7.45a}$$

$$\text{s.t. } c(x) \geqslant 0 \tag{7.45b}$$

与相应的松弛问题

$$\min f(x), \tag{7.46a}$$

$$\text{s.t. } c(x) - s^2 = 0, \tag{7.46b}$$

其中 $c(x)\colon \mathbb{R}^n \to \mathbb{R}$. 证明: 若 x^*, s^* 是问题 (7.46) 的解, λ^* 是相应的乘子, 则 x^* 和 λ^* 满足问题 (7.45) 最优解的一阶必要条件.

11. 对问题

$$\begin{aligned}&\min \frac{1}{2}x^{\mathrm{T}}Gx + \alpha b^{\mathrm{T}}x,\\&\text{s.t. } b^{\mathrm{T}}x = 0,\end{aligned}$$

其中 $G \in \mathbb{R}^{n\times n}$ 对称非奇异, $\alpha \in \mathbb{R}$, 且对任意满足 $b^{\mathrm{T}}x = 0$ 的 $x \neq 0$, $x^{\mathrm{T}}Gx > 0$, 应用乘子罚函数方法, 取 $\lambda_0 = 0$. 证明: 当

$$|\, 1 + \sigma b^{\mathrm{T}}G^{-1}b \,| > 1$$

时, 乘子罚函数方法产生的 $\{x_k\}$ 收敛于最优解 $x^* = 0$.

12. 设约束函数均二阶连续可微, 讨论一般约束最优化问题的乘子罚函数是否二阶连续可微.

上 机 习 题

编写求解约束最优化问题的不同罚函数方法的程序, 其中求解无约束子问题的算法与程序可以从第三章上机作业的算法与程序中选择. 对下面给出的约束最优化问题 (见文献 [43]),运行你的程序, 分析各种方法的有效性:

1.

$$\begin{aligned}&\min f(x) = \ln(1+x_1^2) - x_2,\\&\text{s.t. } (1+x_1^2)^2 + x_2^2 - 4 = 0.\end{aligned}$$

初始点 $x^{(0)} = (2,2)^{\mathrm{T}}$ 为非可行点, 最优解为

$$x^* = (0, \sqrt{3}), \quad f(x^*) = -\sqrt{3}.$$

2.

$$\begin{aligned}&\min f(x) = -x_1 x_2 x_3,\\&\text{s.t. } -x_1^2 - 2x_2^2 - 4x_3^2 + 48 \geqslant 0.\end{aligned}$$

初始点 $x^{(0)} = (1,1,1)^{\mathrm{T}}$ 为可行点, 最优解为

$$\begin{aligned}&x^* = (a,b,c)^{\mathrm{T}}, (a,-b,-c)^{\mathrm{T}}, (-a,b,-c)^{\mathrm{T}}, (-a,-b,c)^{\mathrm{T}},\\&f(x^*) = -16\sqrt{2},\end{aligned}$$

其中 $a = 4, b = 2\sqrt{2}, c = 2$.

3.

$$\begin{aligned}&\min\,(x_1-1)^2 + (x_1-x_2)^2 + (x_2-x_3)^4,\\&\text{s.t. } x_1(1+x_2^2) + x_3^4 - 4 - 3\sqrt{2} = 0,\\&\qquad -10 \leqslant x_i \leqslant 10,\ i = 1,2,3.\end{aligned}$$

初始点 $x^{(0)}=(2,2,2)^{\mathrm{T}}$ 为可行点, 最优解为

$$x^*=(1.104859024, 1.196674194, 1.535262257)^{\mathrm{T}},$$
$$f(x^*)=0.03256820025.$$

4.

$$\begin{aligned}&\min x_1x_4(x_1+x_2+x_3)+x_3,\\&\text{s.t. } x_1x_2x_3x_4-25\geqslant 0,\\&\qquad x_1^2+x_2^2+x_3^2+x_4^2-40=0,\\&\qquad 1\leqslant x_i\leqslant 5,\ i=1,\cdots,4.\end{aligned}$$

初始点 $x^{(0)}=(1,5,5,1)^{\mathrm{T}}$ 为可行点, 最优解为

$$x^*=(1, 4.7429994, 3.8211503, 1.3794082)^{\mathrm{T}},$$
$$f(x^*)=17.014173.$$

第八章　二 次 规 划

二次规划问题是一类特殊的约束最优化问题, 它的目标函数为二次函数, 约束函数为线性函数. 我们将二次规划问题在这一章单独讨论, 因为求解它的方法有特殊性. 另外, 二次规划问题作为求解一般约束最优化问题的序列二次规划方法中的一个子问题, 在序列二次规划方法中占有重要地位. 在下一章中, 我们将讨论序列二次规划方法.

§8.1　二次规划问题

二次规划 (Quadratic Programming, QP) 问题的一般形式为

$$\min q(x) = \frac{1}{2}x^{\mathrm{T}}Gx + h^{\mathrm{T}}x, \tag{8.1a}$$

$$\text{s.t. } a_i^{\mathrm{T}}x = b_i,\ i \in \mathcal{E}, \tag{8.1b}$$

$$a_i^{\mathrm{T}}x \geqslant b_i,\ i \in \mathcal{I}, \tag{8.1c}$$

其中 $G \in \mathbb{R}^{n\times n}$ 是对称矩阵.

二次规划问题可能出现可行域为空或解无界的情形, 这里我们假定问题 (8.1) 的解是存在的.

二次规划问题可以这样分类:

- **凸二次规划问题**, 其中 G 半正定, 问题有全局解;
- **严格凸二次规划问题**, 其中 G 正定, 问题有唯一全局解;
- **一般二次规划问题**, 其中 G 不定, 问题有稳定点或局部解.

1952 年, Markowitz[52] 提出以收益率的方差作为风险的度量标准, 以此建立起了极小化风险的投资组合模型. 此举为现代投资理论奠定了基础. 该投资组合模型就是一个二次规划问题.

例 8.1 (投资组合最优化问题)　设有 n 种资产可供投资, 投资的收益率为 $r_i\,(i=1,\cdots,n)$. 因为投资收益是不确定的, 我们假定收益率是遵循正态分布的随机变量, 第 i 种资产收益率的期望值为 $\mu_i = \mathrm{E}(r_i)$, 方差为 $\sigma_i^2 = \mathrm{E}[(r_i-\mu_i)^2]$.

设每种资产占总资产的比例为 $x_i\,(i=1,\cdots,n)$, $\sum\limits_{i=1}^{n} x_i = 1$, $x = (x_1,\cdots,x_n)^{\mathrm{T}}$ 为一个投资组合. 投资组合的收益率为 $R_p = \sum\limits_{i=1}^{n} r_i x_i$, 其期望值与方差分别为

$$
\begin{aligned}
\mathrm{E}(R_p) &= \mathrm{E}\left(\sum_{i=1}^{n} r_i x_i\right) = \sum_{i=1}^{n} \mathrm{E}(r_i)x_i = \mu^{\mathrm{T}} x,\\
\mathrm{E}[(R_p-\mathrm{E}(R_p))^2] &= \mathrm{E}\left[\left(\sum_{i=1}^{n} r_i x_i - \sum_{i=1}^{n} \mu_i x_i\right)^2\right]\\
&= \mathrm{E}\left[\left(\sum_{i=1}^{n} (r_i-\mu_i) x_i\right)^2\right]\\
&= \sum_{i=1}^{n}\sum_{j=1}^{n} \mathrm{E}\left[(r_i-\mu_i)(r_j-\mu_j)\right] x_i x_j\\
&= x^{\mathrm{T}} G x,
\end{aligned}
$$

其中矩阵 G 的元素为 $G_{ij} = \rho_{ij}\sigma_i\sigma_j$, 这里 ρ_{ij} 为

$$
\rho_{ij} = \mathrm{E}\left[\left(\frac{r_i-\mu_i}{\sigma_i}\right)\left(\frac{r_j-\mu_j}{\sigma_j}\right)\right], \quad i,j=1,\cdots,n.
$$

ρ_{ij} 是投资收益率 r_i 与 r_j 的相关系数, 当 ρ_{ij} 接近于 1 时, r_i 增加, r_j 也倾向于增加; 当 ρ_{ij} 接近于 -1 时, r_i 增加, r_j 倾向于减少.

为使收益尽量大而风险尽量小, 我们将这两项结合作为目标函数, 得到下面的二次规划问题:

$$
\min q(x) = \kappa x^{\mathrm{T}} G x - \mu^{\mathrm{T}} x, \tag{8.2a}
$$

$$
\text{s.t.} \sum_{i=1}^{n} x_i = 1,\ \ x \geqslant 0, \tag{8.2b}
$$

其中 $\kappa \geqslant 0$ 是风险容忍参数, 它表明投资者对于风险的偏好. 大胆的投资者会选择接近于 0 的 κ 值以获得更高的期望收益.

我们将在这一章中讲述求解凸二次规划问题的起作用集方法. 该方法在迭代的过程中需求解仅含等式约束的二次规划子问题, 所以我们在下面一节中考虑等式约束二次规划问题的求解.

§8.2 等式约束二次规划问题

等式约束二次规划问题为

$$\min q(x) = \frac{1}{2}x^{\mathrm{T}}Gx + h^{\mathrm{T}}x, \tag{8.3a}$$

$$\text{s.t. } A^{\mathrm{T}}x = b, \tag{8.3b}$$

其中 $A \in \mathbb{R}^{n\times m}$, $A = [a_1, \cdots, a_m]$, $m \leqslant n$, $b \in \mathbb{R}^m$. 这里我们假定 A 列满秩.

1. 变量消去方法

变量消去法的主要思想是: 将 x 的分量分成基本变量 x_B 与非基本变量 x_N 两部分, 通过等式约束将基本变量用非基本变量线性表出; 再将基本变量代入目标函数, 从而消去基本变量, 把问题化为一个关于非基本变量的无约束最优化问题; 最后用求解无约束最优化问题的方法解之. 具体做法如下: 假定

$$x = \begin{bmatrix} x_B \\ x_N \end{bmatrix}\begin{matrix} m \\ n-m \end{matrix}, \quad A = \begin{bmatrix} A_B \\ A_N \end{bmatrix}\begin{matrix} m \\ n-m \end{matrix},$$

其中 A_B 非奇异. G 与 h 也做相应的分块:

$$G = \underset{\begin{matrix} m \quad\quad n-m \end{matrix}}{\begin{bmatrix} G_{BB} & G_{BN} \\ G_{NB} & G_{NN} \end{bmatrix}}\begin{matrix} m \\ n-m \end{matrix}, \quad h = \begin{bmatrix} h_B \\ h_N \end{bmatrix}\begin{matrix} m \\ n-m \end{matrix}.$$

于是 $A^{\mathrm{T}}x=b$ 为

$$A_B^{\mathrm{T}}x_B+A_N^{\mathrm{T}}x_N=b,$$

由此解出

$$x_B=A_B^{-\mathrm{T}}(b-A_N^{\mathrm{T}}x_N). \tag{8.4}$$

将其代入 $q(x)$ 并忽略常数项, 得到

$$\hat{q}(x_N)=\frac{1}{2}x_N^{\mathrm{T}}\hat{G}_Nx_N+\hat{h}_N^{\mathrm{T}}x_N,$$

其中

$$\begin{aligned}\hat{h}_N&=h_N-A_NA_B^{-1}h_B+(G_{NB}-A_NA_B^{-1}G_{BB})A_B^{-\mathrm{T}}b,\\ \hat{G}_N&=G_{NN}-G_{NB}A_B^{-\mathrm{T}}A_N^{\mathrm{T}}-A_NA_B^{-1}G_{BN}+A_NA_B^{-1}G_{BB}A_B^{-\mathrm{T}}A_N^{\mathrm{T}}.\end{aligned}$$

求解关于 x_N 的无约束最优化问题

$$\min\hat{q}(x_N).$$

若 $\hat{G}_N$ 正定, 则该问题存在唯一解 $x_N^*=-\hat{G}_N^{-1}\hat{h}_N$. 将其代入 (8.4) 式, 我们得到

$$x^*=\begin{bmatrix}x_B^*\\x_N^*\end{bmatrix}=\begin{bmatrix}A_B^{-\mathrm{T}}b\\0\end{bmatrix}+\begin{bmatrix}A_B^{-\mathrm{T}}A_N^{\mathrm{T}}\\-I\end{bmatrix}\hat{G}_N^{-1}\hat{h}_N.$$

下面我们来求 x^* 处的 Lagrange 乘子. 由问题 (8.3) 的 KKT 条件

$$\nabla q(x^*)=A\lambda^*,$$

即

$$\begin{bmatrix}G_{BB}&G_{BN}\\G_{NB}&G_{NN}\end{bmatrix}\begin{bmatrix}x_B^*\\x_N^*\end{bmatrix}+\begin{bmatrix}h_B\\h_N\end{bmatrix}=\begin{bmatrix}A_B\\A_N\end{bmatrix}\lambda^*$$

的第一式, 得

$$\lambda^*=A_B^{-1}(h_B+G_{BB}x_B^*+G_{BN}x_N^*).$$

变量消去方法的缺点是：当 A_B 接近于奇异矩阵时, 会引起求解过程数值不稳定, 故在划分基本变量和非基本变量的时候, 需要考虑这个问题.

2. 零空间方法

零空间方法又称为**广义变量消去法**, 它是通过下面的方式实现变量消去的.

假定 A 是列满秩的. 我们将 $\mathbb{R}^n$ 分成两个互补的子空间, 即

$$\mathbb{R}^n = R(A) \oplus N(A^{\mathrm{T}}),$$

其中 $R(A)$ 是由 A 的列生成的像空间, $N(A^{\mathrm{T}})$ 是 A^{T} 的零空间. 设

$$Y = [y_1, \cdots, y_m] \in \mathbb{R}^{n\times m},$$
$$Z = [z_1, \cdots, z_{n-m}] \in \mathbb{R}^{n\times (n-m)},$$

其中 $y_1, \cdots, y_m$ 是 $R(A)$ 中一组线性无关向量, $z_1, \cdots, z_{n-m}$ 是 $N(A^{\mathrm{T}})$ 中一组线性无关向量. 不失一般性, 我们可以选择 Y, Z, 使得 $[Y\ Z]$ 非奇异, 并满足

$$A^{\mathrm{T}}Y = I, \tag{8.5a}$$

$$A^{\mathrm{T}}Z = 0. \tag{8.5b}$$

现在我们可以消去部分变量, 将问题 (8.3) 化为无约束最优化问题了. 令

$$x = Yx_y + Zx_z, \tag{8.6}$$

则约束 $A^{\mathrm{T}}x = b$ 成为

$$A^{\mathrm{T}}Yx_y + A^{\mathrm{T}}Zx_z = b.$$

由 (8.5) 式得

$$x_y = b.$$

于是问题 (8.3) 的可行点可以表示成

$$x = Yb + Zx_z. \tag{8.7}$$

图 8.1 给出了约束在 $n=3, m=1$ 时 (8.7) 式的意义, 可见可行点 x 是由原点到可行点 Yb, 再经过它在平面 $A^{\mathrm{T}}x=b$ 上的修正量 Zx_z 而得到的.

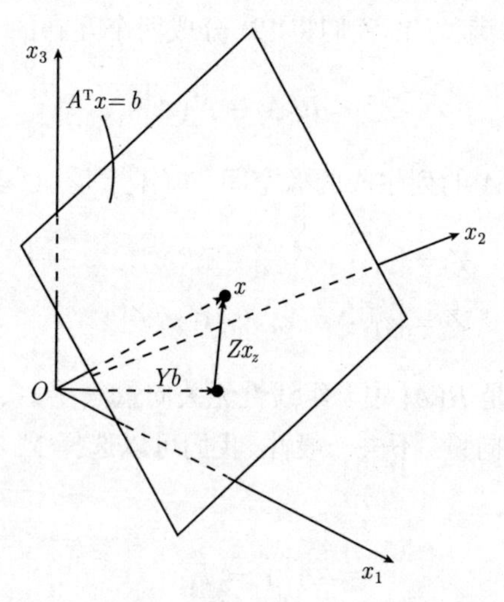

图 8.1　约束 $A^{\mathrm{T}}x=b$ 与 (8.7) 式关于可行点的表示

我们将 (8.7) 式代入目标函数, 得到在 x_z 的无约束最优化问题:

$$\min\ \frac{1}{2}x_z^{\mathrm{T}}Z^{\mathrm{T}}GZx_z+(h+GYb)^{\mathrm{T}}Zx_z+\frac{1}{2}(2h+GYb)^{\mathrm{T}}Yb,$$

这里矩阵 $Z^{\mathrm{T}}GZ\in\mathbb{R}^{(n-m)\times(n-m)}$ 称为**简约 Hesse 矩阵**. 若 $Z^{\mathrm{T}}GZ$ 正定, 则该问题的唯一解满足

$$(Z^{\mathrm{T}}GZ)x_z=-Z^{\mathrm{T}}(h+GYb). \tag{8.8}$$

用 Cholesky 分解的方法解方程组 (8.8) 得到 x_z^*, 从而得到约束最优化问题 (8.3) 的最优解

$$x^*=Yb+Zx_z^*.$$

该解相应的 Lagrange 乘子 λ^* 满足 KKT 条件

$$A\lambda^* = Gx^* + h.$$

用 Y^{T} 左乘该方程两边, 得

$$(A^{\mathrm{T}}Y)^{\mathrm{T}}\lambda^* = Y^{\mathrm{T}}(Gx^* + h),$$

则

$$\lambda^* = Y^{\mathrm{T}}(Gx^* + h).$$

从 x_z 的维数我们可以看出, 零空间方法适宜于解 $n-m$ 较小的问题.

下面我们讨论如何选取满足条件 (8.5) 的 Y 和 Z. 不同的选取 Y 和 Z 的方法, 得到不同的零空间方法. 例如, 用 QR 分解 (见附录 II) 的方法:

$$A = Q\begin{bmatrix} R \\ 0 \end{bmatrix} = [Q_1, Q_2]\begin{bmatrix} R \\ 0 \end{bmatrix} = Q_1R,$$

其中 $Q \in \mathbb{R}^{n\times n}$ 是正交阵, $R \in \mathbb{R}^{m\times m}$ 是非奇异的上三角阵, $Q_1 \in \mathbb{R}^{n\times m}$, $Q_2 \in \mathbb{R}^{n\times(n-m)}$. 取 $Y = Q_1R^{-\mathrm{T}}$, $Z = Q_2$, 则 Y 和 Z 满足条件 (8.5). 一般的选取 Y 和 Z 的方法是: 任选满足 $[A\ V]$ 非奇异的 $V \in \mathbb{R}^{n\times(n-m)}$, 设 $[A\ V]^{-1} = \begin{bmatrix} Y^{\mathrm{T}} \\ Z^{\mathrm{T}} \end{bmatrix}$, 其中 $Y \in \mathbb{R}^{n\times m}$, $Z \in \mathbb{R}^{n\times(n-m)}$, 则 Y 和 Z 满足条件 (8.5). 适当地选取 V, 广义变量消去法成为变量消去法, 我们将这个问题留为作业.

3. Lagrange 方法

等式约束二次规划问题 (8.3) 的 Lagrange 函数为

$$L(x,\lambda) = \frac{1}{2}x^{\mathrm{T}}Gx + h^{\mathrm{T}}x - \lambda^{\mathrm{T}}(A^{\mathrm{T}}x - b),$$

其 KKT 条件

$$\begin{aligned} &Gx + h - A\lambda = 0, \\ &A^{\mathrm{T}}x - b = 0 \end{aligned}$$

可表示为

$$\begin{bmatrix} G & -A \\ -A^{\mathrm{T}} & 0 \end{bmatrix} \begin{bmatrix} x \\ \lambda \end{bmatrix} = -\begin{bmatrix} h \\ b \end{bmatrix}. \tag{8.9}$$

这个方程组称为**KKT 方程组**, 其系数矩阵称为**KKT 矩阵**. 下面我们来看 KKT 矩阵和 KKT 方程组的性质.

引理 8.1　设 A 列满秩, 简约 Hesse 矩阵 $Z^{\mathrm{T}}GZ$ 正定, 则 KKT 矩阵非奇异, KKT 方程组有唯一解 x^*, λ^*.

证明　假定存在向量 $u \in \mathbb{R}^n$, $v \in \mathbb{R}^m$, 使得

$$\begin{bmatrix} G & -A \\ -A^{\mathrm{T}} & 0 \end{bmatrix} \begin{bmatrix} u \\ v \end{bmatrix} = 0. \tag{8.10}$$

下面证明 $u = 0$, $v = 0$. 由 (8.10) 式得 $A^{\mathrm{T}}u = 0$, 从而

$$\begin{bmatrix} u \\ v \end{bmatrix}^{\mathrm{T}} \begin{bmatrix} G & -A \\ -A^{\mathrm{T}} & 0 \end{bmatrix} \begin{bmatrix} u \\ v \end{bmatrix} = u^{\mathrm{T}}Gu = 0.$$

由 $u \in N(A^{\mathrm{T}})$ 知, 存在 $w \in \mathbb{R}^{n-m}$, 使得 $u = Zw$, 则有

$$0 = u^{\mathrm{T}}Gu = w^{\mathrm{T}}Z^{\mathrm{T}}GZw.$$

由矩阵 $Z^{\mathrm{T}}GZ$ 的正定性知 $w = 0$, 因而 $u = 0$. 再由 A 列满秩与 (8.10) 式得 $v = 0$. 故 KKT 矩阵非奇异, 从而 KKT 方程组有唯一解 x^*, λ^*.□

定理 8.2　设 A 列满秩, 简约 Hesse 矩阵 $Z^{\mathrm{T}}GZ$ 正定, 则 KKT 矩阵有 n 个正的特征值, m 个负的特征值, 无零特征值.

定理的证明留为作业.

由于 KKT 矩阵对称但不正定, 所以方程组 (8.9) 不可以直接用 Cholesky 分解的方法来求解. 下面我们来考虑若矩阵 G 正定, 如何用 Cholesky 分解的方法求解方程组 (8.9).

利用初等变换, 可以将 KKT 矩阵准三角化, 即

$$\begin{bmatrix} G & -A \\ -A^{\mathrm{T}} & 0 \end{bmatrix} \begin{bmatrix} I & G^{-1}A \\ 0 & I \end{bmatrix} = \begin{bmatrix} G & 0 \\ -A^{\mathrm{T}} & -A^{\mathrm{T}}G^{-1}A \end{bmatrix}. \tag{8.11}$$

注意到

$$\begin{bmatrix} I & G^{-1}A \\ 0 & I \end{bmatrix}^{-1} = \begin{bmatrix} I & -G^{-1}A \\ 0 & I \end{bmatrix},$$

由 (8.11) 式得

$$\begin{bmatrix} G & -A \\ -A^{\mathrm{T}} & 0 \end{bmatrix} = \begin{bmatrix} G & 0 \\ -A^{\mathrm{T}} & -A^{\mathrm{T}}G^{-1}A \end{bmatrix} \begin{bmatrix} I & -G^{-1}A \\ 0 & I \end{bmatrix}.$$

将上述关系代入 (8.9) 式, 得

$$\begin{bmatrix} G & 0 \\ -A^{\mathrm{T}} & -A^{\mathrm{T}}G^{-1}A \end{bmatrix} \begin{bmatrix} I & -G^{-1}A \\ 0 & I \end{bmatrix} \begin{bmatrix} x \\ \lambda \end{bmatrix} = - \begin{bmatrix} h \\ b \end{bmatrix}. \tag{8.12}$$

令

$$\begin{bmatrix} w \\ \lambda \end{bmatrix} = \begin{bmatrix} I & -G^{-1}A \\ 0 & I \end{bmatrix} \begin{bmatrix} x \\ \lambda \end{bmatrix}, \tag{8.13}$$

则 (8.12) 式为

$$\begin{bmatrix} G & 0 \\ -A^{\mathrm{T}} & -A^{\mathrm{T}}G^{-1}A \end{bmatrix} \begin{bmatrix} w \\ \lambda \end{bmatrix} = - \begin{bmatrix} h \\ b \end{bmatrix}. \tag{8.14}$$

由 (8.13) 式和 (8.14) 式得到下面三个方程组:

$$Gw = -h, \tag{8.15a}$$

$$A^{\mathrm{T}}G^{-1}A\lambda = -A^{\mathrm{T}}w + b, \tag{8.15b}$$

$$Gx = A\lambda - h. \tag{8.15c}$$

当 G 正定时, $A^{\mathrm{T}}G^{-1}A$ 亦正定, 我们可以通过 Cholesky 分解的方法求解这三个方程组, 得到 x^* 和 λ^*. 算法主要分为两部分: 第一部分为对矩阵 G 和 $A^{\mathrm{T}}G^{-1}A$ 的分解, 第二部分为回代、求解. 算法的具体步骤如下:

算法 8.1 (求解方程组 (8.15))

步 1　对矩阵 G 作 Cholesky 分解, 即求下三角阵 L, 使得

$$G = LL^{\mathrm{T}};$$

步 2　计算 $V = A^{\mathrm{T}}G^{-1}A$, 即求解三角矩阵方程 $LY = A$, 得 Y, 则 $V = Y^{\mathrm{T}}Y$;

步 3　对矩阵 $V = A^{\mathrm{T}}G^{-1}A$ 作 Cholesky 分解, 即求 $\tilde{L}$, 使得

$$V = \tilde{L}\tilde{L}^{\mathrm{T}};$$

步 4　解方程 (8.15a), 即解

$$Lu = -h, \quad L^{\mathrm{T}}w = u,$$

得 w, 计算 $\tilde{b} = -A^{\mathrm{T}}w + b$;

步 5　解方程 (8.15b), 即解

$$\tilde{L}v = \tilde{b}, \quad \tilde{L}^{\mathrm{T}}\lambda = v,$$

得 λ^*, 再计算 $\tilde{h} = A\lambda^* - h$;

步 6　解方程 (8.15c), 即解

$$Ly = \tilde{h}, \quad L^{\mathrm{T}}x = y,$$

得 x^*.

下面我们来看一个例题.

例 8.2　考虑等式约束二次规划问题

$$\begin{aligned}
&\min x_1^2 - x_1x_2 + x_2^2 - x_2x_3 + x_3^2 + 2x_1 - x_2, \\
&\text{s.t. } 3x_1 - x_2 - x_3 = 0, \\
&\qquad 2x_1 - x_2 - x_3 = 0.
\end{aligned}$$

用变量消去方法、零空间方法、Lagrange 方法解此问题, 给出零空间方法的矩阵 Z 与 Y.

解 (1) 用变量消去方法求解. 选择 $B=\{1,2\}$, $N=\{3\}$, 则有 $x_1=0, x_2=-x_3$. 将其代入目标函数, 得到

$$\hat{q}(x_N)=3x_3^2+x_3.$$

这个问题的极小点为 $x_3^*=-\dfrac{1}{6}$, 从而得到

$$x^*=\left(0,\frac{1}{6},-\frac{1}{6}\right)^{\mathrm{T}},\quad \lambda^*=\left(\frac{5}{6},-\frac{1}{3}\right)^{\mathrm{T}}.$$

(2) 用零空间方法求解. A 有 QR 分解

$$A=\begin{bmatrix}\dfrac{3}{\sqrt{11}} & -\dfrac{2}{\sqrt{22}} & 0\\ -\dfrac{1}{\sqrt{11}} & -\dfrac{3}{\sqrt{22}} & -\dfrac{1}{\sqrt{2}}\\ -\dfrac{1}{\sqrt{11}} & -\dfrac{3}{\sqrt{22}} & \dfrac{1}{\sqrt{2}}\end{bmatrix}\begin{bmatrix}\sqrt{11} & \dfrac{8}{\sqrt{11}}\\ 0 & \sqrt{\dfrac{2}{11}}\\ 0 & 0\end{bmatrix}.$$

取

$$Y=\begin{bmatrix}1 & -1\\ 1 & -\dfrac{3}{2}\\ 1 & -\dfrac{3}{2}\end{bmatrix},\quad Z=\frac{\sqrt{2}}{2}\begin{bmatrix}0\\ -1\\ 1\end{bmatrix}.$$

令 $x=Yx_y+Zx_z$, 由约束与 Y,Z 的性质得 $x_y=0$, 从而可行点为 $x=Zx_z$. 将其代入目标函数, 得

$$\min\ \frac{3}{2}x_z^2+\frac{\sqrt{2}}{2}x_z.$$

该问题的最优解为 $x_z^*=-\dfrac{\sqrt{2}}{6}$. 于是原问题的最优解为

$$x^*=Zx_z^*=\left(0,\frac{1}{6},-\frac{1}{6}\right)^{\mathrm{T}},$$

相应的 Lagrange 乘子为

$$\lambda^* = \left(\frac{5}{6}, -\frac{1}{3}\right)^{\mathrm{T}}.$$

(3) 用 Lagrange 方法求解. 该问题的 KKT 方程组为

$$\begin{bmatrix} 2 & -1 & 0 & -3 & -2 \\ -1 & 2 & -1 & 1 & 1 \\ 0 & -1 & 2 & 1 & 1 \\ -3 & 1 & 1 & 0 & 0 \\ -2 & 1 & 1 & 0 & 0 \end{bmatrix} \begin{bmatrix} x_1 \\ x_2 \\ x_3 \\ \lambda_1 \\ \lambda_2 \end{bmatrix} = \begin{bmatrix} -2 \\ 1 \\ 0 \\ 0 \\ 0 \end{bmatrix}.$$

注意到 G 正定, $Z^{\mathrm{T}}GZ$ 正定, 由引理 8.1 知 KKT 矩阵非奇异, KKT 方程组有唯一解

$$x^* = \left(0, \frac{1}{6}, -\frac{1}{6}\right)^{\mathrm{T}},$$

相应的 Lagrange 乘子为

$$\lambda^* = \left(\frac{5}{6}, -\frac{1}{3}\right)^{\mathrm{T}}.$$ □

§8.3　起作用集方法

起作用集方法是针对中小规模的凸二次规划问题提出的.

1. 方法的思想

若在点 x^* 处, 起作用集合 $\mathscr{A}^* = E \cup \mathcal{I}^*$ 已知, 则二次规划问题 (8.1) 可化为等式约束最优化问题

$$\min q(x), \tag{8.16a}$$

$$\text{s.t. } a_i^{\mathrm{T}} x = b_i, \ \ i \in \mathscr{A}^* \tag{8.16b}$$

来求解. 虽然一般来说 $\mathscr{A}^*$ 是未知的, 但是在迭代点 x_k 处, $\mathscr{A}_k$ 可知. 利用这一点, 我们就可以得到**起作用集方法**. 在起作用集方法中, 设迭

代点 x_k 是可行点, 则在 x_k 处的起作用约束集合 $\mathscr{A}_k = E \cup \mathcal{I}(x_k)$ 是可知的. 这样在 x_k 处就可以建立关于迭代方向的由 $\mathscr{A}_k$ 确定的等式约束最优化问题, 从而得到 x_k 处的可行下降方向, 进而得到下一个可行迭代点 x_{k+1}. 以此类推, 可以迭代产生可行点序列 $\{x_k\}$ 以及相应的起作用约束集合序列 $\{\mathscr{A}_k\}$, 使得 $\{x_k\}$ 收敛到 x^*, $\{\mathscr{A}_k\}$ 收敛到 $\mathscr{A}^*$. 总的来说, 第 k 步迭代中, 需要做的工作包括:

- 判断点 x_k 是否为最优解;
- 若 x_k 不是最优解, 求出 x_k 处的迭代方向及其步长, 修正 x_k 得 x_{k+1};
- 修正 $\mathscr{A}_k$ 得 $\mathscr{A}_{k+1}$.

下面我们就这几个方面进行讨论.

2. 最优判别

下面的定理给出了二次规划问题 (8.1) 的最优解与问题 (8.16) 的最优解之间的关系, 也给出了判别 x_k 是否是二次规划问题 (8.1) 的最优解的条件.

定理 8.3 *设 x^* 是二次规划问题 (8.1) 的局部最优解, 则 x^* 也是问题 (8.16) 的局部最优解. 反之, 设 x^* 是二次规划问题 (8.1) 的可行点, 且是问题 (8.16) 的 KKT 点. 如果在 x^* 处的 Lagrange 乘子 λ^* 满足*

$$\lambda_i^* \geqslant 0, \quad i \in \mathcal{I}^*, \tag{8.17}$$

则 x^* 是二次规划问题 (8.1) 的 KKT 点.

证明 在 x^* 的邻域中, 问题 (8.16) 的可行点亦是二次规划问题 (8.1) 的可行点, 故若 x^* 是问题 (8.1) 的局部最优解, 则它亦是问题 (8.16) 的局部最优解.

设 x^* 是二次规划问题 (8.1) 的可行点, 且是问题 (8.16) 的 KKT 点. 对问题 (8.16), 在 x^* 处, 由 KKT 条件知, 存在 $\lambda_i^*\,(i \in \mathcal{E} \cup \mathcal{I}^*)$, 使得

$$Gx^* + h = \sum_{i \in \mathcal{E} \cup \mathcal{I}^*} \lambda_i^* a_i,$$
$$a_i^{\mathrm{T}} x^* = b_i, \quad i \in \mathscr{A}^*.$$

定义 $\lambda_i^* = 0\,(i \in \mathcal{I} \setminus \mathcal{I}^*)$. 已知 x^* 是问题 (8.1) 的可行点, (8.17) 式成立, 故有

$$\begin{aligned}
&Gx^* + h = \sum_{i \in \mathcal{E} \cup \mathcal{I}} \lambda_i^* a_i, \\
&a_i^{\mathrm{T}} x^* = b_i, \quad i \in \mathscr{A}^*, \\
&a_i^{\mathrm{T}} x^* \geqslant b_i, \quad i \in \mathcal{I} \setminus \mathcal{I}^*, \\
&\lambda_i^* ({a_i}^{\mathrm{T}} x^* - b_i) = 0, \quad i \in \mathcal{E} \cup \mathcal{I}, \\
&\lambda^* \geqslant 0, \quad i \in \mathcal{I},
\end{aligned}$$

所以 x^* 是问题 (8.1) 的 KKT 点. □

3. 算法的第 k 步迭代

假定在第 k 步迭代, x_k 及相应的 $\mathscr{A}_k$ 已知, 下面我们要考虑在迭代点 x_k 处, 迭代方向 d_k 和步长 α_k 的计算以及 $\mathscr{A}_k$ 的修正.

考虑 x_k 处的修正量 d, 得关于 d 的二次规划问题

$$\begin{aligned}
&\min \frac{1}{2}(x_k + d)^{\mathrm{T}} G (x_k + d) + h^{\mathrm{T}} (x_k + d), \\
&\text{s.t. } a_i^{\mathrm{T}} (x_k + d) = b_i, \ i \in \mathscr{A}_k.
\end{aligned}$$

不考虑该问题中的常数项, 我们得到

$$\min \frac{1}{2} d^{\mathrm{T}} G d + g_k^{\mathrm{T}} d, \tag{8.18a}$$
$$\text{s.t. } a_i^{\mathrm{T}} d = 0, \ i \in \mathscr{A}_k, \tag{8.18b}$$

其中 $g_k = Gx_k + h$. 解该等式约束最优化问题, 得 d_k, λ_k. 此 d_k 有下面两种情况:

- $d_k = 0$. 这有两种可能: 其一是对当前 $\mathscr{A}_k$, x_k 处无可行下降方向. 设 $\mathscr{A}_k = \{p, q\}$, 在 $\mathscr{A}_k$ 中去掉指标 q, 目标函数值沿第 p 个约束仍

可下降, 此为图 8.2(a) 的情形, 其中虚线为目标函数的等高线, 灰色区域为可行域. 其二是 x_k 就是最优解, 此为图 8.2(b) 的情形.

• $d_k \neq 0$. 这时 d_k 是可行下降方向, 见图 8.3, 此时需计算 α_k, 使得 $x_k + \alpha_k d_k$ 在可行域内.

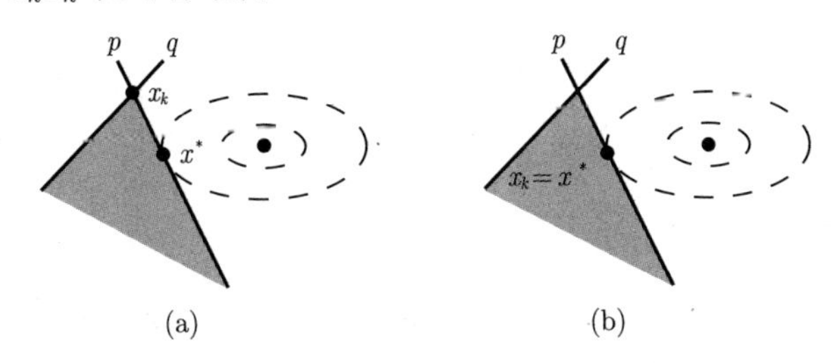

图 8.2 起作用集方法中 $d_k = 0$ 的情形

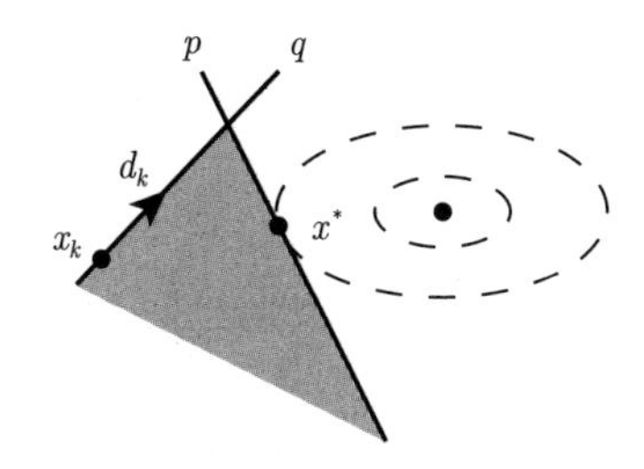

图 8.3 起作用集方法中 $d_k \neq 0$ 的情形

下面我们就 d_k 的两种情形, 叙述起作用集方法具体的做法. 先看 $d_k = 0$ 的情形. 这时 x_k 是问题

$$\begin{aligned} &\min q(x), \\ &\text{s.t. } a_i^{\mathrm{T}} x = b_i, \ \ i \in \mathscr{A}_k \end{aligned}$$

的 KKT 点. 由

$$Gx_k + h = \sum_{i \in \mathscr{A}_k} \lambda_i^{(k)} a_i$$

计算出 λ_k. 若

$$\lambda_i^{(k)} \geqslant 0, \quad i \in \mathcal{I}(x_k),$$

由定理 8.3 知, x_k 是二次规划问题 (8.1) 的 KKT 点; 否则, 求出欲从起作用集中删除的约束 q 并修正 $\mathscr{A}_k$:

$$\lambda_q = \min_{i\in\mathcal{I}(x_k),\lambda_i^{(k)}<0} \lambda_i^{(k)},$$

$$\mathscr{A}_k := \mathscr{A}_k \setminus \{q\},$$

重解问题 (8.18). 再看 $d_k \neq 0$ 的情形. 若 $x_k + d_k$ 是可行点, 则

$$x_{k+1} = x_k + d_k;$$

否则, 应取 α_k 在 $[0,1)$ 的最大值, 使得在 $x_k + \alpha_k d_k$ 处, 所有约束满足. 计算 α_k 时, $i \in \mathscr{A}_k$ 的约束无须考虑, 因为无论 α_k 取何值, 这种约束均满足; 而 $i \notin \mathscr{A}_k$ 且 $a_i^{\mathrm{T}} d_k \geqslant 0$ 的约束也无须考虑, 因为 $a_i^{\mathrm{T}}(x_k + \alpha_k d_k) \geqslant a_i^{\mathrm{T}} x_k \geqslant b_i$; 对 $i \notin \mathscr{A}_k$ 且 $a_i^{\mathrm{T}} d_k < 0$ 的约束, 欲保证 $a_i^{\mathrm{T}}(x_k + \alpha_k d_k) \geqslant b_i$, 只有取 $\alpha_k \leqslant \dfrac{b_i - a_i^{\mathrm{T}} x_k}{a_i^{\mathrm{T}} d_k}$. 故 α_k 应取为

$$\alpha_k = \min_{i\notin\mathscr{A}_k, a_i^{\mathrm{T}} d_k<0} \frac{b_i - a_i^{\mathrm{T}} x_k}{a_i^{\mathrm{T}} d_k}.$$

若将 $x_k + d_k$ 是可行点与不是可行点的情形一起考虑, 则有

$$\alpha_k = \min\left\{1, \min_{i\notin\mathscr{A}_k, a_i^{\mathrm{T}} d_k<0} \frac{b_i - a_i^{\mathrm{T}} x_k}{a_i^{\mathrm{T}} d_k}\right\}.$$

若上式可以确定一个约束, 它由不起作用约束变为起作用约束, 我们设该约束为 p, 则下一个迭代点及其对应的起作用约束集合分别为

$$x_{k+1} = x_k + \alpha_k d_k,$$
$$\mathscr{A}_{k+1} = \mathscr{A}_k \cup \{p\}.$$

下面我们给出起作用集方法的计算步骤:

算法 8.2 (起作用集方法)

步 1　计算初始可行点 x_0, 确定 $\mathscr{A}_0$, $k := 0$.

步 2　解等式约束最优化问题 (8.18), 得 d_k.

步 3 若 $d_k=0$, 则计算 λ_k. 若 $\lambda_i^{(k)}\geqslant 0, i\in\mathcal{I}(x_k)$, 则 $x^*=x_k$, 停止迭代; 否则

$$\lambda_q=\min_{i\in\mathcal{I}(x_k),\lambda_i^{(k)}<0}\lambda_i^{(k)},$$

$$\mathscr{A}_k=\mathscr{A}_k\setminus\{q\},$$

转步 2.

步 4 计算

$$\alpha_k=\min\left\{1,\min_{i\notin\mathscr{A}_k,a_i^{\mathrm{T}}d_k<0}\frac{b_i-a_i^{\mathrm{T}}x_k}{a_i^{\mathrm{T}}d_k}\right\},$$

$$x_{k+1}=x_k+\alpha_k d_k,$$

若有 p, 则 $\mathscr{A}_{k+1}=\mathscr{A}_k\cup\{p\}$; 否则 $\mathscr{A}_{k+1}=\mathscr{A}_k$, $k:=k+1$, 转步 2.

关于算法 8.2, 有以下几点说明:

• 在初始点 x_0 处, 可以选择不同的起作用集合, 而不同的初始起作用集合导致产生不同的迭代序列. 例如下例中, 如果取 $\mathscr{A}_0=\{4\}$ 或 $\mathscr{A}_0=\varnothing$, 起作用集方法求得的迭代序列会不同.

• 若 $\{a_i, i\in\mathscr{A}_0\}$ 线性无关, 步长 α_k 的选取准则可以保证 $\{a_i, i\in\mathscr{A}_k\}$ 线性无关. 证明留为练习.

• 有两种情况会引起算法的退化: 其一是在点 x^* 处, $\{a_i^*, i\in\mathscr{A}^*\}$ 线性相关; 其二是在点 x^* 处, 约束弱有效, 即有 $\lambda_i^*=0\,(i\in\mathscr{A}^*)$. 点 x^* 处约束弱有效情形的出现, 使算法在迭代的过程中很难决定该约束起作用与否, 从而在迭代中会出现该约束时而被判定为起作用约束, 时而被判定为不起作用约束的情形.

• 算法的有限终止性. 在起作用集方法中, 若 $A_k=[a_1,\cdots,a_{m_a}]$ 满秩, 其中 $a_i\in\mathscr{A}_k$, m_a 是起作用约束的数目, 且 $\alpha_k\neq 0$, 则算法有限步收敛到问题的最优解. 证明留为作业.

起作用集方法的初始点应是可行点, 下面介绍的**大 M 方法**可以解决这个问题. 这个方法是在二次规划问题 (8.1) 中引入一个人工变

量 t, 使问题成为

$$\min q(x,t)=\frac{1}{2}x^{\mathrm{T}}Gx+h^{\mathrm{T}}x+Mt, \tag{8.19a}$$

$$\text{s.t. } t+a_i^{\mathrm{T}}x\geqslant b_i,\ \ i\in\mathcal{E}, \tag{8.19b}$$

$$t-a_i^{\mathrm{T}}x\geqslant -b_i,\ \ i\in\mathcal{E}, \tag{8.19c}$$

$$t+a_i^{\mathrm{T}}x\geqslant b_i,\ \ i\in\mathcal{I}, \tag{8.19d}$$

$$t\geqslant 0, \tag{8.19e}$$

其中 M 为一个大的正数. 求解问题 (8.19) 的意义在于：若二次规划问题 (8.1) 有可行解, 如果 M 足够大, 问题 (8.19) 的解 t 为 0, 则问题 (8.19) 的解 x 就是问题 (8.1) 的解; 如果问题 (8.19) 的解 t 为正, 则应增加 M 再试. 当然求解问题 (8.19) 也需要一个可行初始点, 其实对任意初始点 x, 只要初始 t 选得足够大, 问题 (8.19) 的约束就会满足.

下面我们来看一个用起作用集方法求解二次规划问题的例子.

例 8.3　用起作用集方法求解问题

$$\begin{aligned}
&\min \frac{1}{2}\left[(x-3)^2+(y-1)^2\right]-5,\\
&\text{s.t. } 3-y\geqslant 0,\\
&\qquad 4-x-y\geqslant 0,\\
&\qquad 2-x\geqslant 0,\\
&\qquad x\geqslant 0,\ \ y\geqslant 0.
\end{aligned} \tag{8.20}$$

解　选取初始点 $x_1=(0,3)^{\mathrm{T}}$, 则由起作用集方法得到的 $\{x_k\}$ 及其相应结果见表 8.1.

在点 x_4 处, 有 $g_4=(-1,0)^{\mathrm{T}}, a_4=(-1,0)^{\mathrm{T}}, \lambda_4=(0,0,1,0,0)^{\mathrm{T}}$, 所以 $x_4=x^*$ 是最优解. 算法的迭代过程见图 8.4, 其中虚线为目标函数的等高线, 灰色区域为可行域.　□

表 8.1 起作用集方法解问题 (8.20) 的迭代结果

k	x_k^{T}	$\mathscr{A}_k$	d_k^{T}	λ_k^{T}
1	(0,3)	{1,4}	(0,0)	$(-2,0,0,-3,0)$
		{1}	(3,0)	
2	(1,3)	{1,2}	(0,0)	$(-4,2,0,0,0)$
		{2}	(2,−2)	
3	(2,2)	{2,3}	(0,0)	$(0,-1,2,0,0)$
		{3}	(0,−1)	
4	(2,1)	{3}		(0,0,1,0,0)

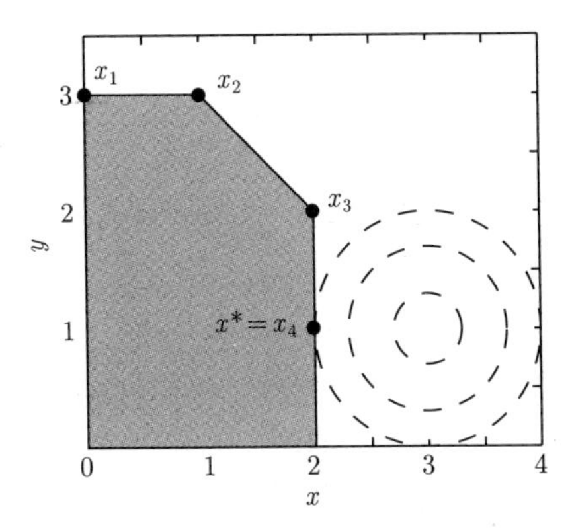

图 8.4 用起作用集方法解问题 (8.20) 的迭代过程

4. 算法中等式约束最优化问题的有效求解

在起作用集方法的每一步迭代中, 我们都要求解等式约束最优化问题 (8.16). 下面仅以零空间方法为例讨论如何有效地求解等式约束最优化问题. 在点 x_k 处, 设等式约束最优化问题的系数矩阵为 A_k, A_k 的 QR 分解已知. 继续进行迭代, 在点 x_k 的起作用约束集合会改变, 改变的情形有两种: 一种是从 x_k 至 x_{k+1}, 增加一个新的起作用约束; 另一种是点 x_k 不动, 减少一个起作用约束. 这就是说, 或者矩阵 A_k 增加一列成为 A_{k+1}, 或者减少一列成为 $\tilde{A}_k$. 在这两种情形下, 因为 A_k 的 QR 分解已知, 可以不必重新对 A_{k+1} 或 $\tilde{A}_k$ 进行 QR 分解. 通

过修正 A_k 的分解矩阵 Q_k 和 R_k, 可以得到 A_{k+1} 的分解矩阵 Q_{k+1} 和 R_{k+1}, 或 $\tilde{A}_k$ 的分解矩阵 $\tilde{Q}_k$ 和 $\tilde{R}_k$.

假定 $A_k \in \mathbb{R}^{n\times m_a}$, A_k 的列线性无关, A_k 有 QR 分解:

$$A_k = Q_k \begin{bmatrix} R_k \\ 0 \end{bmatrix} = \begin{bmatrix} Q_1^{(k)} & Q_2^{(k)} \end{bmatrix} \begin{bmatrix} R_k \\ 0 \end{bmatrix}, \tag{8.21}$$

其中 $Q_k \in \mathbb{R}^{n\times n}$ 是正交阵, $R_k \in \mathbb{R}^{m_a\times m_a}$ 是非奇异的上三角阵, $Q_1^{(k)} \in \mathbb{R}^{n\times m_a}$, $Q_2^{(k)} \in \mathbb{R}^{n\times(n-m_a)}$.

考虑第 p 个约束加入起作用约束集合的情形, 这时 $\mathscr{A}_{k+1} = \mathscr{A}_k \cup \{p\}$. 设新的起作用约束系数矩阵为

$$A_{k+1} = [A_k\ a_p],$$

这里 $A_{k+1} \in \mathbb{R}^{n\times(m_a+1)}$ 仍列满秩. 我们的任务是修正 Q_k, R_k, 以得到 Q_{k+1}, R_{k+1}, 使得

$$A_{k+1} = Q_{k+1} \begin{bmatrix} R_{k+1} \\ 0 \end{bmatrix}.$$

注意到 $Q_1^{(k)} {Q_1^{(k)}}^{\mathrm{T}} + Q_2^{(k)} {Q_2^{(k)}}^{\mathrm{T}} = I$, 则

$$A_{k+1} = [A_k\ a_p] = Q_k \begin{bmatrix} R_k & {Q_1^{(k)}}^{\mathrm{T}} a_p \\ 0 & {Q_2^{(k)}}^{\mathrm{T}} a_p \end{bmatrix}. \tag{8.22}$$

由 Householder 变换可得一正交阵 $\hat{Q} \in \mathbb{R}^{(n-m_a)\times(n-m_a)}$, 使得

$$\hat{Q}\left({Q_2^{(k)}}^{\mathrm{T}} a_p\right) = \begin{bmatrix} \gamma \\ 0 \end{bmatrix},$$

其中 $\gamma = \left\| {Q_2^{(k)}}^{\mathrm{T}} a_p \right\|$, 则 (8.22) 式为

$$A_{k+1} = Q_k \begin{bmatrix} R_k & {Q_1^{(k)}}^{\mathrm{T}} a_p \\ 0 & \hat{Q}^{\mathrm{T}} \begin{bmatrix} \gamma \\ 0 \end{bmatrix} \end{bmatrix} = Q_k \begin{bmatrix} I & 0 \\ 0 & \hat{Q}^{\mathrm{T}} \end{bmatrix} \begin{bmatrix} R_k & {Q_1^{(k)}}^{\mathrm{T}} a_p \\ 0 & \gamma \\ 0 & 0 \end{bmatrix}.$$

令

$$Q_{k+1} = Q_k \begin{bmatrix} I & 0 \\ 0 & \hat{Q}^{\mathrm{T}} \end{bmatrix},$$

$$R_{k+1} = \begin{bmatrix} R_k & {Q_1^{(k)}}^{\mathrm{T}} a_p \\ 0 & \gamma \end{bmatrix},$$

我们得到

$$A_{k+1} = Q_{k+1} \begin{bmatrix} R_{k+1} \\ 0 \end{bmatrix}.$$

在零空间方法的第 k 步迭代中, 若取

$$Z_k = Q_2^{(k)} \in \mathbb{R}^{n \times (n-m_a)},$$

在第 $k+1$ 步, 应取 Z_{k+1} 为 $Q_2^{(k)} \hat{Q}^{\mathrm{T}}$ 的后 $n-m_a-1$ 列.

下面我们考虑将一约束移出起作用集合的情形. 这意味着 A_k 的一列被移出, 亦即 R_k 的一列被移出, R_k 不再是上三角阵. 这样我们需要通过一系列的正交变换将改变后的矩阵化为上三角阵. 将这一系列的正交变换的乘积记为 $\hat{Q}, \hat{Q} \in \mathbb{R}^{m_a \times m_a}$. 设 R_k 的第三列被移出后矩阵的形式如下, 我们需要两次 Givens 变换将矩阵中 $\otimes$ 处的元素化为零元, 即有

$$\hat{Q} \begin{bmatrix} \times & \times & \times & \times \\ 0 & \times & \times & \times \\ 0 & 0 & \times & \times \\ 0 & 0 & \otimes & \times \\ 0 & 0 & 0 & \otimes \end{bmatrix} \longrightarrow \begin{bmatrix} \times & \times & \times & \times \\ 0 & \times & \times & \times \\ 0 & 0 & \times & \times \\ 0 & 0 & 0 & \times \\ 0 & 0 & 0 & 0 \end{bmatrix},$$

则正交矩阵 $\widetilde{Q}_k$ 为

$$\widetilde{Q}_k = Q_k \begin{bmatrix} \hat{Q}^{\mathrm{T}} & 0 \\ 0 & I \end{bmatrix}.$$

在零空间方法的第 k 步迭代中, $\widetilde{Z}_k$ 取为正交阵 $\widetilde{Q}_k$ 的后 $n-m_a+1$ 列.

后　记

在本章中, 我们只考虑了解中小规模凸二次规划问题的方法, 对于一般的二次规划问题的求解方法, 请参考文献 [37] 和 [56]. 特别地, 用内点方法求解凸二次规划问题, 可以参考文献 [77], 对非凸的二次规划问题, 见文献 [80].

KKT 方程组是鞍点问题的特殊形式. 除本章讲述的解 KKT 方程组的方法之外, 求解鞍点问题的主要方法还有直接法, Uzawa 型方法和 Krylov 子空间方法. 直接法以 Schur 分解为代表, 用于求解规模较小的问题; Uzawa 型方法包括经典 Uzawa 方法 (见文献 [3])、预条件 Uzawa 方法 (见文献 [5])与非精确 Uzawa 方法 (见文献 [9]) 等, 主要用于求解大规模稀疏问题; Krylov 子空间方法 (包括 GMRES, MINRES 等迭代法) 可以用于求解病态的问题.

可以证明 Lagrange 方法与零空间方法是等价的, 关于这些问题的详细讨论见文献 [28]. 我们在起作用集方法中总假定矩阵 A 的秩为 m. 若非如此, 则需将相关的约束剔出. 这方面的讨论见文献 [58].

习　题

1. 考虑等式约束二次规划问题

$$\begin{aligned}
&\min x_1^2 + x_2^2 + x_3^2,\\
&\text{s.t. } x_1 + 2x_2 - x_3 - 4 = 0,\\
&\qquad x_1 - x_2 + x_3 + 2 = 0.
\end{aligned}$$

用变量消去法, 零空间方法, Lagrange 方法解此问题, 给出零空间方法的矩阵 Y 与 Z.

2. 证明: 在 KKT 方程组 (8.9) 中, 若 KKT 矩阵非奇异, 则 A 列满秩.

3. 证明定理 8.2.

4. 对给定矩阵 $A \in \mathbb{R}^{n\times m}$ 与 $Z \in \mathbb{R}^{n\times(n-m)}$ $(1 < m < n)$, 考虑怎样选择矩阵 $V \in \mathbb{R}^{n\times(n-m)}$, 使得

$$[A\ V]^{-1} = \begin{bmatrix} Y^{\mathrm{T}} \\ Z^{\mathrm{T}} \end{bmatrix}. \tag{8.23}$$

把各矩阵分块成

$$\begin{aligned} A &= \begin{bmatrix} A_1 \\ A_2 \end{bmatrix}\begin{matrix} m \\ n-m \end{matrix}, \quad V = \begin{bmatrix} V_1 \\ V_2 \end{bmatrix}\begin{matrix} m \\ n-m \end{matrix}, \\ Y &= \begin{bmatrix} Y_1 \\ Y_2 \end{bmatrix}\begin{matrix} m \\ n-m \end{matrix}, \quad Z = \begin{bmatrix} Z_1 \\ Z_2 \end{bmatrix}\begin{matrix} m \\ n-m \end{matrix} \end{aligned} \tag{8.24}$$

说明 $Y_1 = A_1^{-\mathrm{T}}(I - A_2^{\mathrm{T}}Y_2)$, $V_1 = -A_1Y_2^{\mathrm{T}}Z_2^{-\mathrm{T}}$, $V_2 = Z_2^{-\mathrm{T}}(I - Z_1^{\mathrm{T}}V_1)$, 这样就可根据 Y_2 确定 Y_1, V_1, 再确定 V_2. 这意味着对于任意选择的矩阵 $Y_2 \in \mathbb{R}^{(n-m)\times m}$, V 是待定的.

5. 在一般选取 Y 与 Z 的方法中, 即 (8.23) 式中, 问: V 该如何选取, 可使广义变量消去法成为变量消去法?

6. 设矩阵 $G \in \mathbb{R}^{n\times n}$ 对称, $A \in \mathbb{R}^{n\times m}$, $Y \in \mathbb{R}^{n\times m}$, $Z \in \mathbb{R}^{n\times(n-m)}$ $(m \leqslant n)$, $Y^{\mathrm{T}}A = I$, $Z^{\mathrm{T}}A = 0$, 且 $[Y\ \ Z]$ 非奇异. 证明: 存在唯一矩阵 $V \in \mathbb{R}^{n\times(n-m)}$, 使得 (8.23) 式成立, 且 $Y^{\mathrm{T}}V = 0$, $Z^{\mathrm{T}}V = I$, $AY^{\mathrm{T}} + VZ^{\mathrm{T}} = I$. 由此证明:

$$\begin{bmatrix} G & -A \\ -A^{\mathrm{T}} & 0 \end{bmatrix}^{-1} = \begin{bmatrix} H & -T \\ T^{\mathrm{T}} & U \end{bmatrix}, \tag{8.25}$$

其中 H, T, U 由

$$\begin{aligned} &H = Z(Z^{\mathrm{T}}GZ)^{-1}Z^{\mathrm{T}}, \\ &T = Y - Z(Z^{\mathrm{T}}GZ)^{-1}Z^{\mathrm{T}}GY, \\ &U = Y^{\mathrm{T}}GZ(Z^{\mathrm{T}}GZ)^{-1}Z^{\mathrm{T}}GY - Y^{\mathrm{T}}GY \end{aligned}$$

给出.

7. 在起作用集方法中, 假定 $\{a_i, i \in \mathscr{A}_0\}$ 线性无关. 证明根据步长 α_0 的选择准则, 当 p 成为起作用约束后, a_p 与 $\{a_i, i \in \mathscr{A}_0\}$ 依旧线性无关, 从而说明 $\{a_i, i \in \mathscr{A}_k\}$ 线性无关.

8. 在起作用集方法中, 若每步迭代中 $A_k = [a_1, \cdots, a_i, \cdots, a_{m_a}]$ 满秩, 其中 $i \in \mathscr{A}_k$, m_a 是起作用约束的数目, 且 $\alpha_k \neq 0$, 证明: 算法有限步收敛到问题的最优解.

9. 考虑用零空间方法解起作用集方法中的等式约束子问题. 设在第 k 步迭代中, 矩阵 $A_k \in \mathbb{R}^{n \times m_a} (m_a < n)$ 有 QR 分解, 一个新约束 p 加入起作用集合后有 $A_{k+1} = [A_k\ a_p]$. 矩阵 A_{k+1} 有两种方式得其 QR 分解的矩阵: 其一为对 A_{k+1} 直接进行 QR 分解; 其二为修正 A_k 的 QR 分解矩阵, 得 A_{k+1} 的 QR 分解矩阵. 试分析两种方法的计算量, 说明在何种情形下用何种方法更佳.

上 机 习 题

编写求解等式约束二次规划问题的程序以及用起作用集方法解二次规划问题的程序. 用你编写的程序求解下面给出的问题. 这些问题选自文献 [43].

1.

$$
\begin{aligned}
&\min f(x) = (x_1 - 1)^2 + (x_2 - x_3)^2 + (x_4 - x_5)^2, \\
&\text{s.t. } x_1 + x_2 + x_3 + x_4 + x_5 - 5 = 0, \\
&\qquad x_3 - 2(x_4 + x_5) + 3 = 0.
\end{aligned}
$$

初始点 $x^{(0)} = (3, 5, -3, 2, -2)^{\mathrm{T}}$ 为可行点, 最优解为 $x^* = (1, 1, 1, 1, 1)^{\mathrm{T}}$.

2.

$$
\begin{aligned}
&\min f(x) = 9 - 8x_1 - 6x_2 - 4x_3 + 2x_1^2 + +2x_2^2 + x_3^2 + 2x_1x_2 + 2x_1x_3, \\
&\text{s.t. } 3 - x_1 - x_2 - 2x_3 \geqslant 0, \\
&\qquad x_i \geqslant 0,\ i = 1, 2, 3.
\end{aligned}
$$

初始点 $x^{(0)}=(0.5,0.5,0.5)^{\mathrm{T}}$ 为可行点, 最优解为 $x^*=(4/3,7/9,4/9)^{\mathrm{T}}$.

3.

$$
\begin{aligned}
&\min f(x)=x_1-x_2-x_3-x_1x_3+x_1x_4+x_2x_3-x_2x_4,\\
&\text{s.t. } 8-x_1-2x_2\geqslant 0,\ 12-4x_1-x_2\geqslant 0,\\
&\qquad 12-3x_1-4x_2\geqslant 0,\ 8-2x_3-x_4\geqslant 0,\\
&\qquad 8-x_3-2x_4\geqslant 0,\ 5-x_3-x_4\geqslant 0,\\
&\qquad x_i\geqslant 0,\ i=1,\cdots,4.
\end{aligned}
$$

初始点 $x^{(0)}=(0,0,0,0)^{\mathrm{T}}$ 为可行点, 最优解为 $x^*=(0,3,0,4)^{\mathrm{T}}$.

第九章　序列二次规划方法

序列二次规划方法是当前解决具有中小规模的一般约束最优化问题的最重要的方法. 要讨论序列二次规划方法是如何建立的, 我们还需要从等式约束最优化问题开始考虑, 先建立解决等式约束最优化问题的方法, 然后将其推广到解一般约束最优化问题. 在这个过程中, 我们不但要考虑推广的可能性, 还要考虑推广后问题求解的可行性.

§9.1　序列二次规划方法的提出

在解决等式约束二次规划问题的方法中, 我们已经接触到 Lagrange 方法. 这个方法将求解等式约束二次规划问题化为求解 Lagrange 函数的 KKT 方程组的问题. 下面我们就来考虑如何以这种方法解决一般等式约束最优化问题.

1. 解等式约束最优化问题的 Lagrange-Newton 方法

考虑等式约束最优化问题

$$\min f(x), \tag{9.1a}$$

$$\text{s.t. } c(x) = 0, \tag{9.1b}$$

其中 $c(x): \mathbb{R}^n \to \mathbb{R}^m$. 该问题的 Lagrange 函数为

$$L(x, \lambda) = f(x) - \lambda^{\mathrm{T}} c(x), \quad \lambda \in \mathbb{R}^m. \tag{9.2}$$

这里需要注意的是, 等式约束二次规划问题的 Lagrange 函数是二次函数, 求 Lagrange 函数的稳定点, 即求解 KKT 方程组. 而一般等式约束最优化问题的 Lagrange 函数 (9.2) 是一般非线性函数, 需要用迭代的方法求其稳定点. **Lagrange-Newton 方法**就是用 Newton 方法迭代求 Lagrange 函数 (9.2) 的稳定点的方法.

Lagrange 函数 (9.2) 的稳定点满足 KKT 条件

$$\nabla L(x,\lambda)=\begin{bmatrix}\nabla_x L(x,\lambda)\\ \nabla_\lambda L(x,\lambda)\end{bmatrix}=\begin{bmatrix}\nabla f(x)-A\lambda\\ -c(x)\end{bmatrix}=0, \tag{9.3}$$

这里 $A=[a_1,\cdots,a_m]$, $a_i=\nabla c_i(x)$. 下面我们用 Newton 方法解非线性方程组 (9.3).

假定当前迭代点为 (x_k,λ_k), 我们欲求该点的增量 (d_x,d_λ). 由 $\nabla L(x_k+d_x,\lambda_k+d_\lambda)$ 在点 (x_k,λ_k) 附近的一阶 Taylor 近似

$$\nabla L(x_k+d_x,\lambda_k+d_\lambda)\approx\nabla L(x_k,\lambda_k)+\nabla^2 L(x_k,\lambda_k)\begin{bmatrix}d_x\\ d_\lambda\end{bmatrix},$$

若要 (9.3) 式满足, 即要

$$\nabla^2 L(x_k,\lambda_k)\begin{bmatrix}d_x\\ d_\lambda\end{bmatrix}=-\nabla L(x_k,\lambda_k). \tag{9.4}$$

记

$$\begin{aligned}A_k&=[a_1(x_k),\cdots,a_m(x_k)],\\ W_k&=\nabla_x^2 L(x_k,\lambda_k)=\nabla^2 f(x_k)-\sum_{i\in\mathcal{E}}\lambda_i^{(k)}\nabla^2 c_i(x_k),\end{aligned}$$

其中 $a_i(x_k)=\nabla c_i(x_k)$, $W=\nabla_x^2 L(x,\lambda)$ 为 Lagrange 函数 (关于 x) 的 Hesse 矩阵, 则 (9.4) 式可表示为

$$\begin{bmatrix}W_k & -A_k\\ -A_k^{\mathrm T} & 0\end{bmatrix}\begin{bmatrix}d_x\\ d_\lambda\end{bmatrix}=\begin{bmatrix}-g_k+A_k\lambda_k\\ c_k\end{bmatrix}. \tag{9.5}$$

该方程组的系数矩阵为 KKT 矩阵. 若记 $\lambda_{k+1}=\lambda_k+d_\lambda$, $d_k=d_x$, 则方程组 (9.5) 为

$$\begin{bmatrix}W_k & -A_k\\ -A_k^{\mathrm T} & 0\end{bmatrix}\begin{bmatrix}d_k\\ \lambda_{k+1}\end{bmatrix}=\begin{bmatrix}-g_k\\ c_k\end{bmatrix}. \tag{9.6}$$

解之, 得 d_k, λ_{k+1}, 从而

$$x_{k+1} = x_k + d_k. \tag{9.7}$$

在下面的讨论中, 我们假设

$$\text{A1}: A_k = [a_1(x_k), \cdots, a_m(x_k)]\ \text{列满秩},$$

$$\text{A2}: d^{\mathrm{T}} W_k d > 0,\ \ A_k^{\mathrm{T}} d = 0\ \text{且}\ d \neq 0.$$

当 x_k, λ_k 分别充分接近 x^*, λ^* 时, A2 是问题 (9.1) 有最优解 x^* 的二阶充分条件.

由引理 8.1 知, 若简约 Hesse 矩阵正定, 则 KKT 矩阵非奇异. 在 A1, A2 的假设下, 我们也可以得到 KKT 矩阵非奇异的结论.

定理 9.1 (KKT 矩阵的非奇异性) 对等式约束最优化问题 (9.1), 若对 x_k, λ_k, 假设 A1, A2 成立, 则 KKT 矩阵

$$\begin{bmatrix} W_k & -A_k \\ -A_k^{\mathrm{T}} & 0 \end{bmatrix}$$

非奇异.

Lagrange-Newton 方法具有 Newton 方法的收敛特性, 见下面的定理.

定理 9.2 (Lagrange-Newton 方法的收敛性) 设 x_0 充分接近 x^*, 对 x^*, λ^*, 假设 A1, A2 成立, 则基于 (9.6) 式和 (9.7) 式的 Lagrange-Newton 方法收敛, 且收敛速度是二次的.

这两个定理的证明留为作业.

下面考虑求解一般约束最优化问题的方法. 如果用 Lagrange 方法求解含不等式约束的最优化问题, KKT 条件还包括 Lagrange 乘子的非负性与不等式约束, 这样 KKT 条件就不再是非线性方程组, 而是非线性不等式组了, 而后者的求解并不容易. 这意味着, 适宜于求解等式约束最优化问题的 Lagrange 方法, 不适宜推广至求解含不等式约束的最优化问题.

2. Lagrange-Newton 方法的等价形式

Lagrange-Newton 方法的一个非常重要的意义在于我们下面要讲的它的等价形式. 因为依等价形式所得到的问题是易于求解的, 有了这个等价形式, 我们就可以将求解等式约束最优化问题的方法推广至求解一般约束最优化问题.

考虑下面的二次规划问题:

$$\min q_k(d) = \frac{1}{2}d^{\mathrm{T}}W_k d + g_k^{\mathrm{T}}d + f_k, \tag{9.8a}$$

$$\text{s.t. } c_i(x_k) + a_i(x_k)^{\mathrm{T}}d = 0,\ i \in \mathcal{E}. \tag{9.8b}$$

当假设 A1, A2 成立时, 问题 (9.8) 有唯一解 d_k, λ_{k+1}, 此解满足 KKT 方程组

$$\begin{cases} W_k d + g_k - A_k\lambda = 0, \\ A_k^{\mathrm{T}}d + c_k = 0, \end{cases}$$

即方程组 (9.6). 反之, 若 d_k, λ_{k+1} 是方程组 (9.6) 的解, 当假设 A1, A2 成立时, d_k 是问题 (9.8) 的解, λ_{k+1} 是相应的 Lagrange 乘子. 这就是说, 求解方程组 (9.6) 与求解问题 (9.8) 等价. 这种等价性为一般约束最优化问题的求解打开了大门, 因为通过求解子问题 (9.8) 得到 d_k 与 λ_{k+1} 的方法, 是容易推广至求解不等式约束最优化问题的. 更重要的是, 通过求解子问题 (9.8) 这种方式, 我们可以将解无约束问题的拟 Newton 方法引入到求解约束最优化问题中来. 关于这些问题的详细内容, 我们将在下面的章节中讨论.

3. 解一般约束最优化问题的序列二次规划方法

下面考虑求解一般约束最优化问题

$$\min f(x), \tag{9.9a}$$

$$\text{s.t. } c_i(x) = 0,\ i \in \mathcal{E}, \tag{9.9b}$$

$$c_i(x) \geqslant 0,\ i \in \mathcal{I} \tag{9.9c}$$

的方法.

经过上面的讨论可知, 对问题 (9.9), 在点 x_k 处, 解子问题

$$\min \frac{1}{2}d^{\mathrm{T}}W_k d + g_k^{\mathrm{T}}d + f_k, \tag{9.10a}$$

$$\text{s.t. } c_i(x_k) + a_i(x_k)^{\mathrm{T}}d = 0,\ i \in \mathcal{E}, \tag{9.10b}$$

$$c_i(x_k) + a_i(x_k)^{\mathrm{T}}d \geqslant 0,\ i \in \mathcal{I}, \tag{9.10c}$$

可得 d_k 及 λ_{k+1}. 这是一个二次规划问题, 可以用我们讲过的解二次规划问题的方法解之. 因为求解问题 (9.9) 的每一步迭代都要求解 (9.10) 这样一个二次规划问题, 所以该方法称为 **序列二次规划 (Sequential Quadratic Programming, SQP) 方法**.

SQP 方法所涉及的内容和技巧是很多的. 在下面的章节中, 我们主要讨论 SQP 方法中的几个基本问题, 包括在形成子问题时会出现的问题、拟 Newton 方法如何在 SQP 方法中应用以及线搜索的问题等.

§9.2 约束相容问题

对一般约束最优化问题的子问题 (9.10), 我们可以用起作用集方法来求解. 第八章中已有关于该方法详细的讨论, 这里不再重复叙述. 下面我们来讨论如何处理对于一般约束最优化问题, 在我们得到子问题 (9.10) 时, 可能出现的约束不相容的问题.

若非线性约束是相容的, 即可行域是非空的时候, 并不能保证线性化后的约束也是相容的. 例如, 将约束

$$x \leqslant 1, \quad (x-1)^2 \geqslant 0$$

在点 $x = 2$ 处线性化, 得到

$$1 + d \leqslant 0, \quad 1 + 2d \geqslant 0.$$

这两个线性约束是不相容的. 当这种情况出现的时候, 子问题的可行域为空集, 迭代无法继续进行. 所以, 在我们得到问题 (9.10) 时, 要检

查该问题的约束是否相容. 如果约束不相容, 要找出处理的方法. 为解决这些问题, Powell[64] 建议在求解问题 (9.10) 前, 先求解下面的线性规划问题:

$$\max \xi, \tag{9.11a}$$

$$\text{s.t.} \quad c_i(x_k) + a_i(x_k)^{\mathrm{T}} d \geqslant 0, \quad i \in \mathcal{I}^+, \tag{9.11b}$$

$$\xi c_i(x_k) + a_i(x_k)^{\mathrm{T}} d \geqslant 0, \ i \in \mathcal{I}^-, \tag{9.11c}$$

$$\xi c_i(x_k) + a_i(x_k)^{\mathrm{T}} d = 0, \ i \in \mathcal{E}, \tag{9.11d}$$

$$1 \geqslant \xi \geqslant 0, \tag{9.11e}$$

其中

$$\mathcal{I}^+ = \{i \mid c_i(x_k) \geqslant 0, \ i \in \mathcal{I}\},$$

$$\mathcal{I}^- = \{i \mid c_i(x_k) < 0, \ i \in \mathcal{I}\}.$$

问题 (9.11) 有可行解 $(\xi, d) = (0, 0)$, 这说明该问题有最优解. 解这个线性规划问题, 得到最优解 $(\bar{\xi}, \bar{d})$. 由 $\bar{\xi}$ 的值, 可以判断问题 (9.10) 约束的相容性:

• 当 $\bar{\xi} = 1$ 时, 问题 (9.10) 的约束是相容的, 以 $\bar{d}$ 为初始点, 求解问题 (9.10).

• 当 $\bar{\xi} = 0$ 或 $\bar{\xi}$ 接近于零时, 问题 (9.10) 的约束不相容, 问题 (9.10) 无可行解, 这时需重新选择初始点 x_0 进行迭代. 不过若发生这种情况, 可能问题 (9.9) 的约束是不相容的.

• 当 $\bar{\xi} > 0$, 且 $\bar{\xi} \neq 1$ 时, 问题 (9.10) 的约束不相容, 此时可以取 $\xi = \bar{\xi}$ 或 $\xi = 0.9\bar{\xi}$, 用问题 (9.11) 的约束条件代替问题 (9.10) 的约束条件, 求解修正的二次规划子问题.

§9.3 Lagrange 函数 Hesse 矩阵的近似

鉴于拟 Newton 方法在求解无约束最优化问题时的出色表现, 对于子问题 (9.10) 中 Lagrange 函数的 Hesse 矩阵 W_k, 我们可以用拟 Newton 方法来修正, 即求 B_k, 使得 $B_k \approx W_k$. 这样, 问题 (9.10) 成为

$$\min \frac{1}{2} d^{\mathrm{T}} B_k d + g_k^{\mathrm{T}} d + f_k, \tag{9.12a}$$

$$\text{s.t. } c_i(x_k) + a_i(x_k)^{\mathrm{T}} d = 0, \ i \in \mathcal{E}, \tag{9.12b}$$

$$c_i(x_k) + a_i(x_k)^{\mathrm{T}} d \geqslant 0, \ i \in \mathcal{I}. \tag{9.12c}$$

下面我们来看如何修正 B_k 得 B_{k+1}. 在无约束最优化问题中, 我们利用相邻两个迭代点及其在这两个点的目标函数的导数信息, 即 $s_k = x_{k+1} - x_k, y_k = g_{k+1} - g_k$, 来修正 B_k. 与无约束最优化问题不同的是, 我们现在面对的是 Lagrange 函数, 故应分别定义 s_k, y_k 为

$$s_k = x_{k+1} - x_k, \tag{9.13a}$$

$$y_k = \nabla_x L(x_{k+1}, \lambda_{k+1}) - \nabla_x L(x_k, \lambda_{k+1}), \tag{9.13b}$$

再按照 BFGS 公式或 DFP 公式计算 B_{k+1}.

在第三章中, 我们讨论过只有当 B_k 正定, $s_k^{\mathrm{T}} y_k > 0$ 时, 才能保证由 BFGS 公式或 DFP 公式计算的矩阵 B_{k+1} 的正定性. 现在假定 B_k 正定. 然而, 由 (9.13) 式计算出的 s_k 和 y_k 却无法保证 $s_k^{\mathrm{T}} y_k > 0$. 为此, Powell[64] 建议修正 y_k 为

$$\bar{y}_k = \theta_k y_k + (1 - \theta_k) B_k s_k, \tag{9.14}$$

其中

$$\theta_k = \begin{cases} 1, & \text{若 } s_k^{\mathrm{T}} y_k \geqslant 0.2 s_k^{\mathrm{T}} B_k s_k, \\ \dfrac{0.8 s_k^{\mathrm{T}} B_k s_k}{s_k^{\mathrm{T}} B_k s_k - s_k^{\mathrm{T}} y_k}, & \text{否则}. \end{cases} \tag{9.15}$$

由 θ_k 的定义知, $\theta_k \in [0,1]$, $\bar{y}_k$ 是 y_k 和 $B_k s_k$ 的凸组合. 则关于 B_k 的 BFGS 修正公式为

$$B_{k+1} = B_k - \frac{B_k s_k s_k^{\mathrm{T}} B_k^{\mathrm{T}}}{s_k^{\mathrm{T}} B_k s_k} + \frac{\bar{y}_k \bar{y}_k^{\mathrm{T}}}{s_k^{\mathrm{T}} \bar{y}_k}. \tag{9.16}$$

当 $\theta_k = 1$ 时, 有

$$s_k^{\mathrm{T}} \bar{y}_k = s_k^{\mathrm{T}} y_k \geqslant 0.2 s_k^{\mathrm{T}} B_k s_k > 0;$$

若 $\theta_k \neq 1$, 有

$$s_k^{\mathrm{T}} \bar{y}_k = \theta_k s_k^{\mathrm{T}} y_k + (1-\theta_k) s_k^{\mathrm{T}} B_k s_k = 0.2 s_k^{\mathrm{T}} B_k s_k > 0.$$

所以 Powell 提出的方法保证了 B_{k+1} 的正定性.

从 θ_k 的定义我们可以看出, 当 $\theta_k = 0$ 时, 有 $B_{k+1} = B_k$; 当 $\theta_k = 1$ 时, $\bar{y}_k = y_k$, 由 (9.16) 式所得到的 B_{k+1} 与以 y_k 建立的 B_{k+1} 相同; 当 $\theta_k \in (0,1)$ 时, 由 (9.16) 式所得到的 B_{k+1} 为介于 B_k 与以 y_k 建立的 B_{k+1} 之间的矩阵.

§9.4 价值函数

我们称用来衡量线搜索效果的函数为**价值函数**. 为了使方法具有全局收敛性质, 通过价值函数, 适当地选取步长因子是必要的. 在解无约束最优化问题的线搜索型方法中, 价值函数选为目标函数, 步长的选取可以保证目标函数在下降方向 d_k 上满足一定的下降量. 对约束最优化问题, 如果仅借助目标函数确定步长, 就忽略了约束条件, 不能全面地考虑问题. 所以, 对于约束最优化问题, 价值函数应该既包含目标函数的信息, 又包含约束函数的信息, 使得由问题 (9.12) 得到的 d_k 是这个函数的下降方向.

1977 年, Han[40] 提出用 L_1 罚函数

$$\mathrm{P}_{\mathrm{L}_1}(x,\sigma) = f(x) + \sigma \|\bar{c}(x)\|_1, \tag{9.17}$$

作为价值函数进行线搜索, 其中

$$\bar{c}_i(x) = \begin{cases} c_i(x), & i \in \mathcal{E}, \\ \min\{0, c_i(x)\}, & i \in \mathcal{I}, \end{cases} \tag{9.18}$$

$\sigma > 0$ 是罚因子.

对连续可微函数 $f(x)$ 而言, 在 x_k 处, 若 $g_k^{\mathrm{T}} d_k < 0$, 则 d_k 是 $f(x)$ 在 x_k 处的下降方向. 然而 L_1 罚函数在使 $\bar{c}_i(x) = 0$ 的点处是不可微的. 那么 L_1 罚函数的下降方向该如何定义呢? 注意到 $g_k^{\mathrm{T}} d_k$ 是 $f(x)$ 在 x_k 处关于方向 d_k 的方向导数:

$$\mathrm{D}(f(x_k); d_k) = \lim_{\varepsilon \to 0} \frac{f(x_k + \varepsilon d_k) - f(x_k)}{\varepsilon} = g_k^{\mathrm{T}} d_k.$$

这样, 即使 $f(x)$ 不是连续可微的, 只要它的方向导数 $\mathrm{D}(f(x_k); d_k)$ 存在, 且满足 $\mathrm{D}(f(x_k); d_k) < 0$, 当 ε 充分小时, 仍有

$$f(x_k + \varepsilon d_k) < f(x_k),$$

即 d_k 仍是下降方向. 可以证明 $\mathrm{P}_{\mathrm{L}_1}$ 沿任意方向的方向导数是存在的. 证明留为作业.

下面的定理说明, 问题 (9.12) 的最优解 d_k 是 L_1 罚函数在 x_k 处的下降方向.

定理 9.3　设 d_k 是二次规划问题 (9.12) 的 KKT 点, λ_{k+1} 是相应的 Lagrange 乘子, 则对于 L_1 罚函数, 有

$$\mathrm{D}(\mathrm{P}_{\mathrm{L}_1}(x_k, \sigma); d_k) \leqslant -d_k^{\mathrm{T}} B_k d_k - \sigma \|\bar{c}(x)\|_1 + \lambda_{k+1}^{\mathrm{T}} \bar{c}(x_k), \tag{9.19}$$

其中 $\mathrm{D}(\mathrm{P}_{\mathrm{L}_1}(x_k, \sigma); d_k)$ 为 $\mathrm{P}_{\mathrm{L}_1}$ 在 x_k 处关于方向 d_k 的方向导数. 如果 $d_k^{\mathrm{T}} B_k d_k > 0$, 且

$$\sigma \geqslant \|\lambda_{k+1}\|_\infty, \tag{9.20}$$

则 d_k 是 $\mathrm{P}_{\mathrm{L}_1}(x, \sigma)$ 在 x_k 处的下降方向.

定理的证明参见文献 [81]. 实际上, 只要 (9.19) 式成立, 将

$$\lambda_{k+1}^{\mathrm{T}} \bar{c}(x_k) \leqslant \sum_{i=1}^{m} |\lambda_i^{(k+1)}| |\bar{c}_i(x)|$$

代入 (9.19) 式, 得到

$$\mathrm{D}(\mathrm{P}_{\mathrm{L}_1}(x_k, \sigma), d_k) \leqslant -d_k^{\mathrm{T}} B_k d_k - \sum_{i=1}^{m} (\sigma - |\lambda_i^{(k+1)}|) |\bar{c}_i(x)|. \tag{9.21}$$

若 (9.20) 式满足, 则 d_k 是 $\mathrm{P}_{\mathrm{L}_1}(x,\sigma)$ 在 x_k 处的下降方向. 所以在这里, (9.20) 式是一个很重要的条件.

σ 的值该如何确定以保证 (9.20) 式成立呢? 若在迭代前给定 σ, 如果 σ 取得太小, 我们无法保证 (9.20) 式成立; 但如果 σ 取得太大, 会影响算法的收敛速度. 下面是 Powell 给出的选取 σ 的方法. 在这个方法中, σ 是 m 维向量, σ 的值在迭代过程中被修正, 以保证 (9.20) 式成立. 对 L_1 罚函数

$$\mathrm{P}_{\mathrm{L}_1}(x,\sigma) = f(x) + \sum_{i=1}^{m} \sigma_i |\bar{c}_i(x)|,$$

取

$$\begin{aligned}
&\sigma_i^{(0)} = \lambda_i^{(1)}, \quad i = 1,\cdots,m, \\
&\sigma_i^{(k)} = \max\left\{|\lambda_i^{(k+1)}|,\ \frac{1}{2}\big(\sigma_i^{(k-1)} + |\lambda_i^{(k+1)}|\big)\right\}, \quad i = 1,\cdots,m,\ k \geqslant 1,
\end{aligned}$$

这样迭代算法便可以始终保证

$$\sigma_i^{(k)} \geqslant |\lambda_i^{(k+1)}|, \quad i = 1,\cdots,m.$$

§9.5 SQP 算法

综合上面的讨论, 我们得到下面的求解非线性规划问题的 **SQP 算法**, 该算法亦称为 **Wilson-Han-Powell 算法**.

算法 9.1 (SQP 算法)

步 1 选取 $\eta \in (0, 0.5)$, $\tau \in (0,1)$, $\varepsilon > 0$, x_0, λ_0, B_0 对称正定, $k := 0$;

步 2 求解子问题 (9.12) 得 d_k 和 λ_{k+1}, 若 $\| d_k \| < \varepsilon$, 则输出 x_k, 停止迭代;

步 3 计算 σ_k, 使 d_k 是 $\mathrm{P}_{\mathrm{L}_1}(x,\sigma_k)$ 在 x_k 处的下降方向;

步 4　置 $\alpha_k := 1$, 若

$$\mathrm{P}_{\mathrm{L}_1}(x_k + \alpha_k d_k, \sigma_k) > \mathrm{P}_{\mathrm{L}_1}(x_k, \sigma_k) + \eta\alpha_k \mathrm{D}(\mathrm{P}_{\mathrm{L}_1}(x_k, \sigma_k), d_k),$$

则对于 $\tau_\alpha \in (0, \tau)$, 置 $\alpha_k := \tau_\alpha \alpha_k$;

步 5　置 $x_{k+1} := x_k + \alpha_k d_k$;

步 6　计算

$$\begin{aligned} s_k &= x_{k+1} - x_k, \\ y_k &= \nabla_x L(x_{k+1}, \lambda_{k+1}) - \nabla_x L(x_k, \lambda_{k+1}), \end{aligned}$$

修正 B_k 得 B_{k+1}, $k := k+1$, 转步 2.

后　记

1963 年,Wilson[76] 在他的博士论文中提出了 Newton 型的 SQP 方法, 此举奏响了研究 SQP 方法的乐章. 由于拟 Newton 方法对求解中小规模无约束最优化问题所获得的成功, 20 世纪 60 年代末, 拟 Newton 方法的思想很自然地被 Mangasarian 和他的学生推广至 SQP 方法中. 进一步, Han[39] 对求解不等式约束最优化问题的拟 Newton 型 SQP 方法进行了局部收敛性与收敛速度的理论分析. 此后, Powell[64, 65] 将 Han 的工作延拓至求解一般约束最优化问题. 所以现在人们也把 SQP 方法称为 Wilson-Han-Powell 方法. 自此,人们进行了大量关于 SQP 方法的研究, 使 SQP 方法发展成为求解光滑非线性规划问题的成功方法. 关于 SQP 方法的发展, 大家可以参考 Boggs 和 Tolle 在 1996 年发表的综述文章 [8].

关于如何求 Lagrange 函数 Hesse 矩阵 W_k 的近似矩阵的问题, 除 Powell 提出的方法外, 还有人提出了增广 Lagrange 函数的方法以及近似简约 Hesse 矩阵的方法. 关于这些方面的具体工作, 见文献 [58].

Han[40] 在 1977 年提出了用 L_1 精确罚函数作为 SQP 方法的价值函数. Fletcher[27] 在 1972 年提出用增广 Lagrange 函数作为精确

罚函数. 该函数与 L_1 罚函数不同之处在于它是一个可微的函数. 此后 Powell 和 Yuan[67] 提出用此函数作为 SQP 方法中的价值函数.

SQP 方法中碰到的 Maratos 效应问题以及解决这一问题的 Watchdog 技术, 在许多文献中均有论述, 见文献 [81].

关于 SQP 方法收敛性与收敛速度的讨论, 大家可以参考文献 [39] 以及 [13], [70]. 关于 SQP 方法的超线性收敛速度的讨论, 可以参考 Coleman 的综述文章 [12].

习 题

1. 证明定理 9.1.
2. 证明定理 9.2.
3. 证明: 若 $c_i(x)(i=1,\cdots,m)$ 为连续可微函数, 且

$$\phi(x)=\max_i\{c_i(x)\},$$

则对任何方向 d, 方向导数 $\mathrm{D}(\phi(x);d)$ 存在, 且

$$\mathrm{D}(\phi(x);d)=\max_{i\in I_{\max}(x)}\{\nabla c_i(x)^{\mathrm{T}}d\},$$

其中 $I_{\max}(x)=\{i\mid c_i(x)=\phi(x)\}$.

因为

$$|c_i(x)|=\max\{c_i(x),-c_i(x)\},$$

这说明 P_{L_1} 沿任意方向的方向导数是存在的.

上 机 习 题

编写 SQP 方法的程序, 求解第七章中上机作业的问题.

附　录

附录 I　凸集与凸函数

凸函数在最优化问题中占有非常重要的地位, 而凸函数是定义在凸集上的. 下面我们分别给出凸集与凸函数的定义与性质.

1. 凸集

定义 1　设集合 $C \subset \mathbb{R}^n$. 若对 $\forall x, y \in C$, 有

$$\theta x + (1-\theta) y \in C, \quad \theta \in [0,1],$$

则称 C 为**凸集**.

凸集的几何意义很显然，即若 x, y 属于凸集 C, 则 x 与 y 连线上所有的点都属于凸集 C. 图 1 给出了凸集和非凸集的例子.

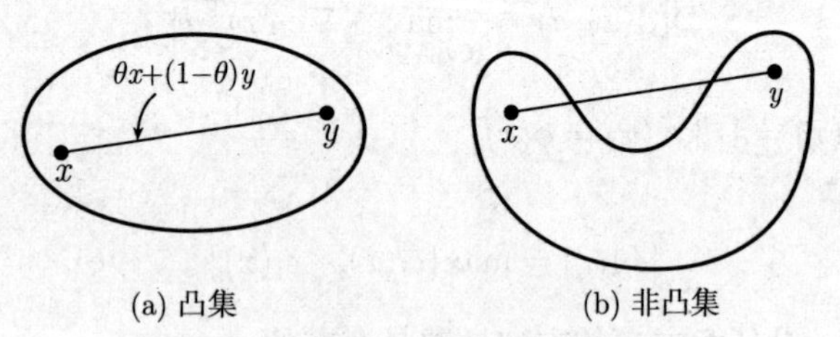

(a) 凸集　　(b) 非凸集

图 1　凸集与非凸集

凸集关于加法, 数乘和交运算都是封闭的.

引理 2　设 $C_1, C_2 \subset \mathbb{R}^n$ 为凸集, $\beta \in \mathbb{R}$, 则

(1) $C_1 + C_2 = \{x_1 + x_2 \mid x_1 \in C_1, x_2 \in C_2\}$ 是凸集;

(2) $\beta C_1 = \{\beta x \mid x \in C_1\}$ 是凸集;

(3) $C_1 \cap C_2$ 是凸集.

利用凸集的定义就可以证明上面的性质.

例 1 下列集合是凸集:

(1) 超平面 $\{x \mid a^{\mathrm{T}}x = b, x \in \mathbb{R}^n\}$, 其中 $a \in \mathbb{R}^n \setminus \{0\}$ 是超平面的法向量, $b \in \mathbb{R}$;

(2) 负的闭半空间 $\{x \mid a^{\mathrm{T}}x \leqslant b, x \in \mathbb{R}^n\}$ 和正的闭半空间 $\{x \mid a^{\mathrm{T}}x \geqslant b, x \in \mathbb{R}^n\}$, 其中 $a \in \mathbb{R}^n \setminus \{0\}, b \in \mathbb{R}$.

2. 凸函数

定义 3 设集合 $C \subset \mathbb{R}^n$ 为非空凸集, 函数 $f: C \to \mathbb{R}$. 若对 $\forall x, y \in C$, 有

$$f(\theta x + (1-\theta)y) \leqslant \theta f(x) + (1-\theta)f(y), \quad \theta \in [0,1], \tag{附 1}$$

则称 f 为 C 上的**凸函数**. 若不等式 (附 1) 对 $x \neq y$ 严格成立, 则称 f 为 C 上的**严格凸函数**.

凸函数的几何意义为连接 $(x, f(x))$, $(y, f(y))$ 两点的线段位于 $f(\theta x + (1-\theta)y), \theta \in [0,1]$ 的曲线之上, 见图 2.

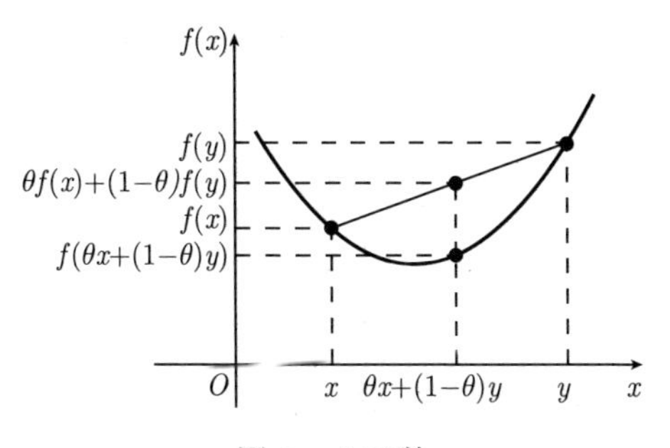

图 2 凸函数

下面给出凸函数的几个判定定理.

定理 4 (凸函数的一阶判定条件) 设集合 $C \subset \mathbb{R}^n$ 为非空开凸集, 函数 $f: C \to \mathbb{R}$ 可微, 则

(1) $f(x)$ 是凸函数当且仅当对 $\forall x, y \in C$, 有

$$f(y) \geqslant f(x) + g(x)^{\mathrm{T}}(y-x); \tag{附 2}$$

(2) $f(x)$ 是严格凸函数当且仅当对 $\forall x, y \in C$, $x \neq y$, 有

$$f(y) > f(x) + g(x)^{\mathrm{T}}(y-x). \tag{附 3}$$

证明 (1) 充分性 对 $\forall x, y \in C$ 和 $\forall \theta \in [0,1]$, 令 $z = \theta x+(1-\theta)y$. 由 (附 2) 式有

$$f(x) \geqslant f(z) + g(z)^{\mathrm{T}}(x-z), \tag{附 4}$$

$$f(y) \geqslant f(z) + g(z)^{\mathrm{T}}(y-z). \tag{附 5}$$

上面两个不等式分别乘以 θ 和 $1-\theta$ 后相加, 得

$$\theta f(x) + (1-\theta)f(y) \geqslant f(z) + g(z)^{\mathrm{T}}(\theta x + (1-\theta)y - z) = f(z).$$

这说明 f 是凸函数.

必要性 设 f 是凸函数. 对 $\forall x, y \in C\ (x \neq y)$ 和 $\forall \theta \in (0,1]$, 考虑函数

$$\varphi(\theta) = \frac{f(x+\theta(y-x)) - f(x)}{\theta}.$$

若 $\varphi(\theta)$ 是 θ 的单调增函数, 则

$$\lim_{\theta \to 0^+} \varphi(\theta) \leqslant \varphi(1).$$

注意到 $\lim\limits_{\theta \to 0^+} \varphi(\theta) = g(x)^{\mathrm{T}}(y-x)$, $\varphi(1) = f(y) - f(x)$, 知不等式 (附 2) 满足.

下面证明 $\varphi(\theta)$ 是 θ 的单调增函数. 对 $0 < \theta_1 < \theta_2 < 1$, 令

$$\bar{\theta} = \frac{\theta_1}{\theta_2}, \quad \bar{y} = x + \theta_2(y-x). \tag{附 6}$$

由凸函数的定义知 $f(x+\bar{\theta}(\bar{y}-x)) \leqslant \bar{\theta} f(\bar{y}) + (1-\bar{\theta})f(x)$, 由此得到

$$\frac{f(x+\bar{\theta}(\bar{y}-x)) - f(x)}{\bar{\theta}} \leqslant f(\bar{y}) - f(x).$$

将 (附 6) 式代入上式, 得到

$$\frac{f(x+\theta_1(y-x))-f(x)}{\theta_1} \leqslant \frac{f(x+\theta_2(y-x))-f(x)}{\theta_2}.$$

由函数 $\varphi(\theta)$ 的定义知, 此即 $\varphi(\theta_1) \leqslant \varphi(\theta_2)$, 亦即 $\varphi(\theta)$ 为单调增函数.

(2) 与 (1) 的证明过程相似. □

不等式 (附 2) 的几何意义见图 3.

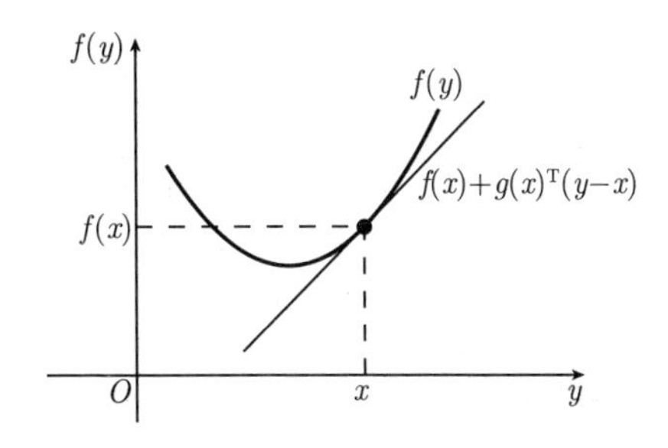

图 3　凸函数的一阶判定条件

定理 5 (凸函数的二阶判定条件)　设集合 $C \subset \mathbb{R}^n$ 为非空开凸集, 函数 $f: C \to \mathbb{R}$ 二阶连续可微, 则

(1) $f(x)$ 是凸函数当且仅当对 $\forall x \in C$, Hesse 矩阵 $G(x)$ 半正定;

(2) 若对 $\forall x \in C$, Hesse 矩阵 $G(x)$ 正定, 则 f 是严格凸函数.

证明　(1) 充分性　由 Taylor 展式知, 对 $\forall x, y \in C$, 有

$$f(y) = f(x) + g(x)^{\mathrm{T}}(y-x) + \frac{1}{2}(y-x)^{\mathrm{T}} G(x+\theta(y-x))(y-x),$$

其中 $\theta \in [0,1]$. 由 Hesse 矩阵 $G(x)$ 的半正定性知, 对 $\forall x, y \in C$, 有

$$f(y) \geqslant f(x) + g(x)^{\mathrm{T}}(y-x).$$

由定理 5 知 f 是凸函数.

必要性　用反证法. 设 $\exists x \in C,\ z \in \mathbb{R}^n$, 使得 $z^{\mathrm{T}} G(x) z < 0$. 因为 C 为开集, $G(x)$ 连续可微, 可选 $\|z\|$ 足够小, 使得 $x+z \in C$,

$z^{\mathrm{T}}G(x+\theta z)z<0$, $\theta\in[0,1]$. 由 Taylor 展式得

$$f(x+z)<f(x)+g(x)^{\mathrm{T}}z,$$

这与定理 4 的结论 (附 2) 矛盾.

(2) 的证明过程与 (1) 相似. □

定义 6　设集合 $C\subset\mathbb{R}^n$ 为非空凸集, 函数 $f:C\to\mathbb{R}$ 的**上图**定义为

$$\mathrm{epi}(f)=\{(x,t)|x\in C,t\in\mathbb{R},f(x)\leqslant t\}\subset\mathbb{R}^{n+1},$$

其中 epi 出自英文 epigraph, 意为 “图的上面”.

上图的几何意义见图 4.

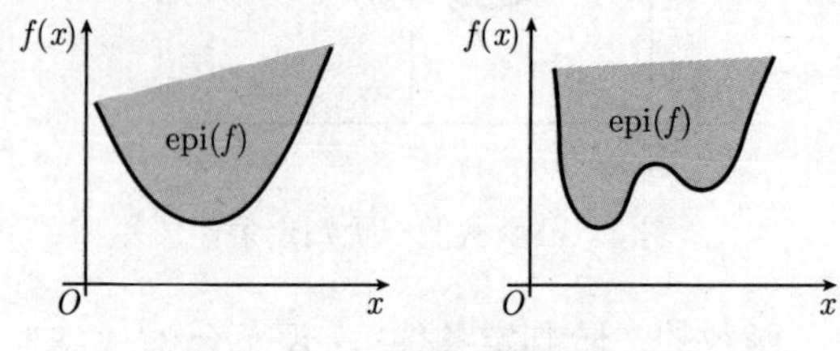

图 4　由上图判断函数的凸性

上图与凸函数的关系见下面的定理, 其证明留给读者作为练习.

定理 7 (凸函数的判定条件)　设集合 $C\subset\mathbb{R}^n$ 为非空凸集, 函数 $f:C\to\mathbb{R}$ 是凸函数当且仅当它的上图是凸集.

利用凸函数的判定条件, 我们可以断定下面例 2 中的函数是凸函数.

例 2　(1) 若 $G\in\mathbb{R}^{n\times n}$ 半正定, $b\in\mathbb{R}^n$, 则二次函数 $\dfrac{1}{2}x^{\mathrm{T}}Gx+b^{\mathrm{T}}x$ 是凸函数. 该结论直接由定理 5 可以得到.

(2) $\mathbb{R}^n$ 上的任意范数是凸函数.

事实上, 设 $f:\mathbb{R}^n\to\mathbb{R}$ 是一范数. 对 $\forall\theta\in[0,1]$, 由三角不等式知

$$f(\theta x+(1-\theta)y)\leqslant f(\theta x)+f((1-\theta)y)\leqslant\theta f(x)+(1-\theta)f(y),$$

即任意范数是凸函数.

(3) $f(x) = \max\{x_1, \cdots, x_n\}$ 是凸函数.

事实上, 对 $\forall\theta \in [0,1]$, 有

$$\begin{aligned} f(\theta x + (1-\theta)y) &= \max_i(\theta x_i + (1-\theta)y_i) \\ &\leqslant \theta \max_i x_i + (1-\theta)\max_i y_i \\ &= \theta f(x) + (1-\theta)f(y), \end{aligned}$$

所以 $f(x)$ 是凸函数. □

附录 II　正交变换与 QR 分解

1. Householder 变换

对任一给定的向量 $x \in \mathbb{R}^n$, 可构造一个初等正交矩阵 H, 使得

$$Hx = \alpha e_1,$$

这里 e_1 是单位矩阵 I 的第一列, $\alpha \in \mathbb{R}$. 下面我们来讨论如何求这样一个初等正交矩阵.

定义 8　设 $w \in \mathbb{R}^n$, 满足 $\|w\|_2 = 1$, 定义 $H \in \mathbb{R}^{n\times n}$ 为

$$H = I - 2ww^{\mathrm{T}}, \tag{附 7}$$

称 H 为 **Householder 变换**.

Householder 变换, 亦称为**初等反射矩阵**或**镜像变换**, 是著名的数值分析专家 Householder 在 1958 年为讨论矩阵特征值问题而提出的. 下面的定理给出了 Householder 变换的一些简单而又十分重要的性质.

定理 9 (Householder 变换的性质)　设 H 是由 (附 7) 式定义的 Householder 变换, 则 H 满足

(1) 对称性: $H^{\mathrm{T}} = H$;

(2) 正交性: $H^{\mathrm{T}}H = I$;

(3) 对合性: $H^2 = I$;

(4) 反射性: 对 $\forall x \in \mathbb{R}^n$, 如图 5 所示, Hx 是 x 关于 w 的垂直超平面的镜像反射.

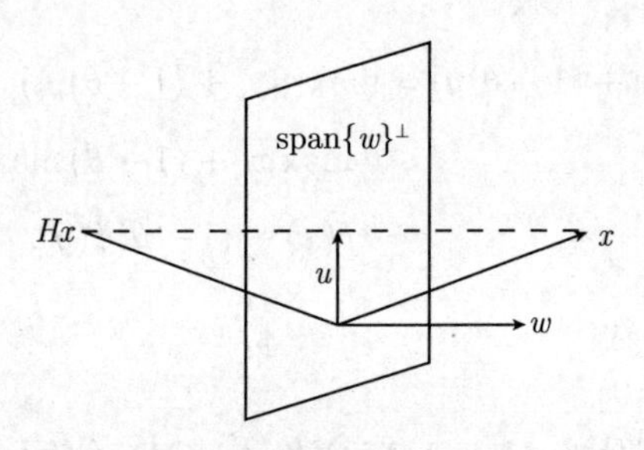

图 5 Householder 变换

证明 (1) 显然成立.

(2) 和 (3) 可由 (1) 导出. 事实上,

$$\begin{aligned} H^{\mathrm{T}}H = H^2 &= (I - 2ww^{\mathrm{T}})(I - 2ww^{\mathrm{T}}) \\ &= I - 4ww^{\mathrm{T}} + 4ww^{\mathrm{T}}ww^{\mathrm{T}} = I, \end{aligned}$$

即 (2) 和 (3) 成立.

(4) 设 $x \in \mathbb{R}^n$, 则 x 可表示为

$$x = u + \alpha w,$$

其中 $u \in \operatorname{span}\{w\}^{\perp}$, $\alpha \in \mathbb{R}$. 利用 $u^{\mathrm{T}}w = 0$ 和 $w^{\mathrm{T}}w = 1$ 可得

$$\begin{aligned} Hx &= (I - 2ww^{\mathrm{T}})(u + \alpha w) \\ &= u + \alpha w - 2ww^{\mathrm{T}}u - 2\alpha ww^{\mathrm{T}}w \\ &= u - \alpha w. \end{aligned}$$

这说明 Hx 为 x 关于 w 的垂直超平面 $\operatorname{span}\{w\}^{\perp}$ 的镜像反射. □

Householder 变换的主要用途在于：它可以通过适当选取单位向量 w, 把一个给定向量的若干个指定的分量变为零.

定理 10 设 $x \in \mathbb{R}^n \setminus \{0\}$, 则存在单位向量 $w \in \mathbb{R}^n$, 使得由 (附 7) 式定义的 Householder 变换 H 满足

$$Hx = \alpha e_1,$$

其中 $\alpha = \pm\|x\|_2$.

证明　由于

$$Hx = (I - 2ww^{\mathrm{T}})x = x - 2(w^{\mathrm{T}}x)w,$$

欲使 $Hx = \alpha e_1$, w 应取为

$$w = \frac{x - \alpha e_1}{\|x - \alpha e_1\|_2}.$$

对 $\alpha = \pm\|x\|_2$, 直接验证知这样定义的 w 满足定理的要求. □

由定理 10 知, 对 $\forall x \in \mathbb{R}^n \setminus \{0\}$, 都可构造 Householder 变换 H, 使得 Hx 的后 $n-1$ 个分量为零, 并且可按如下的步骤来构造确定 H 的单位向量 w:

(1) 计算 $v = x \pm \|x\|_2 e_1$;

(2) 计算 $w = v/\|v\|_2$.

为了使变换后的 α 为正, 应取 $v = x - \|x\|_2 e_1$.

利用 Householder 变换在一个向量中引入零元素, 并不局限于 $Hx = \alpha e_1$ 的形式, 其实它可以将向量中任意若干相邻的元素化为零. 例如, 欲在 $x \in \mathbb{R}^n$ 中从 $k+1$ 至 j 位置引入零元素, 只需定义 v 为

$$v = (0, \cdots, 0, x_k - \alpha, x_{k+1}, \cdots, x_j, 0, \cdots, 0)$$

即可, 其中 $\alpha^2 = \sum_{i=k}^{j} x_i^2$.

2. Givens 变换

欲把一个向量中若干相邻分量化为零, 可以用 Householder 变换. 如果只欲将一个向量的其中一个分量化为零, 则应采用 **Givens 变换**,

它有如下形式:

$$G(i,k,\theta)=I+s(e_ie_k^{\mathrm{T}}-e_ke_i^{\mathrm{T}})+(c-1)(e_ie_i^{\mathrm{T}}+e_ke_k^{\mathrm{T}})$$

$$=\begin{bmatrix} 1 & & \vdots & & \vdots & & \\ & \ddots & \vdots & & \vdots & & \\ \cdots & \cdots & c & \cdots & s & \cdots & \cdots \\ & & \vdots & & \vdots & & \\ \cdots & \cdots & -s & \cdots & c & \cdots & \cdots \\ & & \vdots & & \vdots & \ddots & \\ & & \vdots & & \vdots & & 1 \end{bmatrix} \begin{matrix} \\ \\ i \\ \\ k \\ \\ \\ \end{matrix},$$
$$\qquad\qquad\qquad i \qquad\quad k$$

其中 $c=\cos\theta$, $s=\sin\theta$. 易证 $G(i,k,\theta)$ 是一个正交阵.

设 $x\in\mathbb{R}^n$. 令 $y=G(i,k,\theta)x$, 则有

$$y_i=cx_i+sx_k,$$
$$y_k=-sx_i+cx_k,$$
$$y_j=x_j,\quad j\neq i,k.$$

若要 $y_k=0$, 只需取

$$c=\frac{x_i}{\sqrt{x_i^2+x_k^2}},\quad s=\frac{x_k}{\sqrt{x_i^2+x_k^2}}, \tag{附 8}$$

便有

$$y_i=\sqrt{x_i^2+x_k^2},\quad y_k=0.$$

从几何角度来看, $G(i,k,\theta)x$ 是在 (i,k) 坐标平面内将 x 按顺时针方向做了 θ 度的旋转, 所以 Givens 变换亦称为**平面旋转变换**.

3. QR 分解

由 Householder 变换或 Givens 变换, 我们可以得到一个矩阵的 QR 分解.

定理 11 (QR 分解定理) 设 $A \in \mathbb{R}^{n\times m}\,(n \geqslant m)$, 则 A 有 QR 分解

$$A = Q\begin{bmatrix} R \\ 0 \end{bmatrix}, \tag{附 9}$$

其中 $Q \in \mathbb{R}^{n\times n}$ 是正交矩阵, $R \in \mathbb{R}^{m\times m}$ 是具有非负对角元的上三角阵; 而且当 $m = n$ 且 A 非奇异时, 上述分解唯一.

证明 先证明 QR 分解的存在性. 对 m 用数学归纳法. 当 $m = 1$ 时, 此定理就是定理 10 所述的情形, 因此自然成立. 现假定所有 $p \times (m-1)$ 矩阵的 QR 分解存在, 这里假设 $p \geqslant m-1$. 设 $A \in \mathbb{R}^{n\times m}$ 的第一列为 a_1, 则由定理 10 知, 存在正交矩阵 $Q_1 \in \mathbb{R}^{n\times n}$, 使得 $Q_1^{\mathrm{T}} a_1 = \|a_1\|_2 e_1$. 于是有

$$Q_1^{\mathrm{T}} A = \underset{\begin{matrix} 1 \quad\quad & m-1 \end{matrix}}{\begin{bmatrix} \|a_1\|_2 & v^{\mathrm{T}} \\ 0 & A_1 \end{bmatrix}} \begin{matrix} 1 \\ n-1 \end{matrix}\ .$$

对 $(n-1)\times(m-1)$ 矩阵 A_1 应用归纳法假定, 得

$$A_1 = Q_2\begin{bmatrix} R_2 \\ 0 \end{bmatrix},$$

其中 Q_2 是 $(n-1)\times(n-1)$ 正交矩阵, 而R_2 是具有非负对角元的 $(m-1)\times(m-1)$ 上三角阵. 令

$$Q = Q_1\begin{bmatrix} 1 & 0 \\ 0 & Q_2 \end{bmatrix}, \quad R = \begin{bmatrix} \|a_1\|_2 & v^{\mathrm{T}} \\ 0 & R_2 \\ 0 & 0 \end{bmatrix},$$

则 Q 和 R 满足定理的要求. 由归纳法原理知存在性得证.

再证唯一性. 设 $m = n$, 且 A 非奇异, 并假定 $A = QR = \widetilde{Q}\widetilde{R}$, 其中 $Q, \widetilde{Q} \in \mathbb{R}^{n\times n}$ 是正交矩阵, $R, \widetilde{R} \in \mathbb{R}^{m\times m}$ 是具有非负对角元的上

三角阵. A 非奇异蕴含着 R, $\widetilde{R}$ 的对角元均为正数. 因此, 我们有

$$\widetilde{Q}^{\mathrm{T}}Q = \widetilde{R}R^{-1}.$$

如果一个矩阵既是正交矩阵又是对角元均为正数的上三角阵, 这个矩阵只能是单位矩阵, 从而 $\widetilde{Q} = Q$, $\widetilde{R} = R$, 即分解是唯一的. □

实现矩阵 A 的 QR 分解的最常用的方法是 **Householder 方法**, 即利用 Householder 变换将 A 约化为上三角矩阵. QR 分解的用途是相当广泛的, 我们可以用 QR 分解的方法来处理求解线性最小二乘问题、求矩阵的特征值等这样一些重要的问题.

关于正交变换与 QR 分解更详细的内容, 见文献 [36], [79].

符 号 说 明

符 号	含 义
$\mathbb{R}^n$	n 维欧氏空间
$:=$	赋值符
x	最优化问题的变量
$x \geqslant 0$	$x_i \geqslant 0, i=1,\cdots,n$
x^*	最优化问题的解
$x_k = x^{(k)}$	迭代方法中第 k 次迭代的迭代点
$x_i^{(k)}$	第 k 次迭代迭代点的第 i 个分量
d_k	第 k 次迭代对 x_k 的修正, 称为 $f(x)$ 在 x_k 处的下降方向
α_k	第 k 次迭代的步长
$f(x)$	目标函数
$g(x)$	$f(x)$ 的梯度向量, $g(x)=\nabla f(x)$
$G(x)$	$f(x)$ 的 Hesse 矩阵, $G(x)=\nabla^2 f(x)$
C^k	k 次连续可微函数集合
$q(x)$	二次函数
$c_i(x)$	第 i 个约束函数
$a_i(x)$	第 i 个约束函数的梯度向量, $a_i(x)=\nabla c_i(x)$
$A=[a_1,a_2,\cdots,a_m]$,	以向量 $a_1,a_2,\cdots,a_m$ 为列的矩阵
a^{T}	向量 a 的转置
A^{T}	矩阵 A 的转置
$\|\cdot\|$	向量或矩阵的范数
$\mathcal{E}$	等式约束指标集合
$\mathcal{I}$	不等式约束指标集合
$\mathcal{D}$	可行域

续表

符号	含义
$I(x)$	点 x 处的起作用不等式约束指标集合
$\mathscr{A}(x)$	点 x 处的起作用约束指标集合, $\mathscr{A}(x)=\mathcal{E}\cup\mathcal{I}(\S)$
$\mathscr{F}=\mathscr{F}(x)$	点 x 处全体可行方向集合
$\mathcal{F}=\mathcal{F}(x)$	点 x 处的线性化可行方向集合
$\mathscr{D}=\mathscr{D}(x)$	$f(x)$ 在点 x 处的下降方向集合
$L(x,\lambda)$	Lagrange 函数
λ	Lagrange 乘子
$W=\nabla_x^2 L(x,\lambda)$	Lagrange 函数关于 x 的 Hesse 矩阵
$\mathrm{P_E}(x,\sigma)$	等式约束最优化问题的外点罚函数
σ,μ	罚因子
$\mathrm{P_I}(x,\sigma)$	不等式约束最优化问题的外点罚函数
$\mathrm{P_{EI}}(x,\sigma)$	一般约束最优化问题的外点罚函数
$\mathrm{B_I}(x,\mu)$	不等式约束最优化问题的倒数障碍函数
$\mathrm{B_L}(x,\mu)$	不等式约束最优化问题的对数障碍函数
$\Phi(x,\lambda,\sigma)$	增广 Lagrange 函数或乘子罚函数
$\mathrm{P_{L_1}}(x,\sigma)$	$\mathrm{L_1}$ 罚函数

习题解答提示

第 二 章

1. 用凸函数的一阶判定条件和定义证明.

2. 用凸函数的二阶判定条件和 Taylor 展式证明.

3. 分别利用极小点、奇异矩阵和正定矩阵的定义证明即可.

4. 利用收敛速度的定义证明.

5. 求解问题 $\min f(x_k + \alpha d_k)$ 即得.

6. 考虑 Wolfe 准则. 利用中值定理, 在区间 $(0, \alpha_1)$ 中找一点, 满足 Wolfe 准则, 其中 α_1 为 $f(x_k + \alpha d_k)$ 与 $f_k + \rho g_k^{\mathrm{T}} d_k \alpha$ 相交的最小点.

7. 根据稳定点的定义求.

8. 用算法 2.3 求解, 满足精度要求的解为 0.707.

9. 仿照两点二次插值法, 确定二次插值多项式, 或取该多项式为 Lagrange 插值多项式.

10. 方法同上题.

11. 利用第 5 题结果, 得 $f(x_k + \alpha_k d_k) - f(x_k) = \frac{1}{2}\alpha_k g_k^{\mathrm{T}} d_k$.

12. 假定对所有 k, $g_k \neq 0$. 由 $\{f_k\}$ 单调递减、有下界知 $f_k - f_{k+1} \to 0$. 若 $g_k \nrightarrow 0$, 利用一阶 Taylor 展开式, 则可推出与上式矛盾的结果.

第 三 章

1. 根据最速下降方法得到 $\{x_k\}$, 再根据定义证明.

2. 从点 $x^{(2k+1)}$ 出发, 用最速下降方法迭代两次, 得到 $x^{(2k+3)}$.

3. 用数学归纳法证明.

4. 最大开球半径为 $\dfrac{3-\sqrt{3}}{6}$. 用基本 Newton 方法求出 $\{x^{(k)}\}$, 证明在此开球内, 当 $0<x_1^{(0)}<\dfrac{3-\sqrt{3}}{6}$ 时, 对于 $x_1^{(k)}=x_2^{(k)}$, $\{\|x^{(k)}\|\}$ 单调递减且非负. 当 $-\dfrac{3-\sqrt{3}}{6}<x_1^{(0)}<0$ 时, 经过一步迭代后得到 $x_1^{(1)}$, $0<x_1^{(1)}<\dfrac{3-\sqrt{3}}{6}$, 成为第一种情形.

5. 用基本 Newton 方法得 $\{x_k\}$. 对任给 k , 用数学归纳法证明 $|x_k|>1$ 且 $|x_{k+1}|<|x_k|$. 由归纳过程知 $\{x_{2k+1}\}$ 单调递增, 并且 $x_{2k+1}\in(-1.01,-1)$, 以及 $\{x_{2k}\}$ 单调递减, 并且 $x_{2k}\in(1,1.01)$, 从而证明 $x=\pm1$ 为序列 $\{x_k\}$ 的聚点. 由 $\{f_k\}$ 单调递减且收敛知, 当 k 充分大时, 有 $f_k-f_{k+1}<\rho$, 其中 $\rho>0$. 再由 $\lim\limits_{k\to\infty}g_k^{\mathrm{T}}G_k^{-1}g_k>1$ 可得最后一个结论.

6. (1) $\bar{\nu}=\sqrt{2}-1$; (2) $d_0=(1,-1)^{\mathrm{T}}$;

(3) 由 $(G_0+\nu I)d=-g_0$ 解出 $d_0(\nu)$, 代入 $f(x^{(0)}+d_0)<f(x^{(0)})$, 求出 $\tilde{\nu}$, 再求 $\arg\min\limits_{\nu}f(x^{(0)}+d_0(\nu))$.

7. 对 $n\times n$ 矩阵 A , 要证 A^{-1} 是 A 的逆矩阵, 只要证明 $AA^{-1}=I$.

8. 同上题.

9. 利用 Sherman-Morrison-Woodbury 公式, 其中令

$$u=s_k-H_ky_k,\quad v=\frac{s_k-H_ky_k}{(s_k-H_ky_k)^{\mathrm{T}}y_k}.$$

10. 令 $H_{k+1}^{\mathrm{SR1}}=(1-\varphi)H_{k+1}^{\mathrm{DFP}}+\varphi H_{k+1}^{\mathrm{BFGS}}$, 解出 $\varphi=\dfrac{s_k^{\mathrm{T}}y_k}{s_k^{\mathrm{T}}y_k-y_k^{\mathrm{T}}H_ky_k}$.

11. 利用正定的定义证明.

13. $\|A\|_{\mathrm{F}}^2=\sum\limits_{j=1}^{n}\sum\limits_{i=1}^{n}a_{ij}^2$, 其中 $A=[a_{ij}]$. 由 A 的对称性及矩阵范数的性质可得.

14. 用数学归纳法证明. 假定 H_k 的第 i 行与第 i 列为零, 并且 $x_i^{(k)}=x_i^{(0)}$. 利用 BFGS 公式, 证明 $H_{ij}^{(k+1)}=0$, $H_{ji}^{(k+1)}=0\,(j=1,\cdots,n)$ 及 $x_i^{(k+1)}=x_i^{(k)}$.

15. 利用矩阵迹的性质 $\mathrm{trace}(A+B)=\mathrm{trace}(A)+\mathrm{trace}(B)$ 证明, 其中 A,B 是 $n\times n$ 矩阵.

16. (1) 若 $H_{k+1}^{\varphi}=H_{k+1}^{\mathrm{DFP}}+\varphi v_k v_k^{\mathrm{T}}$ 奇异, 由 Sherman-Morrison-Woodbury 公式有 $1+\varphi v_k^{\mathrm{T}}B_{k+1}^{\mathrm{DFP}}v_k=0$, 由此解出 $\bar{\varphi}$. 若 H_k 和 B_k 对称正定, Cauchy-Schwarz 不等式可表示为 $(s_k^{\mathrm{T}}y_k)^2\leqslant(s_k^{\mathrm{T}}B_k s_k)(y_k^{\mathrm{T}}H_k y_k)$, 其中等式成立当且仅当 s_k 与 $H_k y_k$ 共线. 而当 s_k 与 $H_k y_k$ 共线时, $H_{k+1}^{\varphi}=H_{k+1}^{\mathrm{DFP}}$ 非奇异; 当 s_k 与 $H_k y_k$ 不共线时, $\bar{\varphi}<0$.

(2) 由 Sherman-Morrison-Woodbury 公式可得.

17. 对任给 k , 证明 $H_k(x)=W^{-1}H_k(\hat{x})W^{-\mathrm{T}}$, 其中 H_k 为 G_k^{-1} , H_k^{DFP} 或 H_k^{BFGS} , 从而带固定步长的 Newton 方法与 DFP 方法, BFGS 方法是不变的, 而最速下降方法不具有不变性.

18. (1) 代入 PSB 校正公式, 利用 $y_k=Gs_k$, 整理即得.

(2) 重复利用 (1) 的结果 n 次, 得 B_n-G 与 B_0-G 的关系, 进一步可得 $(B_n-G)s_i=0\,(i=0,\cdots,n-1)$, 由 $\{s_i,\ i=0,\cdots,n-1\}$ 的正交性得 $B_n-G=0$.

第 四 章

1. 利用平方根矩阵的概念证明.

2. 用反证法证明.

3. 由 $G=U^{\mathrm{T}}\Lambda U=U^{\mathrm{T}}\Lambda_1 UU^{\mathrm{T}}\Lambda_1 U$, 其中 $U=[u_1,u_2,\cdots,u_n]$, $\{u_i,\ i=1,\cdots,n\}$ 为一组正交的单位特征向量, $\Lambda=\mathrm{diag}(\lambda_1,\lambda_2,\cdots,\lambda_n)$, $\Lambda_1=\mathrm{diag}(\sqrt{\lambda_1},\sqrt{\lambda_2},\cdots,\sqrt{\lambda_n})$, 得 G 的平方根矩阵 $T=U^{\mathrm{T}}\Lambda_1 U$. 在此基础上证明平方根矩阵的唯一性.

4. 根据共轭方向的定义证明.

5. 由对应不同特征值的特征向量正交而得.

6. 根据定理 4.6 的结论可得.

7. 用数学归纳法证明.

8. 逐步采用精确线搜索的 FR 方法与 BFGS 方法计算, 可以得到相同的迭代点列. 对每步得到的结果验证三个性质成立.

9. 证明 $g_k^{\mathrm{T}} d_k < 0$.

10. 利用 (2.13) 式和 Lipschitz 条件, 得 α 的下界, 将其代入 (2.12) 式, 对 $f_k - f_{k+1}$ 及其下界分别求和, 由 $f(x)$ 有下界得结果.

11. (1) 利用 $\alpha_i G d_i = g_{i+1} - g_i$, 第一式的左、右两边展开的结果相同. 第二式可由 FR 公式直接推出.

(2) 利用共轭方向的性质直接计算. 当 $k = n$ 时, $T_n = R_n^{\mathrm{T}} G R_n$, R_n 为正交矩阵, T_n 与 G 相似.

12. (1) 根据精确线搜索的性质证明.

(2) 考虑 $\varphi(\alpha, \beta) = f(x_k + \alpha d_k + \beta s_{k-1})$, 由方程 $\dfrac{\partial \varphi}{\partial \alpha} = \dfrac{\partial \varphi}{\partial \beta} = 0$ 解得 α_k 和 β_k , 再由 $f(x_{k+1}) = \varphi(\alpha_k, \beta_k)$ 和 (1) 的结论得 (4.21c).

(3) MC 方法的迭代格式为 $x_{k+1} = x_k - \alpha_k g_k + \beta_k (x_k - x_{k-1})$. 由 FR 的迭代格式 $x_{k+1}^{\mathrm{FR}} = x_k^{\mathrm{FR}} + \alpha_k^{\mathrm{FR}} d_k^{\mathrm{FR}}$ 知

$$x_{k+1}^{\mathrm{FR}} = x_k^{\mathrm{FR}} - \alpha_k^{\mathrm{FR}} g_k + \frac{\alpha_k^{\mathrm{FR}}}{\alpha_{k-1}^{\mathrm{FR}}} \beta_{k-1}^{\mathrm{FR}} (x_k^{\mathrm{FR}} - x_{k-1}^{\mathrm{FR}}).$$

用数学归纳法, 假定已有 $x_k = x_k^{\mathrm{FR}}$, $x_{k-1} = x_{k-1}^{\mathrm{FR}}$, 欲证 $x_{k+1} = x_{k+1}^{\mathrm{FR}}$, 只需证明 $\alpha_k = \alpha_k^{\mathrm{FR}}$, $\beta_k = \dfrac{\alpha_k^{\mathrm{FR}}}{\alpha_{k-1}^{\mathrm{FR}}} \beta_{k-1}^{\mathrm{FR}}$ 即可.

第 五 章

2. (1) 解 $\nabla f(x) = 0$ 得稳定点. 使 $f(x) = 0$ 的稳定点是全局极小点.

(2) 在稳定点 x 处, 若 $\nabla^2 f(x)$ 正定, $f(x) \neq 0$, x 是局部极小点.

(3) 在稳定点 x 处, 若 $\nabla^2 f(x)$ 不定, x 是鞍点.

(4) 由给定初始点出发, 用基本 GN 方法得到 $\{x_k\}$.

3. 用反证法证明.

4. 用无穷范数证明. 因 D 是 $\mathbb{R}^n$ 中的紧集, 故存在 $M \in [0, +\infty)$, 对任给 $x \in D$, 有 $\|J^{\mathrm{T}}(x)\|_\infty \leqslant M$, $\|r(x)\|_\infty \leqslant M$. 直接证明即得.

5. r 到 $R(J)$ 的投影是 Jx , $x=\arg\min\limits_{y}\|Jy-r\|^2$, r 与此空间的夹角即 r 与 Jx 的夹角.

6. $\nabla r_i(x)$ 在 x^* 作 Taylor 展开, 将其代入 $\sum\limits_i r_i(x^*)\nabla r_i(x^*)$ 即得.

7. 此问题的最优解是 $x^*=\left(\frac{1}{2}-\frac{\sqrt{3}}{6},\frac{1}{2}+\frac{\sqrt{3}}{6}\right)^{\mathrm{T}}$. 由 $x^{(0)}$ 出发, 计算 $x^{(1)}$, $x^{(2)},x^{(3)}$, 用 ∞ 范数计算收敛速度. 用数学归纳法证明

$$x^{(k)}=\left(\frac{1}{2}-\frac{\sqrt{3}}{6}+\varepsilon_k,\frac{1}{2}+\frac{\sqrt{3}}{6}-\varepsilon_k\right)^{\mathrm{T}},$$

且 $|\varepsilon_{k+1}|<\frac{1}{2}|\varepsilon_k|$, 从而 $\lim\limits_{k\to\infty}\varepsilon_k=0$.

8. 由 Newton 方程与 Gauss-Newton 方程相减即得第一式. 由 $x_{k+1}^{\mathrm{GN}}=x_k+d_k^{\mathrm{GN}}$ 和 $x_{k+1}^{\mathrm{N}}=x_k+d_k^{\mathrm{N}}$ 得 $x_{k+1}^{\mathrm{GN}}-x_{k+1}^{\mathrm{N}}=d_k^{\mathrm{GN}}-d_k^{\mathrm{N}}$, 从而

$$x_{k+1}^{\mathrm{GN}}-x^*=(x_{k+1}^{\mathrm{N}}-x^*)+(d_k^{\mathrm{GN}}-d_k^{\mathrm{N}}),$$

由 Newton 方法的二次收敛性及第一式即得第二式. 第三式的证法同第二式.

9. 将 $J^{\mathrm{T}}r=-(J^{\mathrm{T}}J+\nu_2 I)d_2$ 代入 $q(d_i)(i=1,2)$ 的展开式, 只要证明 $d_2^{\mathrm{T}}d_2>d_1^{\mathrm{T}}d_2$, 即得 $q(d_1)-q(d_2)>0$. 将 $J^{\mathrm{T}}r=-(J^{\mathrm{T}}J+\nu_1 I)d_1$ 和 $J^{\mathrm{T}}r=-(J^{\mathrm{T}}J+\nu_2 I)d_2$ 两式相减, 由 $J^{\mathrm{T}}J$ 的半正定性推导可得 $d_2^{\mathrm{T}}d_2>d_1^{\mathrm{T}}d_2$.

10. 充分性的证明同定理 5.4. 对必要性, (5.21a) 式与 (5.21b) 式的证明同定理 5.4, (5.21c) 式的证明思路为: 当 $\|d_k\|<\Delta_k$ 时, d_k 是 $\min q_k(d)$ 的解. 当 $\|d_k\|=\Delta_k$ 时, 对任给 d , $\|d\|=\Delta_k$, 有

$$q_k(d)\geqslant q_k(d_k)+\frac{1}{2}\nu_k(d_k^{\mathrm{T}}d_k-d^{\mathrm{T}}d).$$

11. x^* 是 $f(x)$ 的极小点, 则 $\nabla f(x^*)=0$. 由 $\nabla_u f(u,v)=0$ 解出 u^* .

12. (1) 将 α_k , d_k^{SD} 的取值代入 $s_k^{\mathrm{SD}}=\alpha_k d_k^{\mathrm{SD}}$, 得到 $\|s_k^{\mathrm{SD}}\|\leqslant\gamma\|d_k^{\mathrm{SD}}\|$. 用 Cauchy-Schwarz 不等式推出 $\gamma\leqslant 1$ 和 $\gamma=1$ 的条件.

(2) 证明在点 $x_{k+1}(\lambda)$ 处, 对正定矩阵 $J_k^{\mathrm{T}}J_k$, $q_k(d)$ 沿 $\eta_k d_k^{\mathrm{GN}}-s_k^{\mathrm{SD}}$ 的方向导数 $\nabla q_k(x_{k+1}(\lambda))^{\mathrm{T}}(\eta_k d_k^{\mathrm{GN}}-s_k^{\mathrm{SD}})$ 为负.

第 六 章

1. 用反证法. 设 x^* 为 $f(x)$ 在 $\mathcal{D}$ 上的局部极小点而非全局极小点, 则存在 $\bar{x}\in\mathcal{D}$, 使得 $f(\bar{x})<f(x^*)$. 根据凸函数的定义推出矛盾.

2. 将极小–极大问题转化为约束最优化问题.

3. 将问题转化为约束最优化问题.

4. 设矩阵 $A=\begin{bmatrix} a_1^{\mathrm{T}}(x^*) \\ \vdots \\ a_m^{\mathrm{T}}(x^*) \end{bmatrix}$ 的秩为 m . 设 $z_1,\cdots,z_{n-m}$ 是 A 的零空间的一组基, $Z=[z_1,\cdots,z_{n-m}]$, 则 $AZ=0$. 只需证对 $d\in\mathcal{F}^*$, $d\in\mathscr{F}^*$. 请将下列证明思路的细节写清楚. 考虑 $\mathbb{R}^n\times\mathbb{R}\to\mathbb{R}^n$ 方程组

$$R(x,t)=\begin{bmatrix} c(x)-tAd \\ Z^{\mathrm{T}}(x-x^*-td) \end{bmatrix}=\begin{bmatrix} 0 \\ 0 \end{bmatrix}.$$

$x=x^*$, $t=0$ 是此方程组的解. 利用隐函数定理, 说明存在 x^* 与 $t=0$ 的邻域 $\mathcal{D}_x$ 与 $\mathcal{D}_t$, 使对任何 $t\in\mathcal{D}_t$, $\mathcal{D}_x$ 中有满足方程组的唯一解 $x=x(t)$. 求出 $\dfrac{\mathrm{d}x}{\mathrm{d}t}$, 得到 $\left.\dfrac{\mathrm{d}x}{\mathrm{d}t}\right|_{t=0}=d$. 设 $x_k=x(t_k)$, x_k 是可行点. 令 $t_k\to 0$, 有 $x_k\to x^*$, $\dfrac{x_k-x^*}{\|x_k-x^*\|}\to d$, $d\in\mathscr{F}(x)$ . .

5. 用反证法. 设满足 KKT 条件的 λ^* 不唯一, 由 $\{a_i(x^*),\ i\in\mathscr{A}^*\}$ 线性无关推出矛盾.

6. (1) 用隐函数求导法则可求;

(2) 在 KKT 条件中, 利用 g , A 的分块形式, 即得结果.

7. (1) 对一般问题, 需要考虑二阶条件;

(2) 考虑约束规范;

(3) 考虑凸规划问题.

8. 根据约束规范的定义证明.

9. 同上题.

10. (1) $x^* = (1,0)^{\mathrm{T}}$, $\lambda^* = \dfrac{4}{5}$;

(2) $x^* = (0,0)^{\mathrm{T}}$, $\lambda^* = (0,0,2,0)^{\mathrm{T}}$.

11. (1) $x^* = (1,0,0)^{\mathrm{T}}$, $\lambda^* = 2$;

(2) x^* 为 $(\sqrt{2}, 1/\sqrt{2}, 0)^{\mathrm{T}}$, $(-\sqrt{2}, -1/\sqrt{2}, 0)^{\mathrm{T}}$, $\lambda^* = 4$;

(3) $x^* = (2,1,1/2)^{\mathrm{T}}, (-2,-1,1/2)^{\mathrm{T}}, (2,-1,-1/2)^{\mathrm{T}}, (-2,1,-1/2)^{\mathrm{T}}$, $\lambda^* = 8$.

12. KKT 点为 $x^* = \left(\dfrac{1}{16}c_y^2 c_1^{-3/2} c_2^{-1/2}, \dfrac{1}{16}c_y^2 c_1^{-1/2} c_2^{-3/2}\right)^{\mathrm{T}}$, $\lambda^* = (0,0)^{\mathrm{T}}$.

13. 记 $c_i(x) = x_i (i = 1, \cdots, n)$， $c_{n+1}(x) = \sum\limits_{i=1}^{n} x_i - 1$. 根据 KKT 条件，取 $\mu^* = \lambda^*_{n+1}$.

14. 充分性: 根据凸规划问题的定义证明. 必要性: 根据 Farkas 引理的推论, 只需证明对任何满足 $(x-x^*)^{\mathrm{T}} a_i^* \geqslant 0 \, (i \in \mathcal{I}^*)$ 的 $x \neq x^*$, 都有 $(x-x^*)^{\mathrm{T}} g^* \geqslant 0$. 证明的其余部分, 与定理 6.13 的证明相同.

第 七 章

1. $x(\sigma) = (3\sigma - 3\sqrt{\sigma^2 - 8\sigma})(2,1,1)^{\mathrm{T}}$. $x^* = (24,12,12)^{\mathrm{T}}$, $\lambda^* = 144$, $\sigma > 8$.

2. $x^* = (1/2, 1/2)^{\mathrm{T}}$, $\lambda^* = (-1,-2)^{\mathrm{T}}$.

3. $x(\mu) = \dfrac{3\mu - 1 \pm \sqrt{9\mu^2 + 2\mu + 1}}{2}$, $\lim\limits_{\mu_k \to 0} x_1(\mu_k) = 0$, $\lim\limits_{\mu_k \to 0} x_2(\mu_k) = -1$.

4. $x^* = \left(-\dfrac{\sqrt{11}}{11}, -\dfrac{3\sqrt{11}}{11}\right)^{\mathrm{T}}$, $\lambda^* = \dfrac{\sqrt{11}}{2}$.

5. 以倒数罚函数为例, 证明算法不有限终止时, 结论成立. 对 $\forall \xi > 0$, $\exists x_\xi \in \mathrm{int}(\mathcal{D})$, 使得 $f(x_\xi) < \inf\limits_{x \in \mathrm{int}(\mathcal{D})} f(x) + \dfrac{\xi}{2}$. 当 $\mu_k \to 0$ 时, $\exists \bar{k}$, 使得 $\forall k \geqslant \bar{k}$, 有 $\mu_k \sum\limits_i c_i(x_\xi)^{-1} < \dfrac{\xi}{2}$. 由 $\mathrm{B_I}(x_k, \mu_k) \leqslant \mathrm{B_I}(x_\xi, \mu_k)$ 推出结论.

6. 利用 Rayleigh 商的性质和 Wely 定理证明. Rayleigh 商的性质为: $u^{\mathrm{T}} A u \geqslant \lambda_n u^{\mathrm{T}} u$, 其中 $A \in \mathbb{R}^{n \times n}$ 为对称矩阵, $u \in \mathbb{R}^n$, $u \neq 0$, λ_n 为 A 的最小特征值. Wely 定理为: 若 A, $B \in \mathbb{R}^{n \times n}$ 是对称矩阵, 其特征值分别为 $\lambda_1 \geqslant \lambda_2 \geqslant \cdots \geqslant \lambda_n$, $\tau_1 \geqslant \tau_2 \geqslant \cdots \geqslant \tau_n$, 则 $|\tau_i - \lambda_i| \leqslant \|A - B\|_2$, $i = 1, \cdots, n$.

7. 参考定理 7.2 的证明.

8. 求出 $\nabla_x^2 \mathrm{B_I}(x,\mu)$. 考虑 $\lambda_i^{(k)} = \mu_k/(c_i^{(k)})^2$.

9. 内罚函数分别取为倒数障碍函数与对数障碍函数进行讨论.

10. 由问题的最优性条件推出.

11. 对乘子罚函数 $\Phi(x,\sigma,\lambda)$, 由 $\nabla_x \Phi(x,\sigma,\lambda) = 0$, 利用 Sherman-Morrison-Woodbery 公式, 求得 $x(\sigma,\lambda)$. 以 $\lambda_0 = 0$ 为初始点, 推出 $\{\lambda_k\}$, $\{x_k\}$, 得 $\lambda_k \to \alpha$, $x_k \to x^* = 0$.

12. 讨论 $\phi_i(x,\lambda,\sigma)$ 在 λ , σ 固定时, 关于 x 的一阶、二阶导数的连续性.

第　八　章

1. $x^* = \left[\frac{2}{7}, \frac{10}{7}, -\frac{6}{7}\right]^{\mathrm{T}}$, $Y = \frac{1}{14}\begin{bmatrix} 5 & 8 \\ 4 & -2 \\ -1 & 4 \end{bmatrix}$, $Z = \begin{bmatrix} 1 \\ -2 \\ -3 \end{bmatrix}$.

2. 对 $A \in \mathbb{R}^{n\times m}$, $m \leqslant n$, 若 $Ax = 0$, 就有 $x = 0$.

3. 利用 Sylvester 惯性定理, 可得

$$\mathrm{interia}(K) = \mathrm{interia}(Z^{\mathrm{T}}GZ) + (m, m, 0),$$

其中 K 为 KKT 矩阵, $\mathrm{interia}(K)$ 为对称矩阵 K 的惯性.

4. 由 $\begin{bmatrix} A & V \end{bmatrix}\begin{bmatrix} Y^{\mathrm{T}} \\ Z^{\mathrm{T}} \end{bmatrix} = I$ 和 $\begin{bmatrix} Y^{\mathrm{T}} \\ Z^{\mathrm{T}} \end{bmatrix}\begin{bmatrix} A & V \end{bmatrix} = I$ 解出.

5. 讨论 $V = \begin{bmatrix} 0 \\ I \end{bmatrix}$ 的情况.

6. (8.23) 式成立等价于 $AY^{\mathrm{T}} + VZ^{\mathrm{T}} = I$ 和 $\begin{bmatrix} Y^{\mathrm{T}} \\ Z^{\mathrm{T}} \end{bmatrix} V = \begin{bmatrix} 0 \\ I \end{bmatrix}$. 由 $[Y\ Z]$ 非奇异得 V 的唯一性. 证明 $\begin{bmatrix} G & -A \\ -A^{\mathrm{T}} & 0 \end{bmatrix}\begin{bmatrix} H & -T \\ -T^{\mathrm{T}} & U \end{bmatrix} = \begin{bmatrix} I & 0 \\ 0 & I \end{bmatrix}$.

7. 用反证法. 若 a_p 与 $\{a_i, i \in \mathscr{A}_0\}$ 线性相关, 根据 $\{a_i,\ i \in \mathscr{A}_0\}$ 线性无关的性质可以推出矛盾.

8. 讨论是否进行有限次迭代可以得到 $\min\ q(x), \text{s.t. } a_i^{\mathrm{T}}x = b_i\ (i \in \mathscr{A}_k)$ 的解，以及集合 $\mathcal{I}_k$ 是否有限.

第 九 章

1. 对

$$\begin{bmatrix} W_k & -A_k \\ -A_k^{\mathrm{T}} & 0 \end{bmatrix} \begin{bmatrix} s \\ t \end{bmatrix} = 0,$$

考虑 $s = 0$, $s \neq 0$ 两种情形, 证明方程只有零解.

2. 由 KKT 方程组 (9.6) 及 $g(x^*), c(x^*), a_i(x^*)$ 在 x_k 处的 Taylor 展式可得

$$\begin{bmatrix} W_k & -A_k \\ -A_k^{\mathrm{T}} & 0 \end{bmatrix} \begin{bmatrix} h_{k+1} \\ \Lambda_{k+1} \end{bmatrix} = \begin{bmatrix} -\sum_i \Lambda_i^{(k)} \nabla^2 c_i^{(k)} h_k + O(\|h_k\|^2) \\ O(\|h_k\|^2) \end{bmatrix},$$

其中 $h_{k+1} = x_{k+1} - x^*$, $\Lambda_{k+1} = \lambda_{k+1} - \lambda^*$. 根据 KKT 矩阵的非奇异性, 在 x^* , λ^* 的邻域中, 有

$$\begin{bmatrix} h_{k+1} \\ \Lambda_{k+1} \end{bmatrix} = O(\|h_k\|^2 + O(\|h_k\|\|\Lambda_k\|).$$

对 $\max(\|h_{k+1}\|, \|\Lambda_{k+1}\|)$, 下面可参照基本 Newton 方法的收敛性证明.

3. 对 $\forall i \in I_{\max}(x)$, 有 $\phi(x) = c_i(x)$, $\phi(x+td) \geqslant c_i(x+td)$ (t 充分小). 由方向导数的定义证明 $\mathrm{D}(\phi(x);d) \geqslant \nabla c_i(x)^{\mathrm{T}}d$. 再证存在一个 $i \in I_{\max}(x)$, 使 $\mathrm{D}(\phi(x);d) = \nabla c_i(x)^{\mathrm{T}}d$.

参 考 文 献

[1] Akaike H. On a successive transformation of probability distribution and its application to the analysis of the optimum gradient method. Annals of the Institute of Statistical Mathematics, 1959, 11: 1-17.

[2] Al-Baali M. Descent property and global convergence of the Fletcher-Reeves method with inexact line search. IMA Journal on Numerical Analysis, 1985, 5: 121-124.

[3] Arrow K, Hurwicz L, Uzawa H. Studies in linear and nonlinear programming. Stanford: Stanford University Press, 1958.

[4] Barzilai J, Borwein J M. Two-point step size gradient methods. IMA Journal on Numerical Analysis, 1988, 8: 141-148.

[5] Benzi M. Preconditioning techniques for large linear systems: a survey. Journal of Computational Physics, 2002, 182: 418-477.

[6] Björck Å. Numerical Methods for Least Squares Problems. Philadelphia: SIAM Publications, 1996.

[7] Boggs P T, Byrd R H, Schnabel R B. A stable and efficient algorithm for nonlinear orthogonal distance regression. SIAM Journal on Scientific and Statistical Computing, 1987, 8: 1052-1078.

[8] Boggs P T, Tolle J W. Sequential quadratic programming. Acta Numerica, 1996, 4: 1-51.

[9] Bramble J H, Pasciak J E, Vassilev A T. Analysis of the inexact Uzawa algorithm for saddle point problems. SIAM Journal on Numerical Analysis, 1997, 34(3): 1072-1092.

[10] Broyden C G. Quasi-Newton methods and their application to function minimization. Mathematics Computation, 1967, 21: 368-381.

[11] Broyden C G. The convergence of a class of double-rank minimization algorithms, part 1 and 2. IMA Journal of Applied Mathematics, 1970,

6: 76-90, 222-231.

[12] Coleman T F. On characterizations of superlinear convergence for constrained optimization. Lectures in Applied Mathematics. Providence, Rhole Island: American Mathematical Society, 1990: 113-133.

[13] Coleman T F, Feynes P A. Partitioned quasi-Newton methods for nonlinear equality constrained optimization. Mathematical Programming, 1992, 53: 17-44.

[14] Conn A R, Gould G I M, Toit P L. Lancelot: A Fortran Package for Large-Scale Nonlinear Optimization (Release A). New York: Springer, 2010.

[15] Courant R. Variational methods for the solution of problems with equilibrium and vibrations. Bulletin of the Annals of the American Mathematics Society, 1943, 49: 1-23.

[16] 戴彧虹, 袁亚湘. 非线性共轭梯度法. 上海：上海科学技术出版社, 2000.

[17] Davidon W C. Variance algorithms for minimization. The Computer Journal, 1968, 10: 406-410.

[18] Davidon W C. Variable metric method for minimization. SIAM Journal on Optimization, 1991, 1: 1-17.

[19] Dennis J E, Gay D M, Welsch R E. Alogrithm 573-NL2SOL, An adaptive nonlinear least-squares algorithm. ACM Transaction on Mathematical Software, 1981, 7: 348-368.

[20] Dennis J E, Mei H H W. Two new unconstrained optimization algorithms which use function and gradient values. Journal of Optimization Theory and Applications, 1979, 28: 453-482.

[21] Dennis J E, Schnabel R B. Numerical Methods for Unconstrained Optimization and Nonlinear Equations. 北京：科学出版社, 2009.

[22] 邓乃扬, 朱梅芳. 最优化方法. 沈阳: 辽宁教育出版社, 1987.

[23] Du Toit S H C, Gonin R. The choice of an appropriate nonlinear model for the relationship between certain variables in respiratory physiology. South African Statistical Journal, 1984, 18: 161-176.

[24] Farkas J. Über die Theorie der eifachen Ungleichungen. Journal für die

Reine und Angewandte Mathematik, 1902, 124: 1-27.

[25] Flethcer R. A new approach to variable metric algorithms. The Computer Jouranl, 1970, 13: 317-322.

[26] Fletcher R. A general quadratic programming algorithm. IMA Journal of Applied Mathematics, 1971, 7: 76-91.

[27] Fletcher R. A class of methods for nonlinear programming III: Rates of convergence//Lootsma F A. Numerical Methods for Nonlinear Optimization. New York: Academic Press, 1972: 371-382.

[28] Fletcher R. Practical Methods of Optimization, Second edition. Chichester: John Wiley and Sons, 1991.

[29] Fletcher R. On the Barzilai-Borwein method. Numerical Analysis Report NA/207, Department of Mathematics, University of Dundee, 2001.

[30] Fletcher R, Powell M J D. A rapid convergent descent method for mnimization. The Computer Journal, 1963, 6: 163-168.

[31] Fletcher R, Reeves C M. Function minimization by conjugate gradients. The Computer Journal, 1964, 7: 149-154.

[32] Gilbert J, Nocedal J. Global convergence properties of conjugate gradient methods for optimization. SIAM Journal on Optimization, 1992, 2: 21-42.

[33] Gill P E, Murray W. Quasi-Newton methods for unconstrained optimization. IMA Journal of Applied Mathematics, 1972, 9: 91-108.

[34] Gmehling J, Onken U, Arlt W. Vapor liquid equilibrium data collection, aqueous-organic systems. DECHEMA, Chemistry Data Series, 1977, 1(Part 1): 162.

[35] Goldfarb D. A family of variable-metric methods derived by variational means. Mathematics of Computation, 1970, 24: 23-26.

[36] Golub G H, Van Loan C F. 矩阵计算. 袁亚湘, 等, 译. 北京：科学出版社, 2001.

[37] Gould N I M. An algorithm for large scale quadratic programming. IMA Journal on Numerical Analysis, 1991, 11: 299-324.

[38] Grippo L, Lampariello F, Lucidi S. A nonmonotone line search technique

for Newton's method. SIAM Journal of Numerical Analysis, 1986, 23: 707-716.

[39] Han S P. Superlinearly convergent variable metric algorithms for general nonlinear programming problems. Mathematical Programming, 1976, 11: 263-282.

[40] Han S P. A globally convergent method for nonlinear programming. Journal of Optimization Theory and Applications, 1977, 22: 297-309.

[41] Haykin S. 神经网络原理. 叶世伟, 史忠植, 译. 北京: 机械工业出版社, 2004.

[42] Hestenes M R, Stiefel E. Methods of conjugate gradients for solving linear systems. Journal of Research of the National Bureau of Standards, 1952, 49: 409-436.

[43] Hock W, Schittkowski K. Test Examples for Nonlinear Programming Code//Beckmann M. Lecture Notes in Economics Mathematical. Berlin: Springer-Verlag, 1980: 187.

[44] Joshi M C, Moudgalya K M. Optimization: Theory and Practice. Alpha Science International Limited, 2004.

[45] Karmarkar N. A new polynomial-time algorithm for linear programming. Combinatorics, 1984, 4: 373-395.

[46] Kuhn H W, Tucker A W. Nonlinear programming//Neyman J. Proceedings of the Second Berkeley Symposium on Mathematical Statistics and Probability. Berkeley: University of California Press, 1951: 481-492.

[47] Lagaris I E, Likas A and Fotiadis D I. Artificial neural networks for solving ordinary and partial differential equations. IEEE Transactions on Neural Nctworks, 1998, 9: 987-1000.

[48] Lawson C L, Hanson R J. Solving Least Squares Problems. Englewood Cliffs: Prentice-Hall, 1974.

[49] Levenberg K. A method for the solution of certain nonlinear problems in least squares. Quarterly of Applied Mathematics, 1944, 2: 164-168.

[50] Luenberger D G. Linear and Nonlinear Programming. Boston: Kluwer Academic Publishers, 2003.

[51] Mangasarian O L. Nonlinear Programming. New York: McGraw-Hill Book Company, 1969.

[52] Markowitz H M. Portfolio selection. Journal of Finance, 1952, 8: 77-91.

[53] Marquardt D W. An algorithm for least squares estimation of nonlinear parameters. Journal of the Society for Industrial and Applied Mathematics, 1963, 11: 431-441.

[54] Miele A, Cantrell J W. Study on a memory gradient method for the minimization of functions. Journal of Optimization Theory and Applications, 1969, 3: 459-470.

[55] Moré J J, Garbow B S, Hillstrom K E. Testing unconstrained optimization software. ACM Transactions on Mathematical Software, 1981, 7: 17-41.

[56] Murty K G, Kabadi S N. Some NP-complete problems in quadratic and nonlinear programming. Mathematical Programming, 1987, 19: 200-212.

[57] Neilson H B. Damping parameter in Marquardt's method. Report IMM-REP-1999-05, Technical University of Denmark, 1999.

[58] Nocedel J, Wright S J. Numerical Optimization. 北京: 科学出版社, 2006.

[59] Polak E, Ribière G. Note sur la convergence de méthodes de directions conjuguées, Revue Francaise d'Informatique et de Recherche Opérationnelle, 1969, 16: 35-43.

[60] Polyak B T. The conjugate gradient method in extremem problems. USSR Computational Mathematics and Mathematical Physics, 1969, 9: 94-112.

[61] Powell M J D. A hybrid method for nonlinear equations//Rabinowitz P. Numerical Methods for Nonlinear Algebraic Equations. London: Gordon and Breach, 1970: 87-114.

[62] Powell M J D. A new algorithm for unconstrained optimization//Rosen J B, Managasarian O L, Ritter K. Nonlinear Programming. New York: Academic Press, 1970: 31-65.

[63] Powell M J D. Restart procedures for the conjugate gradient method. Mathematical Programming, 1977, 2: 241-254.

[64] Powell M J D. A fast algorithm for nonlinearly constrained optimization calculations//Watson G A. Numerical Analysis. Berlin: Springer-Verlag, 1977: 144-157.

[65] Powell M J D. Algorithms for nonlinear constraints that use Lagrangian functions. Mathematical Programming, 1978, 14: 224-248.

[66] Powell M J D. Updating conjugate directions by the BFGS formula. Mathematical Programming, 1987, 38: 29-46.

[67] Powell M J D and Yuan Y. A Recursive quadratic programming algorithm that uses differentiable exact penalty functions. Mathematical Programming, 1986, 35: 265-278.

[68] Raydon M. The Barzilai and Borwein gradient method for the large scale unconstrained minimization problem. SIAM Journal of Optimization, 1997, 7: 26-33.

[69] Ruhe A, Wedin P A. Algorithms for seperable nonlinear least squares problems. SIAM Review, 1980, 22: 318-337.

[70] Schittkowski K. The nonlinear programming method of Wilson, Han and Powell with an augmented Lagrangian type line search function, part 1: Convergence analysis. Numerische Mathematik, 1981, 38: 83-114.

[71] Severinghaus J W. Simple accurate equations for human blood O_2 dissociation computations. Journal of Applied Physiology, 1979, 46: 599-602.

[72] Shanno D F. Conditioning of quasi-Newton methods for function minimization. Mathematics of Computation, 1970, 24: 647-656.

[73] Schrijver A. Theory of Linear and Integer Programming. Chichester: John Wiley & Sons, 1986.

[74] 孙文瑜，徐成贤，朱德通. 最优化方法. 北京：高等教育出版社, 2004.

[75] Takayama A. Mathematical Economics. Combridge: Combridge Univeristy Press, 1985.

[76] Wilson R B. A simplicial algorithm for concave programming. Ph.D. thesis. Graduate School of Business Administration, Harvard University, 1963.

[77] Wright S J. Primal-dual interior-point methods. Philadephia: SIAM

Publications, 1997.

[78] 席少霖. 非线性最优化方法. 北京: 高等教育出版社, 1992.

[79] 徐树方, 高立, 张平文. 数值线性代数. 第二版. 北京：北京大学出版社, 2013.

[80] Ye Y. An affine scaling algorithm for nonconvex quadratic programming. Mathematical Programming, 1992, 52: 285-300.

[81] 袁亚湘, 孙文瑜. 最优化理论与算法. 北京：科学出版社, 1997.

[82] 张平文, 李铁军. 数值分析. 北京: 北京大学出版社, 2007.

[83] 周斌. 求解大规模优化问题的梯度型方法. 北京大学博士研究生学位论文. 北京：北京大学, 2005.

[84] Zoutendijk G. Nonlinear programming, computational methods// Abadie J. Integer and Nonlinear Programming. Amsterdam: North-Holland, 1970: 37-86.

名词索引